"十二五"职业教育国家规划教材修订版

 高等职业教育土木建筑类专业
新形态一体化教材

工程招投标与合同管理

（第4版）

主　编　刘　钦

副主编　程国政

主　审　盛文考

高等教育出版社·北京

内容提要

　　本书是"十二五"职业教育国家规划教材修订版,本书根据高职高专院校工程造价专业的教学基本要求,系统地阐述工程招标投标与合同管理的有关内容,主要包括绪论、建设工程招标投标主体、建设工程招标、建设工程投标、国际工程招标投标概述、建设工程合同、建设工程施工合同管理、FIDIC 土木工程施工合同条件、建设工程施工索赔等。

　　本书紧紧围绕最新的有关建设方面的法律、法规、规章、规定和工程实际做法编写,注重理论知识与工程实际的结合,突出应用性,可操作性强,符合高职高专人才培养目标的要求。

　　本书可作为高等职业院校、高等专科学校、成人高校、应用型本科院校的工程造价、工程管理及相关专业的教材,也可作为工程技术人员、经济管理人员的培训用书和工作参考用书。

　　本书配套了丰富的教学资源,包括微课、动画、教学课件、电子教案等,可通过扫描书上二维码或通过搜索智慧职教平台对应课程进行观看、学习。

　　授课教师如需要本书配套的教学课件资源,可发送邮件至邮箱 gztj@pub.hep.cn 索取。

图书在版编目(CIP)数据

　　工程招投标与合同管理/刘钦主编.--4 版.--北京:高等教育出版社,2021.1
　　ISBN 978-7-04-055397-0

　　Ⅰ.①工… Ⅱ.①刘… Ⅲ.①建筑工程-招标-高等职业教育-教材②建筑工程-投标-高等职业教育-教材③建筑工程-经济合同-管理-高等职业教育-教材 Ⅳ.①TU723

　　中国版本图书馆 CIP 数据核字(2021)第 000697 号

工程招投标与合同管理(第 4 版)
GONGCHENG ZHAOTOUBIAO YU HETONG GUANLI

策划编辑 温鹏飞	责任编辑 温鹏飞	封面设计 李小璐		版式设计 马 云
插图绘制 李沛蓉	责任校对 马鑫蕊	责任印制 刁 毅		

出版发行	高等教育出版社	网　　址	http://www.hep.edu.cn
社　　址	北京市西城区德外大街 4 号		http://www.hep.com.cn
邮政编码	100120	网上订购	http://www.hepmall.com.cn
印　　刷	山东韵杰文化科技有限公司		http://www.hepmall.com
开　　本	787mm×1092mm　1/16		http://www.hepmall.cn
印　　张	19.75	版　　次	2003 年 4 月第 1 版
字　　数	470 千字		2021 年 1 月第 4 版
购书热线	010-58581118	印　　次	2021 年 1 月第 1 次印刷
咨询电话	400-810-0598	定　　价	44.80 元

智慧职教服务指南

基于"智慧职教"开发和应用的新形态一体化教材,素材丰富、资源立体,教师在备课中不断创造,学生在学习中享受过程,新旧媒体的融合生动演绎了教学内容,线上线下的平台支撑创新了教学方法,可完美打造优化教学流程、提高教学效果的"智慧课堂"。

"智慧职教"是由高等教育出版社建设和运营的职业教育数字教学资源共建共享平台和在线教学服务平台,包括职业教育数字化学习中心(www.icve.com.cn)、职教云(zjy2.icve.com.cn)和职教云学生端(APP)三个组件。其中:

● 职业教育数字化学习中心为学习者提供了包括"职业教育专业教学资源库"项目建设成果在内的大规模在线开放课程的展示学习。

● 职教云实现学习中心资源的共享,可构建适合学校和班级的小规模专属在线课程(SPOC)教学平台。

● 云课堂是对职教云的教学应用,可开展混合式教学,是以课堂互动性、参与感为重点贯穿课前、课中、课后的移动学习 APP 工具。

"智慧课堂"具体实现路径如下:

1. 基本教学资源的便捷获取

职业教育数字化学习中心为教师提供了丰富的数字化课程教学资源,包括与本书配套的微课、视频、教学课件、拓展资源等。未在 www.icve.com.cn 网站注册的用户,请先注册。用户登录后,在首页"高教社专区"频道"数字课程"子频道搜索本书对应课程"工程招投标与合同管理",即可进入课程进行在线学习。

2. 个性化 SPOC 的重构

教师若想开通职教云 SPOC 空间,可在 zjy2.icve.com.cn,申请开通教师账号,审核通过后,即可开通专属云空间。教师可根据本校的教学需求,通过示范课程调用及个性化改造,快捷构建自己的 SPOC,也可灵活调用资源库资源和自有资源新建课程。

3. 职教云学生端的移动应用

职教云学生端对接职教云课程,是"互联网+"时代的课堂互动教学工具,支持无线投屏、手势签到、随堂测验、课堂提问、讨论答疑、头脑风暴、电子白板、课业分享等,帮助激活课堂,教学相长。

配套视频资源索引

I

续表

第 4 版前言

本书是在"十二五"职业教育国家规划教材的基础上，根据高等职业学校教学标准，依据现行的《中华人民共和国建筑法》《中华人民共和国招标投标法》《中华人民共和国合同法》《建设工程施工合同》(示范文本)(GF—2017—0201)、《房屋建筑和市政工程标准施工招标文件》(示范文本)(2010 版)、《房屋建筑和市政工程标准施工资格预审文件》(示范文本)(2010 版)、《工程建设监理合同》(示范文本)(GF—2012—0202)、FIDIC《施工合同条件》《建设工程工程量清单计价规范》(GB 50500—2013)等与工程建设相关的法律、法规、规范，结合工程实际修订而成的。本书系统性较强，前后知识连贯，具有完整的知识体系；注重招标投标与合同管理的应用操作程序，给出了大量的实用表格格式和一些实际例子，学生学习后可基本掌握现行的工程招标投标及合同管理的工作程序，熟悉程序中的相关内容。本书着重学生实际能力的培养，毕业后能很快适应工作岗位的要求。

本次修订没有对原有的知识体系做大的变动，主要是依据新规范、标准等增加、删除、修改了部分内容，使修订后的教材更结合当前实际，更注重学生实践能力的培养，更好地满足高职高专教育的需要。

本书第 1、2 章由刘钦修订，第 3 章由程国政修订，第 4、5 章由董明明修订；第 6、8 章由刘小猛修订，第 7、9 章由李伟雄修订。全书由刘钦统稿、修改并定稿。

本书由中国建筑业协会管理现代化专业委员会副秘书长、教授级高级工程师盛文考主审。盛文考对书稿提出了很多宝贵的意见，对该书的定稿给予了极大的支持，在此表示衷心的感谢。同时，感谢河南城建学院、广东省中山市政府工程项目管理中心的大力支持。

本书编写过程中参考了书后所列参考文献中的部分内容，谨在此向其作者致以衷心的感谢。

限于编者水平，书中难免有不当之处，敬希读者批评指正。

编者
2020 年 4 月

第 3 版前言

本书是在"十一五"国家级规划教材的基础上,根据高等职业学校教学标准,依据现行的《中华人民共和国建筑法》、《中华人民共和国招标投标法》、《中华人民共和国合同法》、《建设工程施工合同》(示范文本)(GF—2013—0201)、《房屋建筑和市政工程标准施工招标文件》(示范文本)(2010 版)、《房屋建筑和市政工程标准施工资格预审文件》(示范文本)(2010 版)、《工程建设监理合同》(示范文本)(GF—2012—0202)、FIDIC《施工合同条件》、《建设工程工程量清单计价规范》(GB 50500—2013)等与工程建设相关的法律、法规、规范,结合工程实际修订而成的。本书系统性较强,前后知识连贯,具有完整的知识体系;注重招标投标与合同管理的应用操作程序,给出了大量的实用表格格式和一些实际例子,学生学习后可基本掌握现行的工程招标投标及合同管理的工作程序,熟悉程序中的相关内容。本书着重学生实际能力的培养,毕业后能很快适应工作岗位的要求。

本次修订没有对原有的知识体系做大的变动,主要是依据新规范、标准等增加、删除、修改了部分内容,使修订后的教材更结合当前实际,更注重学生实践能力的培养,更好地满足高职高专教育的需要。

本书第 1、2 章由刘钦修订,第 3 章由程国政修订,第 4、5 章由苗飞修订;第 6、8 章由满媛修订,第 7、9 章由李伟雄修订。全书由刘钦统稿、修改并定稿。

本书由中国建筑业协会管理现代化专业委员会副秘书长、教授级高级工程师盛文考主审。盛文考对书稿提出了很多宝贵的意见,对该书的定稿给予了极大的支持,在此表示衷心的感谢。同时,感谢河南城建学院、广东省中山市政府工程项目管理中心、永城职业学院的大力支持。

本书编写过程中参考了书后所列参考文献中的部分内容,谨在此向其作者致以衷心的感谢。

限于编者水平,书中难免有不当之处,敬希读者批评指正。

编者
2015 年 4 月

第 2 版前言

本教材正是根据高职高专教育要求,依据现行的《中华人民共和国建筑法》、《中华人民共和国招标投标法》、《中华人民共和国合同法》、《建筑工程施工合同》(示范文本)(GF—1999—0201)、《建筑工程施工招标文件》(示范文本)、《工程建设委托监理合同》(示范文本)(GF—2000—0202)、FIDIC《施工合同条件》、《建设工程工程量清单计价规范》(GB 50500—2003)等与工程建设相关的法律、法规、规范,结合工程实际编写的。本教材系统性较强,前后知识连贯,具有完整的知识体系。本教材注重招标投标与合同管理的应用操作程序,给出了大量的实用表格格式和一些实际例子,学生学习后可基本掌握现行的工程招标投标及合同管理的工作程序,熟悉程序中的相关内容。本书着重学生实际能力的培养,毕业后能很快适应工作岗位的要求。

新版教材没有对原有的知识体系做大的变动,主要是增加、删除、修改了部分内容,使修订后的教材更结合当前实际,更注重学生实践能力的培养,更好地满足高职高专教育的需要。

本教材第1、2章由刘钦编写,第3、4章由程国政编写,第5、8章由刘志钦编写;第6章由郝彤编写,第7、9章由李伟雄编写。全书由刘钦统稿、修改并定稿。

本书由中国建筑业协会管理现代化专业委员会副秘书长、教授级高级工程师盛文考主审。盛文考对书稿提出了很多宝贵的意见,对该书的定稿给予了极大的支持,在此表示衷心的感谢。同时,感谢平顶山工学院、广东省中山市政府工程项目管理中心、郑州大学的大力支持。

本书编写过程中参考了书后所列参考文献中的部分内容,谨在此向其作者致以衷心的感谢。

限于编者水平,书中难免有错误和不当之处,敬希读者批评指正。

编者
2007 年 7 月

第 1 版前言

　　教材建设是高等学校专业建设的一项基本内容,高质量的教材是培养合格人才的基本保证。高职高专教育是高等教育重要的组成部分,是培养适应于生产、建设、管理、服务第一线需要的高等技术应用性人才。高职高专教材应体现高职高专教育的特色,理论以必需、够用为度,突出应用性,加强理论联系实际;内容应通俗易懂,适用性要强。

　　本教材正是根据以上这些要求,依据现行的《中华人民共和国建筑法》、《中华人民共和国招标投标法》、《中华人民共和国合同法》、《建筑工程施工合同示范文本》、《建筑工程施工招标文件示范文本》、《工程建设委托监理合同示范文本》、FIDIC《施工合同条件》等与工程建设相关的法律、法规、规范,结合工程实际进行编写的。在教材内容安排上,本书系统性较强,前后知识连贯,形成完整的知识体系,并注重招标投标与合同管理的应用操作程序,给出了大量的实用表格格式和一些实例,使学生基本上能够掌握现行的工程招投标及合同管理工作程序,熟悉程序中的相关内容,满足学生毕业后能很快适应工作岗位的要求。

　　本教材第 1、2、5 章由刘钦编写;第 3、4 章由程国政编写;第 7、9 章由李伟雄编写;第 6、8 章由郝彤编写。全书由刘钦同志统稿、修改并定稿。

　　本书由中国建筑业协会管理现代化专业委员会副秘书长、教授级高级工程师盛文考主审。盛文考同志对书稿提出了很多宝贵的意见,对该书的定稿给予了极大的支持,在此表示衷心的感谢。同时感谢平顶山工学院、湖南建材高等专科学校、郑州大学的大力支持。

　　本书编写过程中参考了书后所列参考文献中的部分内容,谨在此向其作者致以衷心的感谢。

　　限于编者水平,书中的错误和不当之处,敬希读者批评指正。

编者

2002 年 12 月

目　　录

1

绪　　论

学习要求：

本章是本书的重点内容之一。通过本章学习，了解工程承发包的概念、建筑市场的概念及管理体制；熟悉工程承发包的内容、方式，建设工程交易中心的功能及运行程序；掌握建筑工程市场主、客体的概念，建设工程招标投标的概念、分类、特点及招标投标活动的基本原则。

1.1　工程承发包

1.1.1　工程承发包的概念

承发包是一种经营方式，是指交易的一方负责为交易的另一方完成某项工作或供应一批货物，并按一定的价格取得相应报酬的一种交易行为。工程承发包是指根据协议，作为交易一方的建筑施工企业，负责为交易另一方的建设单位完成某项工程的全部或其中的一部分工作，并按一定的价格取得相应的报酬。委托任务并负责支付报酬的一方称为发包人（发包方、建设单位、业主），接受任务负责按时保质保量完成并且取得报酬的一方称为承包人（承包方、建筑施工企业、承包商）。发包人与承包人通过依法订立书面合同明确双方的权利和义务。

我国在工程建设中所采取的经营方式有自营和承包两种。承包方式又可分为指定承包、协议承包和招标承包。

自营方式是指建设单位自己组织施工力量，直接领导组织施工，完成所需进行的建筑安装工程。这种方式，在新中国成立后的国民经济恢复时期采用得较多，此方式不能适应大规模生产建设的需要，现在已基本不采用。

指定承包是指国家对建筑施工企业下达工程施工任务，建筑施工企业接收任务并完成。

协议承包是指建设单位与建筑施工企业就工程内容及价格进行协商，签订承包合同。

招标承包是指由三家以上建筑施工企业进行承包竞争，建设单位择优选定建筑施工企业，并与其签订承包合同。

1.1.2　工程承发包业务的形成与发展

一、国际工程承发包业务的形成与发展

最早进入国际承包市场的是一些发达资本主义国家的建筑企业。早在 19 世纪末，发达

资本主义国家为了争夺生产原料和谋求最大利润,向其殖民地和经济不发达国家大量输出资本,他们的营造企业同时进入其投资国家的建筑市场,利用当地的廉价劳动力承包建筑工程、牟取盈利,当然也带来了现代机具设备、施工技术和以竞争为核心的工程承包的管理体制。第二次世界大战后,由于许多国家战后重建规模巨大,建筑业得到迅猛发展。但到20世纪50年代中后期,一些发达国家在战后恢复时期发展起来的建筑公司,因其国内建设任务的减少而不得不转向国外的建筑市场。到了20世纪70年代,世界石油价格大幅度上涨,石油生产腹地中东地区各产油国家的石油外汇收入急剧增长。为了改变长期落后的经济面貌,这些发展中国家制订了大规模的发展计划,大兴土木,进行国内各项经济建设。这无疑为当时已经发展成熟的发达资本主义国家的建筑承包业提供了难得的建筑工程承包市场。各国的咨询设计、建筑施工,各类设备和材料的供应商及数百万名外籍劳务涌入中东,使这一地区成了国际工程承包商竞争角逐的中心,出现了国际工程承包史上的黄金时代。

从20世纪80年代开始,东亚和东南亚地区经济发展良好,这既促进了本国建筑业的迅速发展,又吸引了许多西方建筑公司的参与。这些又促进了国际建筑市场的发展。据美国《工程新闻记录》杂志(ENR)统计,世界最大的工程承包公司有250家(由于市场萎缩,ENR曾于1992—2012年将全球最大250家工程承包商排名缩减为225家)。无论是公司数量,还是这些公司所占市场份额,发达国家在国际工程建筑市场都占有绝对优势,包括美国、加拿大、欧洲和日本在内的发达国家、地区1997年和1998年分别有161家和155家公司被列入全球最大的225家之内,其国外营业额分别占其营业总额的85.9%和85%;而同期,发展中国家和新兴工业化国家只拥有225家中的64家和70家,其国外营业额占其营业总额的比例也只有14.1%和15%。这种状况与发达国家雄厚的经济实力密切相关。首先,发达国家公司本身的经济和技术实力是其争取招标项目的有力保障;其次,发达国家对外援助和投资能力较强,有助于带动本国工程建筑业的出口;另外,发达国家对本国、本区域市场的某些保护措施,特别是一些技术壁垒,也阻碍了较不发达国家公司的进入。据美国《工程新闻记录》杂志(ENR)2014年8月份统计发布的"全球最大250家国际承包商"榜单中,中国公司48家,排在榜单前50名的中国公司有中国建筑工程总公司、中国铁道建筑总公司、中国中铁股份有限公司、中国交通建设集团有限公司、中国冶金科工集团有限公司、上海建工集团股份有限公司、中国水利水电建设股份有限公司、中国化学工程股份有限公司、中国葛洲坝集团股份有限公司、浙江建设投资集团有限公司、北京建工集团、青建集团股份公司、中国东方电气集团有限公司、云南建工集团有限公司。入榜的48家中国企业在2014年度完成的总营业额高达5 693.98亿美元,其中国际营业收入为741.08亿美元;与上一届入选企业完成的总营业额5 004.26亿美元,其中国际营业收入为642.18亿美元相比,总营业收入增加了689.72亿美元,增长了13.78%,高于250强的整体增长幅度。美国《工程新闻记录》杂志2020年8月统计发布的数据显示,中国内地共有74家企业入围2020年度"全球最大250家国际承包商",上榜企业数量全球第一,中国企业国际营业额1 200.05亿美元,占250家上榜企业国际营业总额的25.4%,这充分反映出我国企业的对外承包工程竞争力进一步增强。目前,我国对外承包工程已经基本形成了"亚洲为主,发展非洲,拓展欧美、拉美和南太"的多元化市场格局;业务涵盖建筑、石油化工、交通运输、水利电力、资源开发、电子通信等国民经济的诸多领域;大项目不断增多,并不断向更高层次发展,技术含量日益提高。

近几年来,随着我国加入世界贸易组织,大力发展铁路、公路、水利、电力等基础设施方面的建设,许多国外的承包商,也纷纷来我国进行工程承包。

二、国内工程承发包业务的形成与发展

我国工程承发包业务起步较晚,但发展速度较快,大致可划分为四个阶段。

1. 鸦片战争至新中国成立

鸦片战争后外国建筑承包商进入中国,包揽官方及私营的土建工程。我国自 19 世纪 80 年代,在上海才陆续开办了一些营造厂(建筑企业),如 1880 年杨斯盛在上海创办的"杨瑞泰"营造厂。此后,国人自营或与外资合营的营造厂在各大城市相继成立,逐渐形成了沿袭资本主义国家管理模式的建筑承包业。到 20 世纪初,我国建筑业已初步具有一般民用建筑设计与施工的活动能力。但是到新中国成立前夕,由于国民党政府的腐败和连年发动内战,许多营造厂纷纷濒于破产倒闭,也无能力到国外去承包业务,这个时期建筑业处于停滞状态。1949 年新中国成立之际,全国建筑业仅有营造厂职工和分散的个体劳动者约 20 万人。

2. 新中国成立以后到 1958 年

由于新中国成立初期百废待兴,国家要建设、工业要发展,建设任务极其庞大,但此时施工力量甚为薄弱。在此情况下建筑业的经营管理方式主要是推行承发包制,即由基本建设主管部门按照国家计划,把建设单位的工程任务以行政指令方式分配给建筑施工企业承包。工程承发包实行了包工包料制度,在当时的历史条件下,虽然工程任务是以行政手段分配,建筑业的发展受计划的控制,但仍起到了较大的积极作用,建筑业仍处于逐年发展之中。实践证明,此期间内建设的工程项目建设周期和工程质量都能达到国家的要求,建筑设计和施工技术也都接近当时的国际水平。

3. 1958—1976 年

此段时期,把工程承包方式当作资本主义经营方式进行批判,取消了承包制、合同制、法定利润和建设单位与建筑施工企业双方的承发包关系,建立了现场指挥部,建设单位与建筑施工企业双方均属现场指挥部管理。这实际上不承认建筑施工企业是一个物质生产部门,不承认建筑工程是商品。由于上述错误做法,违背了建筑生产的客观经济规律,违反了基本建设程序,结果大大削弱了建筑业的经营管理,工期拖延,经济效益低下,企业亏损严重。这一时期建筑施工企业处于徘徊不前的状态。

4. 1978 年至今

我国建筑业在党的改革、开放、搞活的方针政策指引下,认真总结经验教训,率先实行全行业改革。在此期间,建立、推行、完善了四项工程建设基本制度。

① 颁布和实施了建筑法、招标投标法、合同法等法律法规,为建筑业的发展提供了法制基础。

② 制定和完善了建设工程合同示范文本,贯彻合同管理制。

③ 大力推行招标投标制,把竞争机制引入建筑市场。

④ 创建了建设监理制,改革建设工程的管理体制。

这些改革措施,有力地调动了建筑施工企业和全体职工的积极性,使其向着现代化施工与管理的目标不断前进。

随着改革的不断深入,建筑施工企业迅速发展,目前建筑施工企业面临着激烈的竞争,迫使其提高素质、改善施工条件,加速施工现代化的进程;迫使一些技术力量雄厚、现代化程度高、施工技术先进的大型施工企业走出国门奔向世界去承包工程。

1.1.3 工程承发包的内容

工程承发包的内容非常广泛,可以对工程项目建设的全过程进行总承发包,也可以分别对工程项目的项目建议书、可行性研究、勘察设计、材料及设备采购供应、建筑安装工程施工、生产准备和竣工验收等阶段进行阶段性承发包。

一、项目建议书

项目建议书是建设单位向国家提出的要求建设某一项目的建设文件,主要内容为项目的性质、用途、基本内容、建设规模及项目的必要性和可行性分析等。项目建议书可由建设单位自行编制,也可委托工程咨询机构代为编制。

二、可行性研究

项目建议书经批准后,应进行项目的可行性研究。可行性研究是国内外广泛采用的一种研究工程建设项目的技术先进性、经济合理性和建设可能性的科学方法。

可行性研究的主要内容是对拟建项目的一些重大问题,如市场需求、资源条件、原料、燃料、动力供应条件、厂址方案、拟建规模、生产方法、设备选型、环境保护、资金筹措等,从技术和经济两方面进行详尽的调查研究,分析计算和进行方案比较。并对这个项目建成后可能取得的技术效果和经济效益进行预测,从而提出该项工程是否值得投资建设和怎样建设的意见,为投资决策提供可靠的依据。此阶段的任务,可委托工程咨询机构完成。

三、勘察设计

勘察与设计两者之间既有密切联系,又有显著的区别。

1. 工程勘察

工程勘察主要内容为工程测量、水文地质勘察和工程地质勘察;其任务是查明工程项目建设地点的地形地貌、地层土壤岩性、地质构造、水文条件等自然地质条件,作出鉴定和综合评价,为建设项目的选址、工程设计和施工提供科学的依据。

2. 工程设计

工程设计是工程建设的重要环节,它是从技术和经济上对拟建工程进行全面规划的工作。大中型项目一般采用两阶段设计,即初步设计和施工图设计。重大型项目和特殊项目,采用三阶段设计,即初步设计、技术设计和施工图设计。对一些大型联合企业、矿区和水利水电枢纽工程,为解决总体部署和开发问题,还需进行总体规划设计和总体设计。

该阶段可通过方案竞选、招标投标等方式选定勘察设计单位。

四、材料和设备的采购供应

建设项目所需的设备和材料,涉及面广、品种多、数量大。设备和材料采购供应是工程建设过程中的重要环节。建筑材料的采购供应方式有:公开招标、询价报价、直接采购等。设备供应方式有:委托承包、设备包干、招标投标等。

五、建筑安装工程施工

建筑安装工程施工是工程建设过程中的一个重要环节,是把设计图纸付诸实施的决定性阶段。其任务是把设计图纸变成物质产品,如工厂、矿井、电站、桥梁、住宅、学校等,使预期的生产能力或使用功能得以实现。建筑安装施工内容包括施工现场的准备工作,永久性工程的建筑施工、设备安装及工业管道安装工程等。此阶段主要采用招标投标的方式进行工程的承发包。

六、生产职工培训

基本建设的最终目的,就是形成新的生产能力。为了使新建项目建成后交付使用、投入生产,在建设期间就要准备合格的生产技术工人和配套的管理人员。因此,需要组织生产职工培训。这项工作通常由建设单位委托设备生产厂家或同类企业进行,在实行总承包的情况下,则由总承包单位负责,委托适当的专业机构、学校、工厂去完成。

七、建设工程监理

建设工程监理是指监理单位受项目业主的委托,依据国家批准的工程项目建设文件、有关工程建设的法律法规和工程建设监理合同及其他工程建设合同,对工程建设实施的监督和管理。建筑工程监理作为一项新兴的承包业务,是近年逐渐发展起来的。工程管理过去是建设单位负责管理,但这种机构是临时组成的,工程建成后又解散,使工程管理的经验不能积累,管理人员不能稳定,工程投资效益不能提高。专门从事工程监理的机构,其服务对象是建设单位,接受建设主管部门委托或建设单位委托,对建设项目的可行性研究、勘察设计、设备及材料采购供应、工程施工、生产准备直至竣工投产,实行总承包或分阶段承包。他们代表建设单位与设计、施工各方打交道,在设计阶段选择设计单位,提出设计要求,估算和控制投资额,安排和控制设计进度等;在施工阶段组织招标选择施工单位,安排施工合同并监督检查其执行,直至竣工验收。

1.1.4　工程承发包方式

一、工程承发包方式分类

工程承发包方式,是指发包人与承包人双方之间的经济关系形式。从发包承包的范围、承包人所处的地位、合同计价方式、获得任务的途径等不同的角度,可以对工程承发包方式进行不同的分类,其主要分类如下。

1. 按承发包范围(内容)划分

按承发包范围划分,工程承发包方式可分为以下几种:① 建设全过程承发包;② 阶段承发包;③ 专项(业)承发包。

阶段承发包和专项承发包方式还可划分为:包工包料、包工部分包料、包工不包料三种方式。

2. 按承包人所处的地位划分

按承包人所处的地位划分,工程承发包方式可分为以下几种:① 总承包;② 分承包;③ 独立承包;④ 联合承包;⑤ 直接承包。

3. 按合同计价方法划分

按合同计价方法划分,工程承发包方式可分为以下几种:① 固定价格合同;② 可调价格合同;③ 成本加酬金合同。

4. 按获得承包任务的途径划分

按获得承包任务的途径划分,工程承发包方式可分为以下几种:① 计划分配;② 投标竞争;③ 委托(协商)承包;④ 指令承包。

二、按承发包范围(内容)划分承发包方式

1. 建设全过程承发包

建设全过程承发包又叫统包、一揽子承包、交钥匙合同。它是指发包人一般只要提出使

用要求、竣工期限或对其他重大决策性问题作出决定,承包人就可对项目建议书、可行性研究、勘察设计、材料及设备采购供应、建筑安装工程施工、生产准备、竣工验收,直到投产使用和建设后评估等全过程,实行全面总承包,并负责对各项分包任务和必要时被吸收参与工程建设有关工作的发包人的部分力量,进行统一组织、协调和管理。建设全过程承发包,主要适用于大中型建设项目。大中型建设项目由于工程规模大、技术复杂,要求工程承包公司必须具有雄厚的技术经济实力和丰富的组织管理经验,通常由实力雄厚的工程总承包公司(集团)承担。这种承包方式的优点是:由专职的工程承包公司承包,可以充分利用其丰富的经验,还可进一步积累建设经验,节约投资、缩短建设工期并保证建设项目的质量,提高投资效益。

2. 阶段承发包

阶段承发包是指发包人、承包人就建设过程中某一阶段或某些阶段的工作,如勘察、设计或施工、材料设备供应等,进行发包承包。例如,由设计机构承担勘察设计,由施工企业承担工业与民用建筑施工,由设备安装公司承担设备安装任务。其中,施工阶段承发包,还可依承发包的具体内容,细分为以下三种方式。

① 包工包料,即工程施工所用的全部人工和材料由承包人负责。其优点是便于调剂余缺,合理组织供应,加快建设速度,促进施工企业加强企业管理,精打细算,厉行节约,减少损失和浪费;有利于合理使用材料,降低工程造价,减轻了建设单位的负担。

② 包工部分包料,即承包人负责提供施工的全部人工和一部分材料,其余部分材料由发包人或总承包人负责供应。

③ 包工不包料,又称包清工,实质上是劳务承包,即承包人(大多是分包人)仅提供劳务而不承担任何材料供应的义务。

3. 专项承发包

专项承发包是指发包人、承包人就某建设阶段中的一个或几个专门项目进行发包承包。专项承发包主要适用于可行性研究阶段的辅助研究项目;勘察设计阶段的工程地质勘察、供水水源勘察、基础或结构工程设计、工艺设计,供电系统、空调系统及防灾系统的设计;施工阶段的深基础施工、金属结构制作和安装、通风设备和电梯安装;建设准备阶段的设备选购和生产技术人员培训等专门项目。由于专门项目专业性强,常常是由有关专业承包商承包,所以专项发包承包也称作专业发包承包。

三、按承包人所处的地位划分承发包方式

1. 总承包

总承包简称总包,是指发包人将一个建设项目建设全过程或其中某一个或某几个阶段的全部工作,发包给一个承包人承包,该承包人可以将在自己承包范围内的若干专业性工作,再分包给不同的专业承包人去完成,并对其统一协调和监督管理。各专业承包人只同总承包人发生直接关系,不与发包人发生直接关系。

总承包主要有两种情况:一是建设全过程总承包;二是建设阶段总承包。建设阶段总承包主要分为:① 勘察、设计、施工、设备采购总承包;② 勘察、设计、施工总承包;③ 勘察、设计总承包;④ 施工总承包;⑤ 施工、设备采购总承包;⑥ 投资、设计、施工总承包,即建设项目由承包商贷款垫资,并负责规划设计、施工,建成后再转让给发包人;⑦ 投资、设计、施工、经营一体化总承包,通称 BOT 方式,即发包人和承包人共同投资,承包人不仅负责项目的可行性研究、规划设计、施工,而且建成后还负责经营几年或几十年,然后再转让给发包人。

采用总承包方式时,可以根据工程具体情况,将工程总承包任务发包给有实力的具有相应资质的咨询公司、勘察设计单位、施工企业及设计施工一体化的大建筑公司等承担。

2. 分承包

分承包简称分包,是相对于总承包而言的,指从总承包人承包范围内分包某专业工程,如钢结构制作和安装、电梯安装、幕墙安装等。分承包人不与发包人发生直接关系,而只对总承包人负责,在现场上由总承包人统筹安排其活动。

分承包人承包的工程,不能是总承包范围内的主体结构工程或主要部分(关键性部分),主体结构工程或主要部分必须由总承包人自行完成。

分承包主要有两种情形:一是总承包合同约定的分包,总承包人可以直接选择分包人,经发包人同意后与之订立分包合同;二是总承包合同未约定的分包,须经发包人认可后总承包人方可选择分包人,与之订立分包合同。可见,分包事实上都要经过发包人同意后才能进行。

3. 独立承包

独立承包是指承包人依靠自身力量自行完成承包任务的承发包方式。此方式主要适用于技术要求比较简单、规模不大的工程项目。

4. 联合承包

联合承包是相对于独立承包而言的,指发包人将一项工程任务发包给两个及以上承包人,由这些承包人联合共同承包。联合承包主要适用于大型或结构复杂的工程。参加联合承包的各方,通常是采用成立工程项目合营公司、合资公司、联合集团等联营体形式,推选承包代表人,协调承包人之间的关系,统一与发包人(建设单位)签订合同,共同对发包人承担连带责任。参加联营的各方仍都是各自独立经营的企业,只是就共同承包的工程项目必须事先达成联合协议,以明确各个联合承包人的义务和权利,包括投入的资金数额、工人和管理人员的派遣、机械设备种类、临时设施的费用分摊、利润的分享及风险的分担等。在市场竞争日趋激烈的形势下,采取联合承包的方式,优越性十分明显,其表现在以下几方面。

① 它可以有效地减弱多家承包商之间的竞争,化解和防范承包风险。

② 促进承包商在信息、资金、人员、技术和管理上互相取长补短,有助于充分发挥各自的优势。

③ 增强共同承包大型或结构复杂的工程的能力,增加了中大标、中好标,共同获取更丰厚利润的机会。

5. 直接承包

直接承包是指不同的承包人在同一工程项目上,分别与发包人(建设单位)签订承包合同,各自直接对发包人负责。各承包商之间不存在总承包、分承包的关系,现场上的协调工作由发包人自己去做,或由发包人委托一个承包商牵头去做,也可聘请专门的项目经理去做。

四、按合同计价方法划分承发包方式

1. 固定价格合同

(1) 固定总价合同

固定总价合同又称总价合同,是指发包人要求承包人按商定的总价承包工程。这种方式通常适用于建设规模较小、技术难度较低、工期较短、风险不大的工程。其主要做法是,以图纸和工程说明书为依据,明确承包内容和计算承包价,总价一次包死,一般不予变更。这种方式的优点是,因为有图纸和工程说明书为依据,发包人、承包人都能较准确的估算工程造价,发包人容易选择最优承包人。其缺点主要是对承包商有一定的风险。因为如果设计图纸和说明书不太详细,未知数比较多;或者遇到材料突然涨价、地质条件变化和气候条件恶劣等意外情况,承包人承担的风险就会增大,风险费加大不利于降低工程造价,最终对发包人也不利。

（2）固定单价合同

固定单价合同又可分为估算工程量单价合同与纯单价合同两种。

估算工程量单价合同是指以工程量清单和单价表为计算承包价依据的承发包方式。通常的做法是,由发包人或委托具有相应资质的中介咨询机构提出工程量清单,列出分部、分项工程量,由承包商根据发包人给出的工程量,经过复核并填上适当的单价,再算出总造价,发包人只要审核单价是否合理即可。这种承发包方式,结算时单价一般不能变化,但工程量可以按实际工程量计算,所以承包商只承担所报单价的风险,发包人承担工程量变动带来的风险。

纯单价合同是指发包方只向承包方给出发包工程的有关分部分项工程及工程范围,不对工程量做任何规定（即在招标文件中仅给出工程内各个分部分项工程一览表、工程范围和必要的说明,而不必提供实物工程量）,承包方在投标时只需要对这类给定范围的分部分项工程报出单价,合同实施过程中按实际完成的工程量进行结算的一种承发包方式。

2. 可调价格合同

可调价格合同是指合同总价或者单价,在合同实施期内可根据合同约定,对因资源价格等因素的变化而调整价格的合同形式。

（1）可调总价合同

可调总价合同是指在报价及签约时,按招标文件的要求和当时的物价来计算合同总价,在合同执行过程中,按照合同中约定的调整办法,对由于通货膨胀造成的成本增加,对合同总价进行相应的调整的一种合同形式。

（2）可调单价合同

在合同中签订的单价,根据合同约定的条款,如在工程实施过程中物价发生变化等,可作调整。有的工程在签约时,因某些不确定因素而在合同中暂定某些分部分项工程的单价,在工程结算时,再根据实际情况和合同约定对合同单价进行调整,确定实际结算单价。

3. 成本加酬金（费用）合同

成本加酬金合同又称成本补偿合同,是指按工程实际发生的成本结算外,发包人另加上商定好的一笔酬金（总管理费和利润）支付给承包人的一种承发包方式。工程实际发生的成本,主要包括人工费、材料费、施工机械使用费、其他直接费和现场经费及各项独立费等。紧急抢险、救灾及施工技术特别复杂的工程,承发包双方可以采用成本加酬金合同方式。其主要的做法有:成本加固定酬金,成本加固定百分数酬金,成本加浮动酬金,目标成本加奖罚。

（1）成本加固定酬金

这种承包方式工程成本实报实销,但酬金是事先商量好的一个固定数目。其计算式为:

$$C = C_d + F$$

式中 C——工程总造价；

C_d——实际发生的工程成本；

F——固定酬金。

从上式中可以看出，这种承包方式，酬金不会因成本的变化而改变，它不能鼓励承包商降低成本，但可鼓励承包商为尽快取得酬金而缩短工期。有时，为鼓励承包人更好地完成任务，也可在固定酬金之外，再根据工程质量、工期和降低成本情况另加奖金，且奖金所占比例的上限可以大于固定酬金。

（2）成本加固定百分数酬金

这种承包方式工程成本实报实销，但酬金是事先商量好的以工程成本为计算基础的一个百分数。其计算式为：

$$C = C_d(1+P)$$

式中 C——工程总造价；

C_d——实际发生的工程成本；

P——固定的百分数。

这种承包方式，对发包人不利，因为工程总造价 C 随工程成本 C_d 增大而相应增大，不能有效地鼓励承包商降低成本、缩短工期。现在这种承包方式已很少被采用。

（3）成本加浮动酬金

这种承包方式的做法，通常是由双方事先商定工程成本和酬金的预期水平，然后将实际发生的工程成本与预期水平相比较，如果实际成本恰好等于预期成本，工程造价就是成本加固定酬金；如果实际成本低于预期成本，则增加酬金；如果实际成本高于预期成本，则减少酬金。上述三种情形的计算式分别为：

如 $C_d = C_0$，则

$$C = C_d + F$$

如 $C_d < C_0$，则

$$C = C_d + F + \Delta F$$

如 $C_d > C_0$，则

$$C = C_d + F - \Delta F$$

式中 C——工程总造价；

C_d——实际发生的工程成本；

C_0——预期工程成本；

F——固定酬金；

ΔF——酬金增减部分（可以是一个百分数，也可以是一个固定数值）。

采用这种承包方式，优点是对发包人、承包人双方都没有太大风险，同时也能促使承包商降低成本和缩短工期；缺点是在实践中估算预期成本比较困难，要求承发包双方具有丰富的经验。

（4）目标成本加奖罚

这种承包方式是在初步设计结束后，工程迫切开工的情况下，根据粗略估算的工程量和适当的概算单价表编制概算,作为目标成本,随着设计逐步具体化,目标成本可以调整。另外,以目标成本为基础规定一个百分数作为酬金,最后结算时,如果实际成本高于目标成本并超过事先商定的界限(例如 5%),则减少酬金,如果实际成本低于目标成本(也有一个幅度界限),则增加酬金。其计算式为:

$$C = C_d + P_1 C_e + P_2(C_e - C_d)$$

式中 C——工程总造价;

C_d——实际发生的工程成本;

C_e——目标成本;

P_1——基本酬金百分数;

P_2——奖罚酬金百分数。

此外,还可另加工期奖罚。这种承发包方式的优点是可促使承包商关心降低成本和缩短工期;由于目标成本是随设计的进展而加以调整才确定下来的,所以发包人、承包人双方都不会承担多大风险。缺点是目标成本的确定,要求发包人、承包人都须具有比较丰富的经验。

五、按获得任务的途径划分承包方式

1. 计划分配

在传统的计划经济体制下,由中央或地方政府的计划部门分配建设工程任务,由设计、施工单位与建设单位签订承包合同。

2. 投标竞争

通过投标竞争,中标者获得工程任务,与建设单位签订承包合同。我国现阶段的工程任务是以投标竞争为主的承包方式。

3. 委托承包

委托承包即由建设单位与承包单位协商,签订委托其承包某项工程任务的合同。主要用于某些投资限额以下的小型工程。

4. 指令承包

指令承包是由政府主管部门依法指定工程承包单位。这种承包方式仅适用于某些特殊情况,如少数特殊工程或偏僻地区工程,施工企业不愿投标的,可由项目主管部门或当地政府指定承包单位。

1.1.5 工程招标投标的产生和发展

工程招标投标是工程承发包的产物,前者是随着后者的发展而产生和逐步完善的。

一、国外工程招标投标的产生和发展

工程招标投标是在承包业的发展中产生的。早在 19 世纪初期,各主要资本主义国家为了巩固和发展他们的经济实力,需要进行大规模的经济建设,为满足经济建设的需要,就大力发展建筑业,这导致了承包商的数量越来越多。再者,经济的发展必然导致社会对工程的功能、工程的质量、建设速度、设计、施工的技术水平的要求提高,投资者为了满足这种要求,就需从众多的承包商中选择出自己满意的承包商,这就导致了招标投标交易方式的出现。1830 年,英国政府明令工程承发包要采用招标投标的方法,即利用招标投标形式选择承包商。

当资本主义国家的经济建设发展到顶峰时,由于其国内的承包业务不足,就促使承包商转向国外进行工程承包,这样就推动了国际招标投标的发展。

在落后的国家,为了繁荣本国的经济,改变落后面貌,也要想办法进行力所能及的经济建设,在发展本国的工程承包业的同时,对一些规模大、技术复杂的建设项目承招有能力的国外承包商来承包,也有力地促进了国际招标投标的发展。

二、我国招标投标制的产生与发展

1840 年鸦片战争以后,随着外国资本的侵入,社会生产力和商品经济有所发展,由于资本主义市场竞争激烈,上海营造厂间的竞争也日趋激烈,那时上海也是采用投标竞争来争取承包业务,通过竞争有的营造厂保存下来了;有些技术落后、施工能力弱的营造厂倒闭了。招标承包制就逐渐成为我国建筑业经营的主要方式,并且一直沿用到新中国成立初期,前后近百年历史。

新中国成立以后的一段时期内,我国一直都采用行政手段指定施工单位,层层分配任务的办法。这种计划分配任务的办法,在当时为我们的国家摆脱帝国主义的封锁,促进国民经济全面发展曾起过重要作用,为我国的社会主义建设作出了重大贡献。在这个时期我国没有开展工程招标投标工作。

用行政手段分配任务,在那个时期是可行的,也是必然的,但是,随着社会的发展,此种方式已不能满足飞速发展的经济需要。1980 年,国务院在《关于开展和保护社会主义竞争的暂行规定》中首次提出:“对一些适宜承包的生产建设项目和经营项目,可以实行招标投标的办法。”1981 年期间,吉林省吉林市和经济特区深圳市率先试行招标投标,收效良好,对全国产生了示范性的影响。1983 年 6 月,城乡建设环境保护部颁布了《建筑安装工程招标投标试行办法》,它是我国第一个关于工程招标投标的部门规章,对推动全国范围内实行此项工作起到了重大作用。1984 年 5 月,全国人大六届二次会议的《政府工作报告》中明确指出:“要积极推行以招标承包为核心的多种形式的经济责任制。”同年 9 月,国务院根据人大六届二次会议关于改革建筑业和基本建设管理体制的精神,制定颁布了《关于改革建筑业和基本建设管理体制若干问题的暂行规定》,该规定提出了“要改革单纯用行政手段分配建设任务的老办法,实行招标投标。由发包单位择优选定勘察设计单位、建筑安装企业”,同时要求大力推行工程招标承包制,规定了招标投标的原则办法,这是我国第一个关于工程招标投标的国家级法规。同年 11 月,国家发改委和城乡建设环境保护部联合制定了《建设工程招标投标暂行规定》,共 6 章 30 条。此后,自 1985 年起,全国各省市自治区及国务院有关部门,先后以上述国家规定为依据,相继出台地方、部门性的工程招标投标管理办法。直至1999 年 8 月 30 日全国人大九届十一次会议通过了《中华人民共和国招标投标法》,这部法律的颁布实施,标志着我国建设工程招标投标步入了法制化的轨道。至此,我国的建设工程招标投标工作经历了观念确立和试点(1980—1983)、大力推行(1984—1991)、全面推开(1992—1999)三个阶段。从《中华人民共和国招标投标法》颁布实施至今,是工程招投标制度规范完善时期。招标投标法颁布后,国务院各部门和各地方政府加快了配套法规的制定步伐,出台了大量的地方性法规、部门规章和地方政府规章,2011 年 11 月 30 日,国务院常务会议审议通过了《中华人民共和国招标投标法实施条例》。该条例于 2012 年 2 月 1 日正式施行。目前,招标投标程序的各个环节、各个方面都有了比较详细的操作规则,基本地满足了不同行业、不同专业项目招标投标活动的需要,招标投标法律体系基本形成。

1.2 建筑市场

1.2.1 建筑市场的概念

市场是商品经济的产物。凡是有商品生产和商品交换的地方,就必然有市场,市场是商品交换的场所。

建筑市场是指以建筑产品承发包交易活动为主要内容的市场,一般称作建设市场或建筑工程市场。

建筑市场有广义的市场和狭义的市场之分。狭义的市场一般指有形建筑市场,有固定的交易场所。广义的市场包括有形市场和无形市场,包括与工程建设有关的技术、租赁、劳务等各种要素市场,包括为工程建设提供专业服务的中介组织,包括靠广告、通信、中介机构或经纪人等媒介沟通买卖双方或通过招标投标等多种方式成交的各种交易活动,还包括建筑商品生产过程及流通过程中的经济联系和经济关系。可以说,广义的建筑市场是工程建设生产和交易关系的总和。

由于建筑产品具有生产周期长、价值量大,生产过程的不同阶段对承包的能力和特点要求不同等特点,决定了建筑市场交易贯穿于建筑产品生产的整个过程。从工程建设的决策、设计、施工,一直到工程竣工、保修期结束,发包人与承包商、分包商进行的各种交易及相关的商品混凝土供应、构配件生产、建筑机械租赁等活动,都是在建筑市场中进行的。生产活动和交易活动交织在一起,使得建筑市场在许多方面不同于其他产品市场。

建筑市场经过近几年来的发展已形成以发包方、承包方、为双方服务的咨询服务机构和市场组织管理者组成的市场主体,有形建筑工程和无形建筑产品为对象组成的市场客体。由招标投标为主要交易形式的市场竞争机制;以资质管理为主要内容的市场监督管理体系。以及我国特有的有形建筑市场等。这构成了完整的建筑市场体系,如图1-1所示。

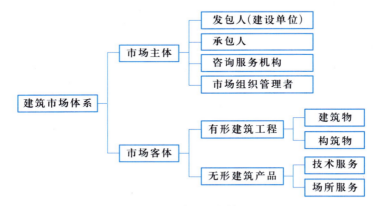

图1-1　建筑市场体系

1.2.2 建筑市场管理体制

建筑市场管理体制因社会制度、国情的不同而不同,其管理内容也各具特色。例如,美国没有专门的建设主管部门,相应的职能由其他各部设立专门分支机构解决。管理并不具体针对行业,为规范市场行为制定的法令,如公司法、合同法、破产法、反垄断法等,并不仅限于建设市场管理。日本则有针对性比较强的法律,如建设业法、建筑基准法等,对建筑物安全、审查培训、从业管理等均有详细规定。政府按照法律规定行使检查监督权。

很多发达国家建设主管部门对企业的行政管理并不占重要的地位。政府的作用是建立有效、公平的建筑市场,提高行业服务质量和促进建筑生产活动的安全、健康,推进整个行业的良性发展,而不是过多地干预企业的经营和生产。对建筑业的管理主要通过政府引导、法律规范、市场调节、行业自律、专业组织辅助管理来实现,在市场机制下,经济手段和法律手段成为约束企业行为的首选方式。法制是政府管理的基础。

在管理职能方面,立法机构负责法律、法规的制定和颁布;行政机关负责监督检查、发展规划和对有关事情作出批准;司法部门负责执法和处理。此外,作为整个管理体制的补充,其行业协会和一些专业组织也承担了相当一部分工作,如制定有关技术标准、对合同的仲裁等。以国家颁布的法律为基础,地方政府往往也制定相对独立的法规。

我国的建设管理体制是建立在社会主义公有制基础之上的。计划经济时期,无论是建设单位还是施工企业、材料供应部门均隶属于不同的政府管理部门,各个政府部门主要是通过行政手段管理企业,在一些基础设施部门则形成所谓的行业垄断。改革开放初期,虽然政府机构进行多次调整,但分行业进行管理的格局基本没有改变。国家各个部委均有本行业关于建设管理的规章,有各自的勘察、设计、施工、招标投标、质量监督等的管理制度,形成了对建筑市场的分割。随着社会主义市场经济体制的逐步建立,政府在机构设置上也进行了很大的调整,除保留了少量的行业管理部门外,撤销了众多的专业政府部门,并将政府部门与所属企业脱钩。机构调整为建设管理体制的改革提供了良好的条件,使原先的部门管理逐步向行业管理转变,住房和城乡建设部的组织结构如图1-2所示。

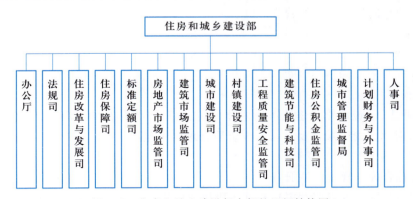

图 1-2　住房和城乡建设部内部的组织结构图

微课
建筑市场的主体和客体

1.2.3　建筑市场的主体和客体

建筑市场的主体是指参与建筑生产交易过程的各方,主要有业主(建设单位或发包人)、承包商、工程咨询服务机构等。建筑市场的客体则为有形的建筑工程(建筑物、构筑物)和无形的建筑产品(咨询、监理等智力型服务)。

一、建筑市场的主体

1. 业主

业主是指既有某项工程建设需求,又具有该项工程建设相应的建设资金和各种准建手续,在建筑市场中发包工程项目建设的勘察、设计、施工任务,最终得到建筑产品并达到其经营使用目的的政府部门、企事业单位和个人。

在我国,业主也称为建设单位,只有在发包工程或组织工程建设时才成为市场主体,故又称为发包人或招标人。因此,业主方作为市场主体具有不确定性。我国的工程项目大多数是政府投资建设的,业主大多属于政府部门。为了规范业主行为,建立了投资责任约束机制,即项目法人责任制,又称业主责任制,由项目业主对项目建设全过程负责。

项目业主的产生,主要有以下三种方式。

① 业主是原企业或单位。企业或机关、事业单位投资的新建、扩建、改建工程,则该企业或单位即为项目业主。

② 业主是联合投资董事会。由不同投资方参股或共同投资的项目,业主是不同投资方组成的董事会或管理委员会。

③ 业主是各类开发公司。开发公司自行融资或由投资方协商组建或委托开发的工程管理公司也可成为业主。

业主在项目建设过程的主要职能是:

① 建设项目立项决策。

② 建设项目的资金筹措与管理。

③ 办理建设项目的有关手续(如征地、建筑许可等)。

④ 建设项目的招标与合同管理。

⑤ 建设项目的施工与质量管理。

⑥ 建设项目的竣工验收和试运行。

⑦ 建设项目的统计及文档管理。

2. 承包商

承包商是指拥有一定数量的建筑装备、流动资金、工程技术经济管理人员及一定数量的工人,取得建设行业相应资质证书和营业执照的、能够按照业主的要求提供不同形态的建筑产品并最终得到相应工程价款的建筑施工企业。

相对于业主,承包商作为建筑市场主体,是长期和持续存在的。因此,无论是按国内还是国际惯例,对承包商一般都要实行从业资质管理。承包商从事建设生产,一般需具备四个方面的条件。

① 拥有符合国家规定的注册资本。

② 拥有与其资质等级相适应且具有注册执业资格的专业技术和管理人员。

③ 有从事相应建筑活动所应有的技术装备。

④ 经资格审查合格,已取得资质证书和营业执照。

承包商可按其所从事的专业分为土建、水电、道路、港口、铁路、市政工程等专业公司。在市场经济条件下,承包商需要通过市场竞争(投标)取得施工项目,需要依靠自身的实力去赢得市场,承包商的实力主要包括以下四个方面。

① 技术方面的实力。有精通本行业的工程师、造价师、经济师、会计师、建造师等专业人员队伍;有良好的专业装备、先进技术;有不同类型项目施工的经验。

② 经济方面的实力。具有相当数量的周转资金用于工程准备,具有一定的融资和垫付资金的能力;具有相当数量的固定资产和为完成项目需购入大型设备所需的资金;具有支付

各种担保和保险的能力,能承担相应的风险能力;承担国际工程尚需具备筹集外汇的能力。

③ 管理方面的实力。建筑承包市场属于买方市场。承包商为打开局面,往往需要低利润报价取得项目。他们必须在成本控制上下功夫,向管理要效益,并采用先进的施工方法提高工作效率和技术水平。因此,承包商必须具有一批过硬的项目经理和管理专家。

④ 信誉方面的实力。承包商一定要有良好的信誉,它将直接影响企业的生存与发展。要建立良好的信誉,就必须遵守法律法规。承担国外工程能按国际惯例办事,保证工程质量、安全、工期、文明施工,能认真履约。

承包商承揽工程,必须根据本企业的施工力量、机械装备、技术力量、施工经验等方面的条件,选择适合发挥自己优势的项目,避开企业不擅长或缺乏经验的项目,做到扬长避短,避免给企业带来不必要的风险和损失。

3. 工程咨询服务机构

工程咨询服务机构是指具有一定的注册资金,一定数量的工程技术、经济、管理人员,取得建设类咨询证书和营业执照,能对工程建设提供估算测量、管理咨询、建设监理等智力型服务并获取相应费用的企业。

工程咨询服务企业包括勘察设计机构、工程造价咨询单位、招标代理机构、工程监理公司、工程管理公司等。这类企业主要是向业主提供工程咨询和管理服务,弥补业主对工程建设过程不熟悉的缺陷,在国际上一般称为咨询公司。在我国,目前数量最多并有明确资质标准的是勘察设计机构、工程监理公司和工程造价咨询单位、招标代理机构。工程管理和其他咨询类企业近年来也发展较快。

工程咨询服务机构虽然不是工程承发包的当事人,但其受当事人委托或聘用,与当事人订有协议书或合同,因而对项目的实施负有相当重要的责任。

二、建筑市场的客体

建筑市场的客体,一般称作建筑产品,是建筑市场的交易对象,既包括有形建筑产品,也包括无形产品——各类智力型服务。

建筑产品不同于一般工业产品。这是因为建筑产品本身及其生产过程,具有不同于其他工业产品的特点。在不同的生产交易阶段,建筑产品表现为不同的形态:可以是咨询公司提供的咨询报告、咨询意见或其他服务;可以是勘察设计单位提供的设计方案、施工图纸、勘察报告;可以是生产厂家提供的混凝土构件,当然也包括承包商生产的各类建筑物和构筑物。

(一) 建筑产品的特点

1. 建筑产品的固定性和生产过程的流动性

建筑物与土地相连,不可移动,这就要求施工人员和施工机械只能随建筑物不断流动,从而带来施工管理的多变性和复杂性。

2. 建筑产品的单件性

业主对建筑产品的用途、性能要求不同,以及建设地点的差异,决定了多数建筑产品都需要单独进行设计,不能批量生产。

3. 建筑产品的整体性和分部分项工程的相对独立性

这个特点决定了总包和分包相结合的特殊承包形式。随着经济的发展和建筑技术的进步,施工生产的专业性越来越强。在建筑生产中,由各种专业施工企业分别承担工程的土建、安装、装饰、劳务分包,有利于施工生产技术和效率的提高。

4. 建筑生产的不可逆性

建筑产品一旦进入生产阶段,其产品不可能退换,也难以重新建造,否则双方都将承受极大的损失。所以,建筑生产的最终产品质量是由各阶段成果的质量决定的。设计、施工必须按照规范和标准进行,才能保证生产出合格的建筑产品。

5. 建筑产品的社会性

绝大部分建筑产品都具有相当广泛的社会性,涉及公众的利益和生命财产的安全,即使是私人住宅,也会影响到环境,影响到进入或靠近它的人员的生活和安全。政府作为公众利益的代表,加强对建筑产品的规划、设计、交易、建造的管理是非常必要的,有关工程建设的市场行为都应受到管理部门的监督和审查。

（二）建筑产品的商品属性

长期以来,受计划经济体制影响,工程建设由工程指挥部管理,工程任务由行政部门分配,建筑产品价格由国家规定,抹杀了建筑产品的商品属性。改革开放以后,由于推行了一系列以市场为取向的改革措施,建筑企业成为独立的生产单位,建设投资由国家拨款改为多种渠道筹措,市场竞争代替行政分配任务,建筑产品价格也逐步走向以市场形成价格的价格机制,建筑产品的商品属性的观念已为大家所认识,成为建筑市场发展的基础,并推动了建筑市场的价格机制、竞争机制和供求机制的形成,使实力强、素质好、经营好的企业在市场上更具竞争性,能够更快地发展,实现资源的优化配置,提高了全社会的生产力水平。

（三）工程建设标准的法定性

建筑产品的质量不仅关系承发包双方的利益,也关系到国家和社会的公共利益,正是由于建筑产品的这种特殊性,其质量标准是以国家标准、国家规范等形式颁布实施的。从事建筑产品生产必须遵守这些标准和规范的规定,若违反这些标准和规范将受到国家法律的制裁。

工程建设标准涉及面很宽,包括房屋建筑、交通运输、水利、电力、通信、采矿冶炼、石油化工、市政公用设施等方面。工程建设标准是指对工程勘察、设计、施工、验收、质量检验等各个环节的技术要求。它包括五个方面的内容:

① 工程建设勘察、设计、施工及验收等的质量要求和方法。

② 与工程建设有关的安全、卫生、环境保护的技术要求。

③ 工程建设的术语、符号、代号、量与单位、建筑模数和制图方法。

④ 工程建设的试验、检验和评定方法。

⑤ 工程建设的信息技术要求。

在具体形式上,工程建设标准包括了标准、规范、规程等。工程建设标准的独特作用在于,一方面,通过有关的标准规范为相应的专业技术人员提供了需要遵循的技术要求和方法;另一方面,由于标准的法律属性和权威属性,保证了从事工程建设的有关人员按照规定去执行,从而为保证工程质量打下基础。

1.2.4 建筑市场的资质管理

建筑活动的专业性和技术性都很强,而且建设工程投资大、周期长,一旦发生问题,将给社会和人民的生命财产安全造成极大损失。因此,为保证建设工程的质量和安全,对从事建

微课
建筑市场
的资质
管理

设活动的单位和专业技术人员必须实行从业资格管理,即资质管理制度。

建筑市场中的资质管理包括两类:一类是对从业企业的资质管理;另一类是对专业人士的资格管理。

一、从业企业的资质管理

在建筑市场中,围绕工程建设活动的主体主要是业主方、承包方(包括供应商)、勘察设计单位和工程咨询机构。我国建筑法规定,对从事建筑活动的施工企业、勘察单位、设计单位和工程咨询机构(含监理单位)实行资质管理。

1. 工程勘察设计企业的资质管理

我国建设工程勘察设计资质分为工程勘察资质和工程设计资质。工程勘察资质分为工程勘察综合资质、工程勘察专业资质、工程勘察劳务资质;工程设计资质分为工程设计综合资质、工程设计行业资质、工程设计专项资质。

建设工程勘察、设计企业应当按照其拥有的注册资本、专业技术人员、技术装备和勘察设计业绩等条件申请资质,经审查合格,取得建设工程勘察、设计资质证书后,方可在资质等级许可的范围内从事建设工程勘察设计活动。我国勘察设计企业的业务范围如表 1-1 所示。国务院建设行政主管部门及各地建设行政主管部门负责工程勘察设计企业资质的审批、晋升和处罚。

表 1-1　我国勘察设计企业的业务范围

企业类别	资质分类	等级	承担业务范围
勘察企业	综合资质	甲级	承担各类建设工程项目的岩土工程、水文地质勘察、工程测量业务(海洋工程勘察除外),其规模不受限制(岩土工程勘察丙级项目除外)
	专业资质(分专业设立)	甲级	承担本专业资质范围内各类建设工程项目的工程勘察业务,其规模不受限制
		乙级	承担本专业资质范围内各类建设工程项目乙级及以下规模的工程勘察业务
		丙级	承担本专业资质范围内各类建设工程项目丙级规模的工程勘察业务
	劳务资质	不分级	承担相应的工程钻探、凿井等工程勘察劳务业务
设计企业	综合资质	甲级	可承担各行业建设工程项目的设计业务,其规模不受限制;可承担其取得的施工总承包(施工专业承包)一级资质证书许可范围内的工程施工总承包(施工专业承包)业务
	行业资质(分行业设立)	甲级	可承担本行业建设工程项目的主体工程及其配套工程的设计业务,其规模不受限制
		乙级	可承担本行业中、小型建设工程项目的主体工程及其配套工程的设计业务
		丙级	可承担本行业小型建设工程项目的工程设计业务

续表

企业类别	资质分类	等级	承担业务范围
设计企业	专业资质 （分专业设立）	甲级	可承担本专业建设工程项目的主体工程及其配套工程的设计业务，其规模不受限制
		乙级	可承担本专业中、小型建设工程项目的主体工程及其配套工程的设计业务
		丙级	可承担本专业小型建设工程项目的工程设计业务
		丁级	建筑专业可设丁级资质，其业务范围详见《工程设计资质标准》规定
	专项资质 （分专业设立，本表以建筑装饰工程设计专项资质标准为例）	甲级	可承担建筑工程项目的装饰装修设计，其规模不受限制
		乙级	可承担单项合同额 1 200 万元以下的建筑工程项目的装饰装修设计
		丙级	可承担单项合同额 300 万元以下的建筑工程项目的装饰装修设计

注：工程设计行业及各行业建设工程项目设计规模划分规定详见《工程设计资质标准》规定。

2. 建筑业企业（承包商）的资质管理

建筑业企业（承包商）是指从事土木工程、建筑工程、线路管道及设备安装工程、装修工程的新建、扩建、改建活动的企业。我国建筑业企业资质分为施工总承包企业、专业承包企业和施工劳务企业三个序列。其中施工总承包序列按工程性质分为建筑工程、公路工程、铁路工程、港口与航道工程、水利水电工程、电力工程、矿山工程、冶金工程、石油化工工程、市政公用工程、通信工程、机电工程等 12 个类别，一般分为四个等级（特级、一级、二级、三级），其中特级不包含通信工程与机电工程；专业承包序列根据工程性质和技术特点划分为 36 个类别，一般分为三个等级（一级、二级、三级）；施工劳务序列部分类别和等级这三个序列的资质等级标准，由住建部统一组织制定和发布。工程施工总承包序列和专业承包序列的资质实行分级审批。特级、一级资质由住建部审批；二级以下资质，由企业注册所在地省、自治区、直辖市人民政府建设主管部门审批。劳务序列资质由企业所在地省、自治区、直辖市人民政府建设主管部门审批。经审查合格的，由有权的资质管理部门颁发相应等级的建筑业企业（施工企业）资质证书。建筑业企业资质证书由国务院建设行政主管部门统一印制，分为正本（1 本）和副本（若干本），正本和副本具有同等法律效力。任何单位和个人不得涂改、伪造、出借、转让资质证书，复印的资质证书无效。我国建筑业企业的业务范围如表 1-2 所示。

3. 工程咨询单位的资质管理

我国对工程咨询单位也实行资质管理。目前，已有明确资质等级评定条件的有：工程监理、工程造价等咨询机构。

表 1-2 建筑业企业的业务范围

企业类别	等级	承担业务范围
施工总承包企业（12类）	特级	取得施工总承包特级资质的企业可承担本类别各等级工程的工程总承包、施工总承包和项目管理业务
	一级	（以建筑工程为例）可承担下列建筑工程的施工： （1）高度 200 m 以下的工业、民用建筑工程； （2）高度 240 m 及以下的构筑物工程
	二级	（以建筑工程为例）可承担下列建筑工程的施工： （1）高度 100 m 以下的工业、民用建筑工程； （2）高度 120 m 及以下的构筑物工程； （3）建筑面积 4 万 m^2 以下的单体工业、建筑工程； （4）单跨跨度 39 m 以下的建筑工程
施工总承包企业（12类）	三级	（以建筑工程为例）可承担下列建筑工程的施工： （1）高度 50 m 以下的工业、民用建筑工程； （2）高度 70 m 及以下的构筑物工程； （3）建筑面积 1.2 万 m^2 以下的单体工业、建筑工程； （4）单跨跨度 27 m 以下的建筑工程
专业承包企业（36类）	一级	（以地基基础工程为例）可承担各类地基基础工程的施工
	二级	（以地基基础工程为例）可承担下列工程的施工： （1）高度 100 m 以下的工业、民用建筑工程和高度 120 m 及以下的构筑物的地基基础工程； （2）深度不超过 24 m 的刚性桩复合地基处理和深度不超过 10 m 的其他地基处理工程； （3）单桩承受设计荷载 5 000 kN 以下的桩基础工程； （4）开挖深度不超过 15 m 的基坑围护工程
	三级	（以地基基础工程为例）可承担下列工程的施工： （1）高度 50 m 以下的工业、民用建筑工程和高度 70 m 及以下的构筑物的地基基础工程； （2）深度不超过 18 m 的刚性桩复合地基处理和深度不超过 8 m 的其他地基处理工程； （3）单桩承受设计荷载 3 000 kN 以下的桩基础工程； （4）开挖深度不超过 12 m 的基坑围护工程
施工劳务企业	不分级	可承担各类施工劳务作业

（1）工程监理企业

工程监理企业，其资质分为综合资质、专业资质和事务所资质。其中，专业资质按照工程性质和技术特点划分为若干工程类别。综合资质和事务所资质不分级别。专业资质分为甲级、乙级；其中，房屋建筑、水利水电、公路和市政公共专业资质可设立丙级。我国工程监理企业的业务范围如表 1-3 所示。

表 1-3 工程监理企业的业务范围

企业类别	资质分类	等级	承担业务范围
监理企业	综合资质	不分级	可以承担所有专业工程类别的一级工程项目的工程监理业务
	专业资质	甲级	可以承担相应专业工程类别的一级工程项目的工程监理业务
		乙级	可承担相应专业工程类别二级以下（含二级）工程项目的工程监理业务
		丙级	可承担相应专业工程类别三级工程项目的工程监理业务
	事务所资质	不分级	可承担相应专业工程类别三级建设工程项目的工程监理业务，国家规定必须实行强制监理的工程除外

注：工程监理企业可以开展相应类别建设工程的项目管理、技术咨询等业务。

（2）工程造价咨询机构

工程造价咨询机构，其资质等级划分为甲级和乙级。甲级工程造价咨询企业可以从事各类建设项目的工程造价咨询业务。乙级工程造价咨询企业可以从事工程造价 5 千万元人民币以下的各类建设项目的工程造价咨询业务。工程造价咨询企业依法从事工程造价咨询活动，不受行政区域限制。

工程造价咨询业务范围包括以下方面。

① 建设项目建议书、可行性研究投资估算及项目经济评价报告的编制和审核。

② 建设项目概预算的编制与审核，并配合设计方案比选、优化设计、限额设计等工作进行工程造价分析与控制。

③ 建设项目合同价款的确定（包括招标工程工程量清单和标底、投标报价的编制和审核）；合同价款的签订与调整（包括工程变更、工程洽商和索赔费用的计算）及工程款支付、工程结算及竣工结（决）算报告的编制与审核等。

④ 工程造价经济纠纷的鉴定和仲裁的咨询。

⑤ 提供工程造价信息服务等，工程造价咨询企业可以对建设项目的组织实施进行全过程或者若干阶段的管理和服务。

工程咨询单位的资质评定条件包括注册资金、专业技术人员和业绩三方面的内容，不同资质等级的标准均有具体规定。

4. 工程招标代理机构

从 2000 年开始，建设部门根据《中华人民共和国招标投标法》（1999 年 8 月 30 日第九次全国人民代表大会常务委员会第十一次会议通过）中第十四条的规定，开始认定颁发工程招标代理机构资格证书，截至 2017 年底，根据国家建设主管部门的统计，全国共有工程招标代理机构 6 209 个。2017 年底，国家建设主管部门根据《国务院关于取消一批行政许可事项的决定》（国发〔2017〕46 号）和全国人民代表大会常务委员会关于修改《中华人民共和国招标投标法》《中华人民共和国计量法》的决定的相关内容，于 2018 年 3 月 8 日发文决定废止《工程建设项目招标代理机构资格认定办法》（建设部令第 154 号）。

二、专业人士的资格管理

在建筑市场中，把那些获得执业资格并从事工程技术及管理工作的专业工程师称为专业人士。建筑行业尽管有完善的建筑法规,但没有专业人员的知识与技能的支持,政府难以对建筑市场进行有效的管理。由于专业人士的工作水平对工程项目建设的成败具有重要的影响,所以对他们的资格条件有很高的要求,许多国家对专业人士实行资质管理。香港特别行政区将经过注册的专业人士称作注册授权人;英国、德国、日本、新加坡等国家的法规甚至规定,业主和承包商向政府申报建筑许可、施工许可、使用许可等手续,必须由专业人士提出,申报手续除应符合有关法律规定,还要有相应资格的专业人士签章。由此可见专业人士在建筑市场运作中起着非常重要的作用。

各国对专业人士的资格管理情况不同。专业人士的资格有的国家由学会或协会负责(以欧洲一些国家为代表)授予和管理,有的国家由政府负责确认和管理。英国、德国政府不负责专业人士的资格管理,咨询工程师的执业资格由专业学会考试颁发并由学会进行管理。美国有专门的全国注册考试委员会,负责组织专业人士的考试。通过基础考试并经过数年专业实践后再通过专业考试,即可取得注册工程师资格。法国和日本由政府管理专业人士的执业资格。法国在建设部内设有一个审查咨询工程师资格的技术监督委员会,该委员会首先审查申请人的资格和经验,申请人须高等学院毕业,并有十年以上的工作经验。资格审查通过后可参加全国考试,考试合格者,予以确认公布。一次确认的资格,有效期为两年。在日本,对参加统一考试的专业人士的学历、工作经历也都有明确的规定,执业资格的取得与法国相类似。

我国专业人士制度近年来逐步趋于完善。目前,建筑类专业技术人员职业资格的种类有建筑师、结构工程师、监理工程师、土木工程师、电气工程师、造价工程师、建造师、工程咨询(投资)师等。资格和注册条件为:大专以上的专业学历;参加全国统一考试,成绩合格;具有相关专业的实践经验。目前我国专业人士制度尚处于起步阶段,但随着建筑市场的进一步完善,对其管理会进一步规范化、制度化。

我国在 2007 年至 2016 年期间,曾实行过招标师职业资格制度,通过招标师职业资格水平考试,可取得招标师职业资格。但是为了降低制度性交易成本,推进供给侧结构性改革,也是为大中专毕业生就业创业和去产能中人员转岗创造便利条件,人力资源和社会保障部从 2015 年起,对照职业分类大典对现有准入类和水平评价类职业资格许可和认定事项进行了全面清理,2016 年 6 月《国务院关于取消一批职业资格许可和认定事项的决定》(国发〔2016〕35 号)取消了招标师职业资格,但对于取消招标师职业资格许可前,由人力资源和社会保障部、国家发展和改革委员会共同印制和颁发的招标师职业水平证书及招标师执业资格证书继续有效,用人单位可根据需要聘任经济师专业职务。

1.2.5 建设工程交易中心

建设工程从投资性质上可分为两大类:一类是国家投资项目,另一类是私人投资项目。在西方发达国家中,私人投资占了绝大多数,工程项目管理是业主自己的事情,政府只是监督他们是否依法建设;对国有投资项目,一般设置专门的管理部门,代为行使业主的职能。

我国是以社会主义公有制为主体的国家,政府部门、国有企业、事业单位投资在社会投资中占有主导地位。建设单位使用的都是国有投资,由于国有资产管理体制的不完善和建设单位内部管理制度的薄弱,很容易造成工程发包中的不正之风和腐败现象。针对上述情况,近几年我国出现了建设工程交易中心。把所有代表国家或国有企事业单位投资的业主请进建设工程交易中心进行招标,设置专门的监督机构,这是我国解决国有建设项目交易透明度的问题和加强建筑市场管理的一种独特方式。

一、建设工程交易中心的性质与作用

1. 建设工程交易中心的性质

建设工程交易中心是经政府主管部门批准的,为建设工程交易活动提供服务的场所。它不是政府管理部门,也不是政府授权的监督机构,本身并不具备监督管理职能。

但建设工程交易中心又不是一般意义上的服务机构,其设立需得到政府或政府授权主管部门的批准,并非任何单位和个人可随意成立;它不以营利为目的,旨在为建立公开、公正、平等竞争的招投标制度服务,只可经批准收取一定的服务费,工程交易行为不能在场外发生。

2. 建设工程交易中心的作用

按照我国有关规定,对于全部使用国有资金投资,以及国有资金投资占控股或主导地位的房屋建筑工程项目和市政工程项目,必须在建设工程交易中心内报建、发布招标信息、合同授予、申领施工许可证。招投标活动都需在场内进行,并接受政府有关管理部门的监督。应该说建设工程交易中心的设立,对国有投资的监督制约机制的建立、规范建设工程承发包行为、将建筑市场纳入法制化的管理轨道有着重要的作用,是符合我国特点的一种好形式。建设工程交易中心建立以来,由于实行集中办公、公开办事制度和程序及提供一条龙的"窗口"服务,不仅有力地促进了工程招投标制度的推行,而且遏制了违法违规行为,对防止腐败、提高管理透明度有显著的成效。

二、建设工程交易中心的基本功能

我国的建设工程交易中心是按照三大功能进行构建的。

1. 信息服务功能

包括收集、存储和发布招标投标信息、政策法规信息、造价信息、设备及材料价格信息、承包商信息、咨询单位和专业人士信息、分包信息等。在设施上配备有大型电子墙、计算机网络工作站,为承发包交易提供广泛的信息服务。

2. 场所服务功能

对于政府部门、国有企业、事业单位的投资项目,我国明确规定,一般情况下都必须进行公开招标,只有特殊情况下才允许采用邀请招标。所有建设项目进行招标投标必须在有形建筑市场内进行,由有关管理部门进行监督。按照这个要求,工程建设交易中心必须为工程承发包交易双方包括建设工程的招标、评标、定标、合同谈判等提供设施和场所服务。建设部《建设工程交易中心管理办法》规定,建设工程交易中心应具备信息发布大厅、洽谈室、开标室、会议室及相关设施以满足业主和承包商、分包商、设备材料供应商之间的交易需要。同时,要为政府有关管理部门进驻集中办公,办理有关手续和依法监督招标投标活动提供场所服务。

3. 集中办公功能

由于众多建设项目要进入有形建筑市场进行报建、招标投标交易和办理有关批准手续,这样就要求政府有关建设管理部门进驻工程交易中心集中办理有关审批手续和进行管理,建设行政主管部门的各职能机构进驻建设工程交易中心。受理申报的内容一般包括:工程报建、招标登记、承包商资质审查、合同登记、质量报监、施工许可证发放等。进驻建设工程交易中心的相关管理部门集中办公,公布各自的办事制度和程序,既能按照各自的职责依法对建设工程交易活动实施有力监督,也方便当事人办事,有利于提高办公效率。

三、建设工程交易中心的运行原则

为了保证建设工程交易中心能够有良好的运行秩序和市场功能的充分发挥,必须坚持市场运行的一些基本原则,主要有以下几方面。

1. 信息公开原则

建设工程交易中心必须充分掌握政策法规,工程发包商、承包商和咨询单位的资质,造价指数、招标规则、评标标准、专家评委库等各项信息,并保证市场各方主体都能及时获得所需要的信息资料。

2. 依法管理原则

建设工程交易中心应严格按照法律、法规开展工作,尊重建设单位依照法律规定选择投标单位和选定中标单位的权利。尊重符合资质条件的建筑企业提出的投标要求和接受邀请参加投标的权利。任何单位和个人不得非法干预交易活动的正常进行。监察机关应当进驻建设工程交易中心实施监督。

3. 公平竞争原则

建立公平竞争的市场秩序是建设工程交易中心的一项重要原则。进驻的有关行政监督管理部门应严格监督招标、投标单位的行为,防止地方保护、行业和部门垄断等各种不正当竞争,不得侵犯交易活动各方的合法权益。

4. 属地进入原则

按照我国有形建筑市场的管理规定,建设工程交易实行属地进入。每个城市原则上只能设立一个建设工程交易中心,特大城市可以根据需要,设立区域性分中心,在业务上受中心领导。对于跨省、自治区、直辖市的铁路、公路、水利等工程,可在政府有关部门的监督下,通过公告由项目法人组织招标、投标。

5. 办事公正原则

建设工程交易中心是政府建设行政主管部门批准建立的服务性机构。须配合进场的各行政管理部门做好相应的工程交易活动管理和服务工作。要建立监督制约机制,公开办事规则和程序,制定完善的规章制度和工作人员守则,发现建设工程交易活动中的违法违规行为,应当向政府有关管理部门报告,并协助进行处理。

四、建设工程交易中心运作的一般程序

按照有关规定,建设项目进入建设工程交易中心后,一般按图1-3所示的程序运行。

招标人应在立项批文下达后在规定的时间内,持立项批文向进驻有形建筑市场的建设行政主管部门进行报建登记。登记完后,招标人持报建登记表向有形建筑市场索取交易登记表并填写完毕后,在有形建筑市场办理交易登记手续。对于按规定必须进行招标的工程,进入法定招标流程;对于不需要招标的工程,招标人只需向进驻有形建筑市场的有关部门办理相关备案手续即可。当招标程序结束后,招标人或招标代理机构按我国招标投标法及有关规定向招投标监管部门提交招标投标情况的书面报告,招投标监管部门对招标人或招标代理机构提交的招标投标情况的书面报告进行备案。招标人、中标人需缴纳相关费用。有形建筑市场按统一格式打印中标(交易成交)或未中标通知书,招标人向中标人签发中标(交易成交)通知书,并将未中标通知送达未中标的投标人。如果涉及专业分包,劳务分包,

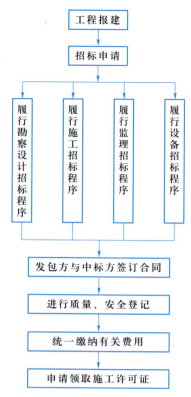

图 1-3 建设工程交易中心运行图

材料、设备采购招标的,转入分包或专业市场按规定程序发包。招标人、中标人还应向进驻有形建筑市场的有关部门办理合同备案、质量监督、安全监督等手续,并且,招标人或招标代理机构应将全部交易资料原件或复印件在有形建筑市场备案一份。最后,招标人向进驻有形建筑市场的建设行政主管部门办理施工许可证。

1.2.6 案例

【背景】

潘某是一名个体业主,2012 年 11 月,鄂州市某河道整治工程某路段对外公开招标,潘某无意中获知了该信息,虽然自己一心想发财但苦于不具备投标资质。

经朋友介绍,潘某在自身不具备投标资质的情况下,借用有资质的江西某建筑集团有限公司、福建某集团有限公司及河南某工程有限公司等多家公司参与项目投标,并利用上述已经入围的投标单位,共同商定投标价格,拟定由其中的江西某建筑集团有限公司为中标单位,然后有针对性地制作投标的标书予以投标。最终,江西某建筑集团有限公司以 289 万元的价格中标。

2016 年 4 月 11 日,鄂州市纪委收到潘某串通投标的举报后,遂将该案移交鄂州市公安局西山分局立案侦查。

经查,潘某与上述 4 家公司协议,由潘某给其各支付资质费、标书制作费、技术人员工资等费用 2 万余元;江西某建筑集团有限公司中标后,该工程由潘某负责施工,公司派员管理,中标公司收取整个工程造价2%的管理费。

【评析】

潘某采取非法的手段骗取中标资格,不仅损害了招标企业和其他投标人的合法权益,而且其行为涉嫌串通投标。目前,嫌疑人潘某已被执行逮捕。

【案例来源】

此案例来源于中国招标投标协会网。

1.3　建设工程招标投标概述

1.3.1　建设工程招标投标的概念

一、招标投标

招标投标是在市场经济条件下进行工程建设、货物买卖、中介服务等经济活动的一种竞争方式和交易方式,其特征是引入竞争机制以求达成交易协议或订立合同。招标投标是指招标人对工程建设、货物买卖、中介服务等交易业务,事先公布采购条件和要求,吸引愿意承接任务的众多投标人参加竞争,招标人按照规定的程序和办法择优选定中标人的活动。

整个招标投标过程,包含着招标、投标和定标(决标)三个主要阶段。招标是招标人为签订合同而进行的准备,在性质上属要约邀请(要约引诱)。投标是投标人获悉招标人提出的条件和要求后,以订立合同为目的向招标人作出愿意参加有关任务的承接竞争,在性质上属要约。定标是招标人完全接受众多投标人中提出最优条件的投标人,在性质上属承诺。承诺即意味着合同成立,定标是招标投标活动中的核心环节。招标投标的过程,是当事人就合同条款提出要约邀请、要约、新要约、再新要约……,直至承诺的过程。

二、建设工程招标投标

建设工程招标投标,是指建设单位或个人(即业主或项目法人)通过招标的方式,将工程及与工程建设有关的货物、服务等业务,一次或分步发包,由具有相应资质的承包单位通过投标竞争的方式承接。按照我国的规定,工程是指建设工程,包括建筑物和构筑物的新建、改建、扩建及其相关的装修、拆除、修缮等;与工程建设有关的货物是指构成工程不可分割的组成部分,且为实现工程基本功能所必需的设备、材料等;与工程建设有关的服务,是指为完成工程所需的勘察、设计、监理等服务。

建设工程招标投标最突出的优点是将竞争机制引入工程建设领域,将工程项目的发包方、承包方和中介方统一纳入市场,实行交易公开,给市场主体的交易行为赋予了极大的透明度;鼓励竞争,防止和反对垄断,通过平等竞争,优胜劣汰,最大限度地实现投资效益的最优化;通过严格、规范、科学合理的运作程序和监管机制,有力地保证了竞争过程的公正和交易安全。

1.3.2　建设工程招标投标的分类

建设工程招标投标按照不同的标准可以进行不同的分类,如图1-4所示。

应当强调指出的是,为了防止任意肢解工程发包,我国一般不允许分部工程招标投标、分项工程招标投标,但允许特殊专业及劳务工程招标投标。

1.3.3　各类建设工程招标投标的特点

建设工程招标投标的目的是在工程建设中引入竞争机制,择优选定勘察、设计、设备安

微课
建设工程招标投标的特点

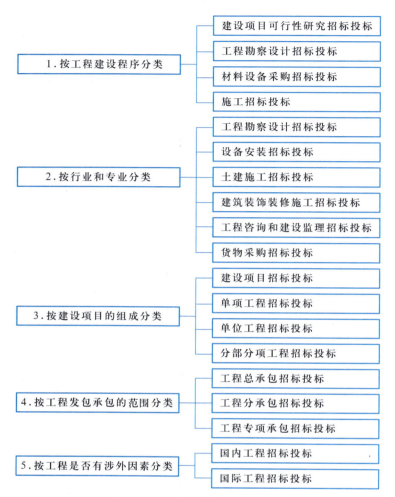

图 1-4　建设工程招标投标分类

装、施工、装饰装修、材料设备供应、监理和工程总承包单位,以保证缩短工期、提高工程质量和节约建设资金。

工程招标投标总的特点如下:

① 通过竞争机制,实行交易公开。

② 鼓励竞争、防止垄断、优胜劣汰,实现投资效益。

③ 通过科学合理和规范化的监管机制与运作程序,可有效地杜绝不正之风,保证交易的公正和公平。但由于各类建设工程招标投标的内容不尽相同,因而它们有不同的招标投标意图或侧重点,在具体操作上也有细微的差别,呈现出不同的特点。

一、工程勘察设计招标投标的特点

工程勘察和工程设计,是两个有密切联系但又不同的工作。工程勘察是指依据工程建设目标,通过对地形、地质、水文等要素进行测绘、勘探、测试及综合分析测定,查明建设场地和有关范围内的地质地理环境特征,提供工程建设所需的资料及其相关的活动。工程勘察具体包括工程测量、水文地质勘察和工程地质勘察。工程设计是指依据工程建设目标,运用工程技术和经济方法,对建设工程的工艺、土木、建筑、公用、环境等系统进行综合策划、论证,编制工程建设所需要的文件及其相关的活动。工程设计具体包括总体规划设计(或总体设计)、初步设计、技术设计、施工图设计和设计概(预)算编制。

工程勘察招标投标的主要特点如下:

① 有批准的项目建议书或者可行性研究报告、规划部门同意的用地范围许可文件和要求的地形图。

② 采用公开招标或邀请招标方式。

③ 申请办理招标登记,招标人自己组织招标或委托招标代理机构代理招标,编制招标文件,对投标单位进行资格审查,发放招标文件,组织勘察现场和进行答疑,投标人编制和递交投标书,开标、评标、定标,发出中标通知书,签订勘察合同。

④ 在评标、定标上,着重考虑勘察方案的优劣,同时也考虑勘察进度的快慢,勘察收费依据与取费的合理性、正确性,以及勘察资历和社会信誉等因素。

工程设计招标投标的主要特点如下:

① 设计招标在招标的条件、程序、方式上,与勘察招标相同。

② 在招标的范围和形式上,主要实行设计方案招标,可以是一次性总招标,也可以分单项、分专业招标。

③ 在评标、定标上,强调把设计方案的优劣作为择优、确定中标的主要依据,同时也考虑设计经济效益的好坏、设计进度的快慢、设计费报价的高低及设计资历和社会信誉等因素。

④ 中标人应承担初步设计和施工图设计,经招标人同意也可以向其他具有相应资格的设计单位进行一次性委托分包。

二、施工招标投标的特点

建设工程施工是指把设计图纸变成预期的建筑产品的活动。施工招标投标是目前我国建设工程招标投标中开展得比较早、比较多、比较好的一类,其程序和相关制度具有代表性、典型性,甚至可以说,建设工程其他类型的招标投标制度,都是承袭施工招标投标制度而来的。

就施工招标投标本身而言,其特点主要有以下内容:

① 在招标条件上,比较强调建设资金的充分到位。

② 在招标方式上,强调公开招标,严格限制邀请招标,议标方式被禁止。

③ 在投标和评标定标中,要综合考虑价格、工期、技术、质量、安全、信誉等因素,价格因素所占分量比较突出,可以说是关键一环,常常起决定性作用。

三、工程建设监理招标投标的特点

工程建设监理是指具有相应资质的监理单位和监理工程师,受建设单位或个人的委托,独立对工程建设过程进行组织、协调、监督、控制和服务的专业化活动。

工程建设监理招标投标的主要特点如下:

① 在性质上属工程咨询招标投标的范畴。

② 在招标的范围上,可以包括工程建设过程中的全部工作,如项目建设前期的可行性研究、项目评估等,项目实施阶段的勘察、设计、施工等,也可以只包括工程建设过程中的部分工作,通常主要是施工监理工作。

③ 在评标定标上,综合考虑监理规划(或监理大纲)、人员素质、监理业绩、监理取费、检测手段等因素,但其中最主要的考虑因素是人员素质,分值所占比重较大。

四、材料设备采购招标投标的特点

建设工程材料设备是指用于建设工程的各种建筑材料和设备。材料设备采购招标投标的主要特点如下:

① 在招标形式上,一般应优先考虑在国内招标。

② 在招标范围上,一般为大宗的而不是零星的建设工程材料设备采购,如锅炉、电梯、空调等的采购。

③ 在招标内容上,可以就整个工程建设项目所需的全部材料设备进行总招标,也可以就单项工程所需材料设备进行分项招标或者就单件(台)材料设备进行招标,还可以进行从项目的设计,材料设备生产、制造、供应和安装调试到试车投产的工程技术材料设备成套招标。

④ 在招标中,一般要求做标底,标底在评标定标中具有重要意义。

⑤ 允许具有相应资质的投标人就部分或全部招标内容进行投标,也可以联合投标,但应在投标文件中明确一个总牵头单位承担全部责任。

五、工程总承包招标投标的特点

工程总承包,简单地讲,是指对工程全过程的承包。按其具体范围,可分为三种情况:一是对工程建设项目从可行性研究、勘察、设计、材料设备采购、施工、安装,直到竣工验收、交付使用、质量保修等的全过程实行总承包,由一个承包商对建设单位或个人负总责,建设单位或个人一般只负责提供项目投资、使用要求及竣工、交付使用期限。这也就是所谓交钥匙工程。二是对工程建设项目实施阶段从勘察、设计、材料设备采购、施工、安装,直到交付使用等的全过程实行一次性总承包。三是对整个工程建设项目的某一阶段(如施工)或某几个阶段(如设计、施工、材料设备采购等)实行一次性总承包。

工程总承包招标投标的主要特点如下:

① 它是一种带有综合性的全过程的一次性招标投标。

② 投标人在中标后应当自行完成中标工程的主要部分(如主体结构等),对中标工程范围内的其他部分,经发包人同意,有权作为招标人组织分包招标投标或依法委托具有相应资质的招标代理机构组织分包招标投标,并与中标的分包投标人签订工程分包合同。

③ 分承包招标投标的运作一般按照有关总承包招标投标的规定执行。

1.3.4 建设工程招标投标活动的基本原则

微课
建设工程
招标投标
活动的基
本原则

我国建设工程招标投标活动应当遵循的基本原则主要有以下几个:

一、合法原则

合法原则是指建设工程招标投标主体的一切活动,必须符合法律、法规、规章和有关政策的规定。合法原则包括以下四方面内容:

① 主体资格要合法。招标人必须具备一定的条件才能自行组织招标,否则只能委托具有相应资格的招标代理机构组织招标;投标人必须具有与其投标的工程相适应的资格等级,并经招标人资格审查,报建设工程招标投标管理机构进行资格复查。

② 活动依据要合法。招标投标活动应按照相关的法律、法规、规章和政策性文件开展。

③ 活动程序要合法。建设工程招标投标活动的程序,必须严格按照有关法规规定的要求进行。当事人不能随意增加或减少招标投标过程中某些法定步骤或环节,更不能颠倒次序、超过时限、任意变更。

④ 对招标投标活动的管理和监督要合法。建设工程招标投标管理机构必须依法监管、依法办事,不能越权干预招(投)标人的正常行为或对招(投)标人的行为进行包办代替,也不能懈怠职责、玩忽职守。

二、统一、开放原则

统一原则包括以下三方面内容:

① 市场必须统一。任何分割市场的做法都是不符合市场经济规律要求的,也是无法形成公平竞争的市场机制的。

② 管理必须统一。要建立和实行由建设行政主管部门(建设工程招标投标管理机构)统一归口管理的行政管理体制。一个地区只能有一个主管部门履行政府统一管理的职责。

③ 规范必须统一。如市场准入规则的统一,招标文件文本的统一,合同条件的统一,工作程序、办事规则的统一等。只有这样,才能真正发挥市场机制的作用,全面实现建设工程招标投标制度的宗旨。

开放原则,要求根据统一的市场准入规则,打破地区、部门和所有制等方面的限制和束缚,向全社会开放建设工程招标投标市场,破除地区和部门保护主义,反对一切人为的对外封闭市场的行为。

三、公开、公平、公正原则

公开原则是指建设工程招标投标活动应具有较高的透明度。公开原则包含以下四方面内容。

① 建设工程招标投标的信息公开。通过建立和完善建设工程项目报建登记制度,及时向社会发布建设工程招标投标信息,让有资格的投标者都能得到同等的信息。

② 建设工程招标投标的条件公开。什么情况下可以组织招标,什么机构有资格组织招标,什么样的单位有资格参加投标等,必须向社会公开,便于社会监督。

③ 建设工程招标投标的程序公开。在建设工程招标投标的全过程中,招标单位的主要招标活动程序、投标单位的主要投标活动程序和招标投标管理机构的主要监管程序,必须公开。

④ 建设工程招标投标的结果公开。哪些单位参加了投标,最后哪个单位中了标,应当予以公开。

公正原则,是指在建设工程招标投标活动中,按照同一标准实事求是地对待所有的投标人,不偏袒任何一方。

公平原则,是指所有投标人在建设工程招标投标活动中,享有均等的机会,具有同等的权利,履行相应的义务,任何一方都不受歧视。

四、诚实信用原则

诚实信用原则,是指在建设工程招标投标活动中,招(投)标人应当以诚相待,讲求信义,实事求是,做到言行一致,遵守诺言,履行成约,不得见利忘义、投机取巧、弄虚作假、隐瞒欺诈,不得损害国家、集体和其他人的合法权益。诚实信用原则是建设工程招标投标活动中的重要道德规范,是市场经济的基本前提。在社会主义条件下一切民事权利的行使和民事义

务的履行,均应遵守诚实信用原则。

五、求效、择优原则

求效、择优原则,是建设工程招标投标的终极原则。实行建设工程招标投标的目的,就是要追求最佳的投资效益,在众多的竞争者中选出最优秀、最理想的投标人作为中标人。讲求效益和择优定标,是建设工程招标投标活动的主要目标。在建设工程招标投标活动中,除了要坚持合法、公开、公正等前提性、基础性原则外,还必须贯彻求效、择优等目的性原则。贯彻求效、择优原则,最重要的是要有一套科学合理的招标投标程序和评标定标办法。

六、招标投标权益不受侵犯原则

招标投标权益是当事人和中介机构进行招标投标活动的前提和基础。因此,保护合法的招标投标权益是维护建设工程招标投标秩序、促进建筑市场健康发展的必要条件。建设工程招标投标活动当事人和中介机构依法享有的招标投标权益,受国家法律的保护和约束。任何单位和个人不得非法干预招标投标活动的正常进行,不得非法限制或剥夺当事人和中介机构享有的合法权益。

1.3.5　案例

【背景】

欧某原是某建筑公司的法定代表人,他头脑精明、经营有方,近年来,所在公司承接各项基建业务,效益颇丰。2015年下半年,他获悉某市有个供水化工程项目要招投标,通过有关人员打招呼后与该项目业主单位负责人取得联系,业主单位向招标代理人介绍推荐了欧某。

然而,欧某所在建筑公司不具备投标资质,欧某便找到某家具备资质的水电公司,要求借用对方资质参与投标,并承诺中标后以项目总资金2%向水电公司支付管理费。水电公司安排丁某与欧某对接,负责投标事宜。为了确保中标,欧某带招标代理人与丁某见面,商讨招标细则,招标代理人在制作招标文件时有意向该公司倾斜。因项目要求参与投标公司在三家以上,丁某又邀集三家公司协助围标,并由欧某承担此三家公司的围标费用共30万元。2016年1月,该项目开标,水电公司顺利中标,中标金额7 000余万元。

2016年,欧某又以同样的方式中标某安置房建筑项目,中标金额1.4亿余元。

【评析】

招标投标作为一种市场行为,公平竞争是其应有之义。可是,在建筑市场领域里,有人却违背竞争规律去串通投标,最终迎来了法律制裁。

一审法院认为,欧某所在建筑公司在工程投标中,与招标代理人、投标人相互串通,排挤公平竞争,损害国家及其他投标人利益,情节严重,是单位犯罪,构成串通投标罪。欧某作为该公司直接负责的主管人员,应以串通投标罪追究刑事责任。鉴于欧某认罪态度好,积极退缴非法所得,遂作出如下判决:对该单位判处罚金300万元,该单位直接负责的主管人员欧某犯串通投标罪,判处有期徒刑七个月,并处罚金40万元,并没收该单位及涉案公司非法所得363万元。宣判后,控辩双方均表示服判息诉。

【案例来源】

此案例来源于中国招标投标协会网。

本章小结

　　本章讲述了工程承发包的概念,国内外工程承发包业务的形成与发展;工程承发包的内容及方式;工程招标投标的产生和发展。讲述了建筑市场的概念、作用、管理体制,建设工程交易中心的功能、运行程序。重点讲述了建设工程招标投标的概念、分类及各类建设工程招标投标的特点;参与各方在招标投标活动中应遵守的基本原则。通过本章的学习,应达到对我国的承发包制度、建筑市场的运作程序及招标投标的概念有一个较深刻的认识。

思考题

　　1. 简述工程承发包的概念。

　　2. 我国在工程建设中所采取的经营方式有几种?

　　3. 简述我国工程承发包业务发展的四个阶段。

　　4. 工程承发包的内容有哪些?

　　5. 简述承发包的方式。

　　6. 什么是固定单价合同?

　　7. 什么是广义的建筑市场?

　　8. 承包商从事建设生产一般需具备哪些方面的条件?

　　9. 承包商的实力主要包括哪些方面?

　　10. 简述建设工程交易中心的性质与作用。

　　11. 简述建设工程交易中心的功能。

　　12. 我国建设工程招标投标活动应当遵循的基本原则主要有哪些?

　　13. 简述建设工程招标投标的分类。

2

建设工程招标投标主体

学习要求：

通过本章的学习，熟悉招标人、投标人、招标代理机构的权利和义务，建设工程招标投标分级管理体制，建设工程招标投标行政监管机关的职权；掌握招标人、投标人、招标代理机构、行政监管机关的概念，招标人、投标人、招标代理机构在招投标工作中应具备的条件。

建设工程招标投标主体包括：建设工程招标人，建设工程投标人，工程建设招标代理机构，建设工程招标投标行政监管机关。

2.1 建设工程招标人

建设工程招标人是指依法提出招标项目，进行招标的法人或者其他组织。通常为该建设工程的投资人即项目业主或建设单位。建设工程招标人在建设工程招标投标活动中起主导作用。

在我国，随着投资管理体制的改革，投资主体已由过去单一的政府投资，发展为国家、集体、个人多元化投资。与投资主体多元化相适应，建设工程招标人也多种多样，包括各类企业单位、机关、事业单位、团体、合伙企业、个人独资企业和外国企业及企业的分支机构等。

2.1.1 建设工程招标人的招标资格

建设工程招标人的招标资格，是指建设工程招标人能够自己组织招标活动所必须具备的条件和素质。由于招标人自己组织招标是通过其设立的招标组织进行的，因此招标人的招标资格，实质上就是招标人设立的招标组织的资格。建设工程招标人自行办理招标必须具备的两个条件：一是有编制招标文件的能力；二是有组织评标的能力。依法必须进行招标的工程建设项目，招标人自行办理招标事宜时，应当具备以下条件：

（1）具有项目法人资格（或者法人资格）。

（2）具有与招标项目规模和复杂程度相适应的工程技术、工程造价、财务和工程管理等方面的专业技术力量。

（3）有从事同类工程建设项目招标的经验。

（4）拥有3名以上取得招标职业资格的专职招标业务人员。

（5）熟悉和掌握招标投标法及有关法规规章。

凡符合要求的，招标人应向招标投标管理机构报批备案后组织招标。招标投标管理机构可以通过报建备案制度审查招标人是否符合条件。招标人不符合条件的,不得自行组织招标,只能委托工程建设项目招标代理机构代理组织招标。

对建设工程招标人招标资格的管理,目前国家也只是通过向招标投标管理机构备案进行监督和管理,没有具体的等级划分和资质认定标准,随着建设工程项目的招标投标制度的进一步完善,我国应该建立一套完整的对招标人进行资格认定和管理的办法。

2.1.2 建设工程招标人的权利和义务

微课
招标人的
权利和
义务

一、建设工程招标人的权利

1. 自行组织招标或者委托招标的权利

招标人是工程建设项目的投资责任者和利益主体,也是项目的发包人。招标人发包工程项目,凡具备招标资格的,有权自己组织招标,自行办理招标事宜;不具备招标资格的,则由委托具备相应资质的招标代理机构代理组织招标,代为办理招标事宜的权利。招标人委托招标代理机构进行招标时,享有自由选择招标代理机构并核验其资质证书的权利,同时仍享有参与整个招标过程的权利,招标人代表有权参加评标组织。任何机关、社会团体、企业事业单位和个人不得以任何理由为招标人指定或变相指定招标代理机构,招标代理机构只能由招标人选定。在招标人委托招标代理机构代理招标的情况下,招标人对招标代理机构办理的招标事务要承担法律后果,因此不能委托了事,还必须对招标代理机构的代理活动,特别是评标、定标代理活动进行必要的监督,这就要求招标人在委托招标时仍需保留参与招标全过程的权利,其代表可以进入评标组织,作为评标组织的组成人员之一。

2. 进行投标资格审查的权利

对于要求参加投标的潜在投标人,招标人有权要求其提供有关资质情况的资料,进行资格审查、筛选,拒绝不合格的潜在投标人参加投标。

3. 择优选定中标人的权利

招标的目的是通过公开、公平、公正的市场竞争,确定最优中标人。招标过程其实就是一个优选过程。择优选定中标人,就是要根据评标组织的评审意见和推荐建议,确定中标人。这是招标人最重要的权利。

4. 享有依法约定的其他各项权利

招标人还有编制或委托招标代理机构编制招标文件的权利;有组织潜在投标人踏勘项目现场的权利;有对已发出的招标文件进行澄清或者修改的权力;有主持开标会议的权利;有依法组建评标委员会的权利;有向中标人发出中标通知书的权利。

建设工程招标人的权利应依法实施。法律、法规无规定时则依双方约定,但双方的约定,不得违法或损害社会公共利益和公共秩序。

二、建设工程招标人的义务

(1) 遵守法律、法规、规章和方针、政策的义务

建设工程招标人的招标活动必须依法进行,违法或违规、违章的行为不仅不受法律保护,而且还要承担相应的法律责任。遵纪守法是建设工程招标人的首要义务。

(2) 接受招标投标管理机构管理和监督的义务

为了保证建设工程招标投标活动公开、公平、公正,建设工程招标投标活动必须在招标投标管理机构的行政监督管理下进行。

（3）不侵犯投标人合法权益的义务

招标人、投标人是招标投标活动的双方,他们在招标投标中的地位是完全平等的,因此招标人在行使自己权利的时候,不得侵犯投标人的合法权益,妨碍投标人公平竞争。

（4）委托代理招标时向代理机构提供招标所需资料、支付委托费用等的义务

招标人委托招标代理机构进行招标时,应承担的义务主要有以下四点。

① 招标人对于招标代理机构在委托授权的范围内所办理的招标事务的后果直接接受并承担民事责任。

② 招标人应向招标代理机构提供招标所需的有关资料,提供或者补偿办理受托事务所必需的费用。

③ 招标人应向招标代理机构支付委托费或报酬。支付委托费或报酬的标准和期限,应依照法律规定或合同的约定。

④ 招标人应向招标代理机构赔偿招标代理机构在执行受托任务中非因自己过错所造成的损失。

（5）保密的义务

建设工程招标投标活动应当遵循公开原则,但对可能影响公平竞争的信息,招标人必须保密。招标人设有标底的,标底必须保密。

（6）与中标人签订并履行合同的义务

招标投标的最终结果,是择优确定出中标人,与中标人签订并履行合同。

（7）承担依法约定的其他各项义务

在建设工程招标投标过程中,招标人与他人依法约定的义务,也应认真履行。

2.2　建设工程投标人

建设工程投标人是建设工程投标活动中的另一主体,他是指响应招标并购买招标文件参加投标竞争的法人或其他组织。但是,与招标人存在利害关系可能影响招标公正性的法人、其他组织或者个人,不得参加投标。单位负责人为同一人或者存在控股、管理关系的不同单位,不得参加同一标段投标或者未划分标段的同一招标项目投标。投标人应当具备承担招标项目的能力。参加投标活动必须具备一定的条件,不是所有感兴趣的法人或其他组织都可以参加投标。

投标人通常应具备的基本条件是:
① 必须有与招标文件要求相适应的人力、物力和财力。
② 必须有符合招标文件要求的资质证书和相应的工作经验与业绩证明。
③ 符合法律、法规规定的其他条件。

建设工程投标人主要是指:勘察设计单位、施工企业、建筑装饰装修企业、工程材料设备供应(采购)单位、工程总承包单位及咨询、监理单位等。

微课
投标人的
投标资格

2.2.1　建设工程投标人的投标资格

建设工程投标人的投标资格,是指建设工程投标人参加投标竞争所必须具备的条件和素质,其内容包括两个方面:一是国家有关规定对不同行业及不同主体的投标人的资格要求;二是招标人根据项目本身,在招标文件及资格预审文件中对投标人资格条件的要求。

　　国家有关规定对不同行业及不同主体的投标人的资格要求,内容包括资历、业绩、人员素质、管理水平、资金数量、技术力量、技术装备、社会信誉等方面。我国对从事勘察、设计、施工、建筑装饰装修、工程材料设备供应、工程总承包及咨询、监理等活动的单位实行了从业资格认证制度,所以投标人必须依法取得相应等级的资质证书,并在其资质等级许可的范围内从事相应的工程建设活动。在招标时对他们已取得的相应等级的资质证书进行验证,禁止无相应资质的企业进入工程建设市场。并且要审查投标人是否有:处于被责令停业,投标资格被取消,财产被接管、冻结、破产,在最近三年内没有骗取中标和严重违约及重大工程质量问题等。

　　招标人可以根据招标项目本身要求,在招标文件及资格预审文件中,对投标人的资格条件从资质、业绩、能力、财务状况等方面做出一些规定,并依此对潜在投标人进行资格审查。投标人必须满足这些条件,才有资格成为合格投标人。

一、工程勘察设计单位的投标资格

　　工程勘察设计单位参加建设工程勘察设计招标投标活动,必须持有相应的勘察设计资质证书,并在其资质证书许可的范围内进行。工程勘察设计单位的专业技术人员参加建设工程勘察设计招标投标活动,应持有相应的执业资格证书,并在其执业资格证书许可的范围内进行。

二、施工企业和项目经理的投标资格

　　施工企业参加建设工程施工招标投标活动,应当按照其资质等级证书所许可的范围进行。施工企业的专业技术人员参加建设工程施工招标投标活动,应持有相应的执业资格证书,并在其执业资格证书许可的范围内进行。

　　此外,在建设工程项目施工招标投标中,国内实施项目经理责任制。项目经理是一种岗位职务,他是受企业法定代表人委托对工程项目全过程全面负责的项目管理者,是企业法定代表人在工程项目上的代表。因此,要求企业在投标承包工程时,应同时报出承担工程项目管理的项目经理的人选,接受招标人的审查和招标投标管理机构的复查。

　　由于项目经理岗位是保证工程项目建设质量、安全、工期的重要岗位,所以我国对出任项目经理人员进行资质管理。我国对项目经理的管理经历了三个阶段,2003 年 2 月前,建设行业主管部门对工作年限、施工经验和技术职称符合有关规定的施工企业人员,经过举办项目经理培训班并经考试合格后,经申请由有权部门发放相应的项目经理资质证书,取得相应等级资质证书的项目经理在规定的范围内担任相应工程施工的项目经理;2003 年 2 月 27 日《国务院关于取消第二批行政审批项目和改变一批行政审批项目管理方式的决定》(国发〔2003〕5 号)规定:"取消建筑施工企业项目经理资质核准,由建造师代替,并设立过渡期"。建筑业企业项目经理资质管理制度向建造师执业资格制度过渡的时间定为五年,即从 2003 年 2 月起至 2008 年 2 月止。在过渡期内,原项目经理资质证书继续有效,过渡期满后,项目经理资质证书停止使用。过渡期内,大中型工程项目的项目经理的补充,由获取建造师执业资格的渠道实现;小型工程项目的项目经理的补充,可由企业依据原三级项目经理的资质条件考核合格后聘用。过渡期内,凡持有项目经理资质证书或者建造师注册证书的人员,经其所在企业聘用后均可担任工程项目施工的项目经理。过渡期满后,即 2008 年 2 月 27 日以后,大、中型工程项目施工的项目经理必须由取得建造师注册证书的人员担任;因项目经理是一个工作岗位的名称,而建造师是一种专业人士的名称,取得建造师执业资格的人员表示知识和能力符合建造师执业的要求,但其在企业中的工作岗位则由企业视工作需要而定。所以,取得建造师注册证书的人员是否担任工程项目施工的项目经理,由企业自主决定。

建造师分为一级建造师和二级建造师。一级建造师执业资格实行统一大纲、统一命题、统一组织的考试制度,由人力资源和社会保障部与住建部共同组织实施,原则上每年举行一次考试,其证书在全国范围内有效。二级建造师执业资格实行全国统一大纲,各省、自治区、直辖市命题并组织考试的制度,其证书在所在行政区域内有效。按照我国相关部门的规定,一级建造师可以担任特级、一级建筑业企业资质的建设工程项目施工的项目经理;二级建造师可以担任二级及以下建筑业企业资质的建设工程项目施工的项目经理。建造师必须按规定接受继续教育,更新知识,不断提高业务水平。

一个项目经理原则上只能承担一个与其资质等级相适应的工程项目的管理工作,不得同时兼管多个工程。但当其负责管理的施工项目临近竣工阶段,经建设单位同意,可以兼任一项工程的项目管理工作。在中标工程的实施过程中,因施工项目发生重大安全、质量事故或项目经理违法、违纪时需要更换项目经理的,企业应提出有与工程规模相适应的资质等级证书的项目经理人选,征得建设单位的同意后,方可更换,并报原招标投标管理机构备案。

三、建设监理单位的投标资格

建设监理单位参加建设工程监理招标投标活动,必须持有相应的建设监理资质证书,并在其资质证书许可的范围内进行。建设监理单位的专业技术人员参加建设工程监理招标投标活动,应持有相应的执业资格证书,并在其执业资格证书许可的范围内进行。

四、建设工程材料设备供应单位的投标资格

建设工程材料设备供应单位,包括具有法人资格的建设工程材料设备生产、制造厂家,材料设备公司、设备成套承包公司等。目前,在我国实行资质管理的建设工程材料设备供应单位,主要是混凝土预制构件生产企业、商品混凝土生产企业和机电设备成套供应单位。

混凝土预制构件生产企业、商品混凝土生产企业和机电设备供应单位参加建设工程材料设备招标投标活动,必须持有相应的资质证书,并在其资质证书许可的范围内进行。这些企业或单位的专业技术人员参加建设工程材料设备招标投标活动,应持有相应的执业资格证书,并在其执业资格证书许可的范围内进行。

五、工程总承包单位的投标资格

工程总承包,又称工程总包,是指业主将一个建设项目的勘察、设计、施工、设备采购一并发包给一个工程总承包单位,也可以将工程勘察、设计、施工、设备采购的一项或者多项发包给一个工程总承包单位,由该总承包单位统一组织实施和协调,对业主负全面责任。工程总承包是相对于工程分承包(又称分包)而言的,工程分承包是指总承包单位依法将承包工程中的部分工程发包给具有相应资质的分承包单位,分承包单位不与业主发生直接经济关系,而在总承包单位统筹协调下完成分包工程任务,对总承包单位负责。

目前,我国规定,取得工程设计综合资格、施工总承包特级资质、设计施工一体资质的建筑企业可在资格证书许可的范围内开展工程总承包业务。工程总承包单位的专业技术人员参加建设工程总承包招标投标活动,应持有相应的执业资格证书,并在其执业资格证书许可的范围内进行。

2.2.2　建设工程投标人的权利和义务

一、建设工程投标人的权利

建设工程投标人在建设工程招标投标活动中,享有下列权利。

微课
投标人的
权利和
义务

① 有权平等地获得和利用招标信息。招标信息是投标决策的基础和前提。投标人不掌握招标信息,就不可能参加投标。投标人掌握的招标信息是否真实、准确、及时、完整,对投标工作具有非常重要的影响。投标人获得招标信息主要通过招标人发布的招标公告,也可以通过政府主管机构公布的工程报建登记。保证投标人平等地获取招标信息,是招标人和政府主管机构的义务。

② 有权按照招标文件的要求自主投标或组成联合体投标。当招标人在资格预审公告、招标公告或投标邀请书中载明接受联合体投标时,投标人为了更好地把握投标竞争机会,提高中标率,可以根据招标文件的要求和自身的实力,自主决定是独自参加投标竞争还是与其他投标人组成一个联合体,以一个投标人的身份共同投标,招标人不得强制投标人必须组成联合体共同投标。投标人组成投标联合体是一种联营方式,与串通投标是两个性质完全不同的概念。组成联合体投标,联合体各方均应当具备承担招标项目的相应能力和相应资质条件,并按照共同投标协议的约定,就中标项目向招标人承担连带责任。

③ 有权要求招标人或招标代理机构对招标文件中的有关问题进行答疑。投标人参加投标,必须编制投标文件。而编制投标文件的基本依据,就是招标文件。正确理解招标文件,是正确编制投标文件的前提。对招标文件中不清楚的问题,投标人有权要求予以澄清,以利于准确领会、把握招标意图。对招标文件进行解释、答疑,既是招标人的权利,也是招标人的义务。

④ 有权确定自己的投标报价。投标人参加投标,是一场重要的市场竞争。投标竞争是投标人自主经营、自负盈亏、自我发展的强大动力。因此,招标投标活动,必须按照市场经济的规律办事。对投标人的投标报价,由投标人依法自主确定,任何单位和个人不得非法干预。投标人根据自身经营状况、利润方针和市场行情,科学合理地确定投标报价,是整个投标活动中最关键的一环。

⑤ 有权参与投标竞争或放弃参与竞争。在市场经济条件下,投标人参加投标竞争的机会应当是均等的。参加投标是投标人的权利,放弃投标也是投标人的权利。对投标人来说,是否参加投标,是不是参加到底,完全是自愿的。任何单位或个人不能强制、胁迫投标人参加投标,更不能强迫或变相强迫投标人陪标,也不能阻止投标人中途放弃投标。

⑥ 有权要求优质优价。价格(包括取费、酬金等)问题,是招标投标中的一个核心问题。为了保证工程安全和质量,必须防止和克服只为争得项目中标而不切实际的盲目降级压价现象,实行优质优价,避免投标人之间的恶性竞争。

⑦ 有权控告、检举招标过程中的违法、违规行为。投标人和其他利害关系人认为招标投标活动不合法的,有权向招标人提出异议或者依法向有关行政监督部门投诉。

二、建设工程投标人的义务

① 遵守法律、法规、规章和方针、政策。建设工程投标人的投标活动必须依法进行,违法或违规、违章的行为,不仅不受法律保护,而且还要承担相应的责任。遵纪守法是建设工程投标人的首要义务。

② 接受招标投标管理机构的监督管理。为了保证建设工程招标投标活动公开、公平、公正，建设工程招标投标活动必须在招标投标管理机构的监督管理下进行。

③ 保证所提供的投标文件的真实性，提供投标保证金或其他形式的担保。投标人提供的投标文件必须真实、可靠，并对此予以保证。让投标人提供投标保证金或其他形式的担保，目的在于使投标人的保证落到实处，使投标活动保持应有的严肃性，建立和维护招标投标活动的正常秩序。

④ 按招标人或招标代理人的要求对投标文件的有关问题进行答疑。投标文件是以招标文件为主要依据编制的。正确理解投标文件，是准确判断投标文件是否实质性响应招标文件的前提。对投标文件中不清楚的问题，招标人或招标代理人有权要求投标人予以澄清。

⑤ 中标后与招标人签订合同并履行合同，不得转包合同，未经招标人同意不得分包合同。中标以后与招标人签订合同，并履行合同约定的全部义务，是实行招标投标制度的意义所在。中标的投标人必须亲自履行合同，不得将中标的工程任务倒手转给他人承包。如需将中标项目的部分非主体、非关键性工作进行分包的，应当在投标文件中载明，并经招标人认可后才能进行分包。

⑥ 履行依法约定的其他各项义务。在建设工程招标投标过程中，投标人与招标人、招标代理人等可以在合法的前提下，经过互相协商，约定一定的义务。

2.3　建设工程招标代理机构

微课
招标代理
机构的概
念及特征

建设工程招标代理机构，是指受招标人的委托，代为从事工程的勘察、设计、施工、监理以及与工程建设有关的重要设备（进口机电设备除外）、材料采购招标业务的中介组织。它必须是依法成立，从事招标代理业务并提供相关服务，实行独立核算、自负盈亏，具有法人资格的社会中介组织，如工程招标公司、工程招标（代理）中心、工程咨询公司等。

20世纪80年代初，我国开始利用世界银行贷款进行建设。按照世界银行要求，采购必须实行招标投标。由于当时许多项目单位对招标投标知之甚少，缺少专门人才和技能，为满足项目单位需要，从事招标代理业务的机构应运而生。1984年成立的中国技术进出口总公司国际招标公司（后改为中技国际招标公司）是我国第一家招标代理机构。随着招标投标事业的不断发展，根据招标项目的性质，相继成立了中央投资项目招标代理机构，由国家发展和改革委员会依法实施监督管理；工程建设项目招标代理机构，由国家住房和城乡建设部依法实施监督管理；机电产品国际招标部，由商务部依法实施监督管理；政府采购代理机构，由财政部依法实施监督管理；通信建设项目招标代理机构，由工信部依法实施监督管理。这些招标代理机构拥有专门的人才和丰富的经验，对于那些初次接触招标、招标项目不多或自身力量缺乏的项目单位来说，具有很大的吸引力。随着招标投标工作在我国的开展，招标代理机构发展很快，数量呈不断上升趋势。截至2019年末，全国工程招标代理机构就达到8 832家，其从业人员627 733人。

2.3.1　建设工程招标代理概述

1. 建设工程招标代理的概念

建设工程招标代理，是指建设工程招标人，将建设工程招标事务，委托给相应中介服务机构,由该中介服务机构在招标人委托授权的范围内,以委托的招标人的名义,同他人独立进行建设工程招标投标活动,由此产生的法律效果直接归属于委托的招标人的一种制度。这里,代替他人进行建设工程招标活动的中介服务机构,称为代理人;委托他人代替自己进行建设工程招标活动的招标人,称为被代理人(本人);与代理人进行建设工程招标活动的人,称为第三人(相对人)。可见,建设工程招标代理关系包含着三方面的关系:一是被代理人与代理人之间基于委托授权而产生的一方在授权范围内以他方名义进行招标事务,他方承担其行为后果的关系;二是代理人与第三人(相对人)之间作出或接受有关招标事务的意思表示的关系;三是被代理人与第三人(相对人)之间承受招标代理行为法律效果的关系。其中,被代理人与第三人(相对人)之间因招标代理行为所产生的法律效果归属关系,是建设工程招标代理关系的目的和归宿。建设工程招标代理机构应与招标人签订书面合同,在合同约定的范围内实施代理,并按照国家有关规定收取费用。

2. 建设工程招标代理的特征

建设工程招标代理行为具有以下几个特征。

① 工程招标代理人必须以被代理人的名义办理招标事务。

② 工程招标代理人,具有独立进行意思表示的职能。这样才能使工程招标活动得以顺利进行。

③ 工程招标代理行为,应在委托授权的范围内实施。这是因为工程招标代理在性质上是一种委托代理,即基于被代理人的委托授权而发生的代理。工程招标代理机构未经建设工程招标人的委托授权,就不能进行招标代理,否则就是无权代理。工程招标代理机构已经工程招标人委托授权的,不能超出委托授权的范围进行招标代理,否则也是无权代理。

④ 工程招标代理行为的法律效果归属于被代理人。

3. 建设工程招标代理机构职责

招标代理机构职责,是指招标代理机构在代理业务中的工作任务和所承担责任。建设工程招标代理机构可以在合同约定的范围内承担下列招标事宜:

(1)拟订招标方案

招标方案内容一般包括:建设项目的具体范围、拟招标的组织形式、拟采用的招标方式,上述内容确定后,还应包括制定招标项目的作业计划,计划内容包括招标流程、工作进度安排、项目特点分析和解决预案等。

招标实施之前,招标代理机构凭借自身经验,根据项目特点,有针对性编制周密和切实可行的招标方案,提交给招标人,使招标人能预期整个招标过程情况,以便给予很好配合,保证招标方案顺利实施。招标方案对整个招标过程起着重要指导作用。

(2)编制和出售资格预审文件、招标文件

招标代理机构最重要职责之一就是编制招标文件。招标文件是招标过程中必须遵守的法律文件,是投标人编制投标文件、招标代理机构接受投标、组织开标、评标委员会评标、招标人确定中标人和签订合同的依据。招标文件编制的优劣将直接影响招标质量和招标的成败,也是体现招标代理机构服务水平的重要标志。如果项目需要进行资格预审,招标代理机构还要编制资格预审文件。资格预审文件和招标文件经招标人确认后,招标代理机构方可对外发售。资格预审文件和招标文件发出后,招标代理机构还要负责有关澄清和修改等工作。

（3）组织审查投标人资格

招标代理机构负责组织资格审查委员会或评标委员会，根据资格预审文件或招标文件的规定，组织审查潜在投标人或投标人资格。审查投标人资格分为资格预审和资格后审两种方式。资格预审是在投标前对潜在投标人进行的资格审查；资格后审一般是在开标后对投标人进行的资格审查。

（4）编制标底、工程量清单和最高投标限价

根据招标人的委托，且招标代理机构同时具备相应工程造价咨询资质时，招标代理机构可编制标底、工程量清单和最高投标限价。招标代理机构应按国家颁布的法规、项目所在地政府管理部门的相关规定，编制标底、工程量清单和最高投标限价，并负有对标底保密的责任。

（5）组织投标人踏勘现场

根据招标项目的需要和招标文件的规定，招标代理机构可组织潜在投标人踏勘现场，收集投标人提出的问题，编写答疑会议纪要或补遗文件，发给所有招标文件的收受人。

（6）接受投标，组织开标、评标，协助招标人定标

招标代理机构应按招标文件的规定，接受投标，组织开标、评标等工作。根据评标委员会的评标报告，协助招标人确定中标人，并向中标人发出中标通知书，向未中标人发出招标结果通知书。

（7）草拟合同

招标代理机构可以根据招标人的委托，依据招标文件和中标人的投标文件拟订合同，组织或参与招标人和中标人进行合同谈判，签订合同。

（8）招标人委托的其他事项

根据实际工作需要，有些招标人委托招标代理机构负责合同的执行、货款的支付、产品的验收等工作。具体的代理范围，均应按委托协议或委托合同中规定的内容进行。

2.3.2 建设工程招标代理机构的监督管理

建设工程招标代理机构是依法设立、从事招标代理业务并提供相关服务的社会中介组织。招标代理机构应当具备两个方面的条件：一是有从事招标代理业务的营业场所和相应资金；二是有能够编制招标文件和组织评标的相应专业力量。

在 2017 年 12 月 28 日之前招标代理机构从事招标代理业务，必须依法取得相应的资质等级证书，并在其资质等级证书许可的范围内，开展相应的招标代理业务。2006 年 12 月 30 日发布了中华人民共和国建设部令第 154 号《工程建设项目招标代理机构资格认定办法》，对工程招标代理机构的条件和资质做出了专门规定。

自 2017 年 12 月 28 日起，住建部停止招标代理机构资格申请受理和审批。并于 2018 年 2 月 12 日第 37 次部常务会议审议通过，废止了《工程建设项目招标代理机构资格认定办法》。招标代理机构由资格认定改革为信息报送和公开制度，深入推进工程建设领域"放管服"改革，具体管理办法为：

一、建立信息报送和公开制度

招标代理机构可按照自愿原则向工商注册所在地省级建筑市场监管一体化工作平台报送基本信息。信息内容包括：营业执照相关信息、注册执业人员、具有工程建设类职称的专

职人员、近 3 年代表性业绩、联系方式。上述信息统一在住建部全国建筑市场监管公共服务平台(以下简称公共服务平台)对外公开,供招标人根据工程项目实际情况选择参考。

招标代理机构对报送信息的真实性和准确性负责,并及时核实其在公共服务平台的信息内容。信息内容发生变化的,应当及时更新。任何单位和个人如发现招标代理机构报送虚假信息,可向招标代理机构工商注册所在地省级住房城乡建设主管部门举报。工商注册所在地省级住房城乡建设主管部门应当及时组织核实,对涉及非本省市工程业绩的,可商请工程所在地省级住房城乡建设主管部门协助核查,工程所在地省级住房城乡建设主管部门应当给予配合。对存在报送虚假信息行为的招标代理机构,工商注册所在地省级住房城乡建设主管部门应当将其弄虚作假行为信息推送至公共服务平台对外公布。

二、规范工程招标代理行为

招标代理机构应当与招标人签订工程招标代理书面委托合同,并在合同约定的范围内依法开展工程招标代理活动。招标代理机构及其从业人员应当严格按照招标投标法、招标投标法实施条例等相关法律法规开展工程招标代理活动,并对工程招标代理业务承担相应责任。

三、强化工程招投标活动监管

各级住房城乡建设主管部门要加大房屋建筑和市政基础设施招标投标活动监管力度,推进电子招投标,加强招标代理机构行为监管,严格依法查处招标代理机构违法违规行为,及时归集相关处罚信息并向社会公开,切实维护建筑市场秩序。

四、加强信用体系建设

加快推进省级建筑市场监管一体化工作平台建设,规范招标代理机构信用信息采集、报送机制,加大信息公开力度,强化信用信息应用,推进部门之间信用信息共享共用。加快建立失信联合惩戒机制,强化信用对招标代理机构的约束作用,构建"一处失信、处处受制"的市场环境。

五、加大投诉举报查处力度

各级住房城乡建设主管部门要建立健全公平、高效的投诉举报处理机制,严格按照《工程建设项目招标投标活动投诉处理办法》,及时受理并依法处理房屋建筑和市政基础设施领域的招投标投诉举报,保护招标投标活动当事人的合法权益,维护招标投标活动的正常市场秩序。

六、推进行业自律

充分发挥行业协会对促进工程建设项目招标代理行业规范发展的重要作用。支持行业协会研究制定从业机构和从业人员行为规范,发布行业自律公约,加强对招标代理机构和从业人员行为的约束和管理。鼓励行业协会开展招标代理机构资信评价和从业人员培训工作,提升招标代理服务能力。

住房城乡建设主管部门高度重视招标代理机构资格认定取消后的事中事后监管工作,完善了工作机制,创新了监管手段,加强了工程建设项目招标投标活动监管,并依法严肃查处违法违规行为,促进招投标活动有序开展。

2.3.3　建设工程招标代理机构的权利和义务

一、工程招标代理机构的权利

工程招标代理机构主要有以下几方面的权利:

① 组织和参与招标活动。招标人委托代理人的目的,是让其代替自己办理有关招标事务。组织和参与招标活动,既是代理人的权利,也是代理人的义务。

② 依据招标文件要求,审查投标人资质。代理人受委托后即有权按照招标文件的规定,审查投标人资质。

③ 按规定标准收取代理费用。建设工程招标代理人从事招标代理活动,是一种有偿的经济行为。代理人要收取代理费用。代理费用由被代理人与代理人按照有关规定在委托代理合同中协商确定。

④ 招标人授予的其他权利。

二、工程招标代理机构的义务

工程招标代理机构主要有以下几方面的义务:

① 遵守法律、法规、规章和方针、政策。工程招标代理机构的代理活动必须依法进行,违法或违规、违章的行为,不仅不受法律保护,而且还要承担相应的责任。

② 维护委托的招标人的合法权益。代理人从事代理活动,必须以维护委托的招标人的合法权利和利益为根本出发点和基本的行为准则。因此,代理人承接代理业务、进行代理活动时,必须充分考虑委托的招标人的利益保护问题,始终把维护委托的招标人的合法权益,放在代理工作的首位。

③ 组织编制、解释招标文件,对代理过程中提出的技术方案、计算数据、技术经济分析结论等的科学性、正确性负责。

④ 工程招标代理机构应当妥善保存工程招标代理过程文件和成果文件。工程招标代理机构不得伪造、隐匿工程招标代理过程文件和成果文件。

⑤ 接受招标投标管理机构的监督管理和招标行业协会的指导。

⑥ 履行依法约定的其他义务。

2.3.4 工程招标代理机构在工程招标代理活动中不得有的行为

工程招标代理机构在工程招标代理活动中不得有以下行为:

① 与所代理招标工程的招投标人有隶属关系、合作经营关系及其他利益关系。

② 从事同一工程的招标代理和投标咨询活动。

③ 明知委托事项违法而进行代理。

④ 采取行贿、提供回扣或者给予其他不正当利益等手段承接工程招标代理业务。

⑤ 未经招标人书面同意,转让工程招标代理业务。

⑥ 泄露应当保密的与招标投标活动有关的情况和资料。

⑦ 与招标人或者投标人串通,损害国家利益、社会公共利益和他人合法权益。

⑧ 对有关行政监督部门依法责令改正的决定拒不执行或者以弄虚作假方式隐瞒真相。

⑨ 擅自修改经招标人同意并加盖了招标人公章的工程招标代理成果文件。

⑩ 法律、法规和规章禁止的其他行为。

2.4 建设工程招标投标行政监管机关

建设工程招标投标涉及国家利益、社会公共利益和公众安全,因而必须对其实行强有力的政府监督和管理。建设工程招标投标活动及其当事人应当接受依法实施的监督管理。

2.4.1 招标投标活动行政监督的职责分工

招标投标活动涉及各行各业的很多部门,我国对招标投标活动的行政监督是将招标项目划分为行业或产业项目、房屋及市政基础设施项目等,分别由不同部门实施行政监督。具体分工如下。

1. 国家发展和改革委员会

国家发展和改革委员会指导和协调全国招投标工作,会同有关行政主管部门拟定《中华人民共和国招标投标法》配套法规、综合性政策和必须进行招标的项目的具体范围、规模标准,以及不适宜进行招标的项目的批准;指定发布招标公告的报刊、信息网络或其他媒介;负责组织国家重大建设项目稽察特派员,对国家重大建设项目建设过程中的工程招投标进行监督检查。

2. 有关行业或产业行政主管部门

工业和信息化、交通运输、铁道、水利、商务等部门,按照规定的职责分工对相应行业和产业项目招标投标活动实施监督。住房和城乡建设部主要对各类房屋建筑及其附属设施的建造和与其配套的线路、管道、设备的安装项目和市政工程项目的招投标活动进行监督执法。

3. 各级人民政府

县级以上地方人民政府发展改革部门指导和协调本行政区域的招标投标工作。县级以上地方人民政府有关部门按照规定的职责分工,对招标投标活动实施监督,依法查处招标投标活动中的违法行为。县级以上地方人民政府对其所属部门有关招标投标活动的监督职责分工另有规定的,从其规定。

4. 财政部门

财政部门依法对实行招标投标的政府采购工程建设项目的预算执行情况和政府采购政策执行情况实施监督。

5. 监察机关

监察机关依法对与招标投标活动有关的监察对象实施监察。

2.4.2 建设工程招标投标的分级管理

建设工程招标投标分级管理,是指省、市、县三级建设行政主管部门依照各自的权限,对本行政区域内的建设工程招标投标分别实行管理,即分级属地管理。这是建设工程招标投标管理体制内部关系中的核心问题。实行这种建设行政主管部门系统内的分级属地管理,是现行建设工程项目投资管理体制的要求,也是进一步提高招标工作效率和质量的重要措施,有利于更好地实现建设行政主管部门对本行政区域建设工程招标投标工作的统一监管。

各级建设行政主管部门作为本行政区域内建设工程招标投标工作的统一归口监督管理部门,其主要职责如下。

① 从指导全社会的建筑活动、规范整个建筑市场、发展建筑产业的高度,研究制定有关建设工程招标投标的发展战略、规划、行业规范和相关方针、政策、行为规则、标准和监管措施,组织宣传、贯彻有关建设工程招标投标的法律、法规、规章,进行执法检查监督。

② 指导、监督、检查和协调本行政区域内建设工程的招标投标活动,总结交流经验,提供高效率的规范化服务。

③ 负责对当事人的招标投标资质、工程招投标代理机构的资质和有关专业技术人员的

执业资格的监督,开展招标投标管理人员的岗位培训。

④ 会同有关专业主管部门及其直属单位办理有关专业工程招标投标事宜。

⑤ 调解建设工程招标投标纠纷,查处建设工程招标投标违法、违规行为,否决违反招标投标规定的定标结果。

微课
建设工程
招标投标
行政监管
机关的
设置

2.4.3　建设工程招标投标行政监管机关的设置

建设工程招标投标行政监管机关,是指经政府或政府编制主管部门批准设立的隶属于同级建设行政主管部门的省、市、县建设工程招标投标办公室。

一、建设工程招标投标行政监管机关的性质

各级建设工程招标投标行政监管机关,从机构设置、人员编制来看,其性质通常都是代表政府行使行政监管职能的事业单位。建设行政主管部门与建设工程招标投标行政监管机关之间是领导与被领导关系。省、市、县招标投标行政监管机关之间上级对下级有业务上的指导和监督关系。这里必须强调的是,工程招标投标行政监管机关必须与建设工程交易中心和工程招标代理机构实行机构分设,职能分离。

二、建设工程招标投标行政监管机关的职权

建设工程招标投标行政监管机关的职权,概括起来可分为两个方面:一方面是承担具体负责建设工程招标投标管理工作的职责。也就是说,建设行政主管部门作为本行政区域内建设工程招标投标工作统一归口管理部门,其职责具体是由招标投标行政监管机关来全面承担的。这时,招标投标行政监管机关行使职权是在建设行政主管部门的名义下进行的。另一方面,是在招标投标管理活动中享有可独立行使的管理职权。这些职权主要包括以下内容。

① 办理建设工程项目报建登记。

② 审查发放招标组织资质证书及标底编制单位的资质证书。

③ 接受招标人申报的招标申请书,并对招标工程应当具备的招标条件、招标人的招标资格、采用的招标方式进行审查认定。

④ 接受招标人申报的招标文件,对招标文件进行审查认定,对招标人变更后的招标文件进行审批。

⑤ 对投标人的投标资质进行复查。

⑥ 对评标定标办法进行审查认定,对招标投标活动进行全过程监督,对开标、评标、定标活动进行现场监督。

⑦ 核发或者与招标人联合发出中标通知书。

⑧ 审查合同草案,监督承发包合同的签订和履行。

⑨ 调解招标人和投标人在招标投标活动中或履行合同过程中发生的纠纷。

⑩ 查处建设工程招标投标方面的违法行为,依法受委托实施相应的行政处罚。

2.4.4　国家重大建设项目招投标活动的监督检查

国家重大建设项目是指国家出资融资的,经国家发改委审批或审批后报国务院审批的建设项目。为了加强对国家重大建设项目招标投标活动的监督,保证招标投标活动依法进行,国家发改委根据国务院授权,负责组织国家重大建设项目稽察特派员及其助理(以下简称稽察人员),对国家重大建设项目的招标投标活动进行监督检查。稽察人员对国家重大建设项目的招标投标活动进行监督检查可以采取经常性稽察和专项性稽察的方式。经常性稽察方式是对建设项目所有招标投标活动进行全过程的跟踪监控；专项性稽察方式是对建设项目招标投标活动实施抽查。

稽察人员在对国家重大建设项目的招标投标活动进行监督检查中应履行下列职责：

① 监督检查招标投标当事人和其他行政监督部门有关招标投标的行为是否符合法律、法规规定的权限、程序。

② 监督检查招标投标的有关文件、资料，对其合法性、真实性进行核实。

③ 监督检查资格预审、开标、评标、定标过程是否合法，以及是否符合招标文件、资格审查文件规定，并可进行相关的调查核实。

④ 监督检查招标投标结果的执行情况。

稽察人员对招标投标活动进行监督检查，可以采取下列方式：

① 检查项目审批程序、资金拨付等资料和文件。

② 检查招标公告、投标邀请书、招标文件、投标文件，核查投标单位的资质等级和资信等情况。

③ 监督开标、评标，并可以旁听与招标投标事项有关的重要会议。

④ 向招标人、投标人、招标代理机构、有关行政主管部门、招标公证机构调查了解情况，听取意见。

⑤ 审阅招标投标情况报告、合同及其有关文件。

⑥ 现场查验，调查、核实招标结果执行情况。

本章小结

本章讲述了建设工程招标投标活动的各参与主体的概念，强调招标人、投标人及招标代理机构参与招标投标活动应具备的条件，在招标投标活动中的权利和义务，指出了建设工程招标投标管理机构的职权范围，使各方主体责权分明。

思考题

1. 简述招标人、投标人、招标代理机构的概念。
2. 试述招标人自行组织招标应具备的条件。
3. 简述招标人的权利和义务。
4. 简述投标人的权利和义务。
5. 简述招标代理人的权利和义务。
6. 试述招标代理行为的特征。
7. 简述建设工程招标投标分级管理体制。
8. 简述建设工程招标投标管理机构的职权范围。

3

建设工程招标

学习要求：

通过本章的学习,应了解建设工程招标的范围、建设工程标底的编制要求和编制方法;应熟悉建设工程招标的方式、建设工程招标的程序及内容、建设工程评标方法;应掌握建设工程招标文件的内容组成和编制。

3.1　建设工程招标概述

3.1.1　建设工程招标的范围

微课
建设工程
招标的
范围

建设工程采用招标投标这种承发包方式,在提高工程经济效益、保证建设质量、保证社会及公众利益方面具有明显的优越性,世界各国和主要国际组织都规定,对某些工程建设项目必须实行招标投标。我国也对建设工程招标范围进行了界定,即国家规定了必须招标的建设工程项目范围,而在此范围之外的项目,是否招标业主可以自愿选择。

一、建设工程招标范围的确定依据

哪些工程项目必须招标,哪些工程项目可以不进行招标,即如何界定必须招标的建设工程项目范围,是一个比较复杂的问题。一般来说,确定建设工程招标范围,可以把以下几个方面的因素作为依据进行考虑。

1. 建设工程资产的性质和归属

我国的建设工程项目,主要是国家和集体所有的公有制资产项目。为了保证公有资产有效使用,提高投资回报率,使公有资产保值增值,防止公有资产流失和浪费,我国在确定招标范围时,将国家机关、国有企事业单位和集体所有制企业及它们控股的股份公司投资、融资兴建的工程建设项目,使用国际组织或者外国政府贷款、援助资金的工程建设项目,纳入招标的范围。

2. 建设工程规模对社会的影响

现阶段我国投资主体多元化,有些工程项目是个人或私营企业投资兴建的,个人有处置权。但是考虑到建设工程项目不是一般的资产,它的建设、使用直接关系到社会公共利益、公众安全、资源配置等,因此,我国将达到一定规模,关系到社会公共利益、公众安全的建设工程项目,不论资产性质如何,都纳入招标的范围。

3. 建设工程实施过程的特殊性要求

一般的工程项目实施过程都应遵循一定的建设工作程序,即建设工作中应符合工程建设客观规律要求的先后次序。而某些紧急情况下的特殊工程,如抢险、救灾、赈灾、保密等,需要用特殊的方法和程序进行处理。所以,在工作程序上有特殊需要的工程项目不宜列入建设工程招标的范围。

4. 招标投标过程的经济性和可操作性

实行建设工程招标投标的目的是节省投资、保证质量、提高效益。对那些投资额较小的工程,如果强制实行招标,会大大增加工程成本。另外,在客观上潜在的投标人过少,无法展开公平竞争的工程,也不宜列入强制招标的范围。

二、我国目前对工程建设项目招标范围的界定

我国工程建设项目招标的范围,在《中华人民共和国招标投标法》中规定:"在中华人民共和国境内进行下列工程建设项目,包括项目的勘察、设计、施工、监理及与工程建设有关的重要设备、材料等的采购,必须进行招标:① 大型基础设施、公用事业等关系社会公共利益、公众安全的项目;② 全部或者部分使用国有资金投资或者国家融资的项目;③ 使用国际组织或者外国政府贷款、援助资金的项目。"

招标投标法中所规定的招标范围,是一个原则性的规定。依法必须进行招标的建设工程项目的具体范围和规模标准,应由国务院发展改革部门会同国务院有关部门制定。按此原则,2000 年原国家发展计划委员会报经国务院批准发布了《工程建设项目招标范围和规模标准规定》(国家发展计划委员会令第 3 号),明确了依法必须进行招标的工程建设项目的具体范围和规模标准。该规定的颁布实施增强了招投标制度的可操作性。随着我国经济社会不断发展和改革持续深化,3 号令在施行中逐步出现范围过宽、标准过低的问题。同时,各省区市根据 3 号令规定,普遍制定了本地区必须招标项目的具体范围和规模标准,不同程度上扩大了强制招标范围,并造成了规则不统一,进一步加重了市场主体负担。

针对上述问题,2018 年 3 月 27 日,国家发展改革委会同国务院有关部门对 3 号令进行了修订,形成了《必须招标的工程项目规定》(国家发展改革委令第 16 号),报请国务院批准后印发,2018 年 6 月 1 日起施行。《必须招标的工程项目规定》中明确了我国建设工程招标范围,见表 3-1。

表 3-1　我国建设工程招标范围

序号	项目类别	具体范围
1	全部或部分使用国有资金投资或者国家融资的项目	(1) 使用预算资金 200 万元人民币以上,并且该资金占投资额 10% 以上的项目。 (2) 使用国有企业事业单位资金,并且该资金占控股或者主导地位的项目
2	使用国际组织或者外国政府贷款、援助资金的项目	(1) 使用世界银行、亚洲开发银行等国际组织贷款、援助资金的项目。 (2) 使用外国政府及其机构贷款、援助资金的项目
3	大型基础设施、公用事业等关系社会公共利益、公众安全的项目	(1) 煤炭、石油、天然气、电力、新能源等能源基础设施项目。 (2) 铁路、公路、管道、水运,以及公共航空和 A1 级通用机场等交通运输基础设施项目。 (3) 电信枢纽、通信信息网络等通信基础设施项目。 (4) 防洪、灌溉、排涝、引(供)水等水利基础设施项目。 (5) 城市轨道交通等城建项目

招标范围内的各类工程建设项目,其勘察、设计、施工、监理以及与工程建设有关的重要设备、材料等的采购达到下列标准之一的,必须进行招标:

① 施工单项合同估算价在 400 万元人民币以上的。

② 重要设备、材料等货物的采购,单项合同估算价在 200 万元人民币以上的。

③ 勘察、设计、监理等服务的采购,单项合同估算价在 100 万元人民币以上的。

同一项目中可以合并进行的勘察、设计、施工、监理以及与工程建设有关的重要设备、材料等的采购,合同估算价达到以上规定标准的,必须招标。

单项合同估算价,根据项目所处阶段对应的估算投资额、概算或施工图预算等为依据确定。

另外,按照《中华人民共和国招标投标法实施条例》的规定,以暂估价的形式包括在总承包范围内的工程、货物、服务属于依法必须进行招标的项目范围且达到国家规定规模标准的,应当依法进行招标。

按照我国有关规定,以下情形可以不进行招标:

① 涉及国家安全、国家秘密、抢险救灾或者属于利用扶贫资金实行以工代赈、需要使用农民工等特殊情况,不适宜进行招标的项目。

② 需要采用不可替代的专利或者专有技术。

③ 采购人依法能够自行建设、生产或者提供。

④ 已通过招标方式选定的特许经营项目,投资人依法能够自行建设、生产或者提供。

⑤ 需要向原中标人采购工程、货物或者服务,否则将影响施工或者功能配套要求。

⑥ 使用国有资金投资或国家融资不足 50 万元人民币的项目。

⑦ 安排财政性投资补助或者贴息资金之前,已经依法进行勘察、设计、施工、监理或者与工程建设有关的重要设备、材料等的采购。

⑧ 经省级以上人民政府有关部门同意用于应急救援能力建设的工程建设项目。

⑨ 符合条件的潜在投标人数量不足三个。

⑩ 国家规定的其他特殊情形。

对于依法必须进行招标的项目,全部使用国有资金投资或者国有资金投资占控股或者主导地位的,应当公开招标。

3.1.2　建设工程招标的条件

微课
建设工程
招标的
条件

在建设工程进行招标之前,招标人必须完成必要的准备工作,具备招标所需的条件。招标项目按照规定应具备两个基本条件:

① 项目审批核准手续已履行。

② 项目资金或资金来源已落实。

招标项目按照国家规定需要履行项目审批核准手续的,应当先履行审批核准手续,取得批准。我国规定对政府投资项目实行审批制,对重大项目和限制类项目从维护社会公共利益角度实行核准制,其他项目无论规模大小,均改为备案制。审核招标内容的项目限于需要履行审批、核准手续的依法必须进行招标的项目。在审批、核准环节上,主要是对招标范围、招标方式和招标组织形式进行审核。所谓招标范围是指工程建设项目的勘察、设计、施工、相关货物、材料的采购、安装等环节是否应当限制招标,哪些环节可以不招标;招标方式是采用公开招标还是采用邀请招标;招标组织形式是委托代理招标还是自行组织招标。

对于建设项目不同阶段的招标,又有其更为具体的条件。例如,工程施工招标应该具备以下条件:

① 招标人已经依法成立。

② 初步设计及概算应当履行审批手续的,已经批准。

③ 有相应资金或资金来源已经落实。

④ 有招标所需的设计图纸及技术资料。

⑤ 法律、法规、规章规定的其他条件。

3.1.3 建设工程招标的方式

建设工程招标投标在国外已有多年的历史,也产生了许多招标方式。对招标方式可以从不同的角度进行分类。按竞争的程度分类,有公开招标和邀请招标;按竞争的范围分类,有国内竞争性招标和国际竞争性招标;按招标的阶段分类,有一阶段招标和两阶段招标。我国规定,国内建设工程招标应采用公开招标和邀请招标两种方式。

一、公开招标

公开招标是指招标人以招标公告的方式邀请不特定的法人或者其他组织投标。公开招标又称无限竞争性招标,是一种由招标人按照法定程序,在公开出版物(指报刊、广播、网络等公共媒体)上发布招标公告,所有对招标项目感兴趣且符合条件的供应商或者承包商都可以平等参加投标竞争,招标人从中择优选择中标者的招标方式。

公开招标的优点是能有效地防止腐败,为潜在的投标人提供均等的机会,能最大限度引起竞争,达到节约建设资金、保证工程质量、缩短建设工期的目的。但是,公开招标也存在着工作量大,周期长,花费人力、物力、财力多等方面的不足。

我国规定,国务院发展改革委员会确定的重点国家项目,省、自治区、直辖市人民政府确定的地方重点项目,国有资金占控股或主导地位依法必须招标的项目,应当采用公开招标的方式。应当公开招标的依法必须招标的项目,符合规定条件的,经有关部门批准可采用邀请招标的方式。如我国《中华人民共和国招标投标法实施条例》和《工程建设项目施工招标投标办法》中规定,应当公开招标的,但经批准可以进行邀请招标的情形有:

① 项目技术复杂、有特殊要求或受自然环境限制,只有少量潜在投标人可供选择。

② 涉及国家安全、国家秘密或者抢险救灾,适宜招标但不宜公开招标的。

③ 采用公开招标方式的费用占项目合同金额的比例过大。

二、邀请招标

邀请招标是指招标人用投标邀请书的方式邀请特定的法人或者其他组织投标。邀请招标又称有限竞争性招标,是一种由招标人选择若干符合招标条件的供应商或承包商,通过信函、电信、传真等方式向其发出投标邀请,由被邀请的供应商、承包商投标竞争,从中选定中标者的招标方式。

邀请招标的特点是:

① 招标人在一定范围内邀请特定的法人或其他组织投标。为了保证招标的竞争性,邀请招标必须向三个以上具备承担招标项目能力并且资信良好的投标人发出邀请书。

② 邀请招标不需发布公告,招标人只要向特定的投标人发出投标邀请书即可。接受邀

请的人才有资格参加投标,其他人无权索要招标文件,不得参加投标。

应当指出,邀请招标虽然在潜在投标人的选择上和通知形式上与公开招标不同,但其所适用的程序和原则与公开招标是相同的,其在开标、评标标准等方面都是公开的,因此,邀请招标仍不失其公开性。

在我国工程实践中曾经采用过的一种招标方式,即议标的方式,实质上是谈判协商的方法,是招标人和承包商之间通过一对一的协商谈判而最终达到工程承包的目的。这种方法由于不具有公开性和竞争性,从严格意义上讲不能称之为是一种招标方式。但是,对一些小型工程而言,采用议标方式,目标明确,省时省力,比较灵活;对服务招标而言,由于服务价格难以公开确定,服务质量也需要通过谈判解决,采用议标方式较为恰当;并且议标在计划经济向市场经济过渡的过程中,曾经发挥过积极的作用。但议标存在着程序随意性大、没有竞争性、缺乏透明度、容易形成暗箱操作等缺点,所以我国未把议标作为一种法定的招标方式。

3.1.4　建设工程施工招标的程序及内容

当建设工程项目施工招标的条件具备后,建设单位应向建设行政主管部门进行建设项目报建工作。

微课
工程招标
的程序

一、建设工程项目报建

建设工程项目的立项批准文件或年度投资计划下达后,按照有关规定,须向建设行政主管部门的招标投标行政监管机关报建备案。工程项目报建应按规定的格式进行填报,其主要内容包括以下几点:① 工程名称;② 建设地点;③ 投资规模;④ 资金来源;⑤ 当年投资额;⑥ 工程规模;⑦ 开竣工时间;⑧ 发包方式;⑨ 工程筹建情况等。建设工程报建登记备案表参考格式见表 3-2 所示。

表 3-2　建设工程报建登记备案表参考格式

建设单位名称			负责人		
建设单位地址			经办人		
建设单位电话			经办人电话		
投资计划批准文号					
土地许可证号					
规划许可证号					
总投资			资金来源		

工程概况	单体工程名称	建筑面积/m²	工程造价/万元	结构层数	计划开工日期	计划竣工日期
工程内容						

续表

发包范围	
发包条件	
工程筹建情况	
省直管工程办公室审查意见	
建设主管部门意见	

工程报建的程序如下：

① 建设单位到建设行政主管部门或其授权机构领取工程建设项目报建表。

② 按报建表的内容及要求认真填写。

③ 向建设行政主管部门或其授权机构报送工程建设项目报建表，并按要求进行招标准备。

办理工程报建时应交验的文件资料有以下几个：

① 立项批准文件或年度投资计划。

② 固定资产投资许可证。

③ 建设工程规划许可证。

④ 资金证明等。

工程项目报建备案的目的，是便于当地建设行政主管部门掌握工程建设的规模，规范工程实施阶段程序的管理，加强工程实施过程的监督。建设工程项目报建备案后，具备招标条件的建设工程项目，即可开始办理招标事宜。凡未报建的工程项目，不得办理招标手续和发放施工许可证。

二、建设工程施工招标的程序

当工程项目报建工作完成后，即可按规定程序进行工程项目招标工作。建设工程施工招标程序主要是指招标工作在时间和空间上应遵循的先后顺序。建设工程施工招标公开招标主要工作程序如图 3-1 所示,邀请招标程序可参照公开招标程序进行。

图 3-1 公开招标工作程序图

注:实线为采用资格预审时的程序,虚线为采用资格后审或不进行资格审查时的程序。

三、建设工程施工招标的主要内容

1. 审查招标人招标资质

微课

工程招标的内容

组织招标有两种情况,招标人自己组织招标和委托招标代理机构代理招标。对于招标人自行办理招标事宜的,必须满足一定的条件,并向其行政监管机关备案,行政监管机关对招标人是否具备自行招标的条件进行检查。对委托招标代理机构代理招标的也应向其行政监管机关备案,行政监管机关检查其相应的代理资质。对委托的招标代理机构,招标人应与其签订委托代理合同。

2. 确定招标方式

当招标人自己或委托招标代理机构代理组织招标确定后,根据招标项目的具体情况,按照法律法规的规定确定招标方式(公开招标或邀请招标),并向其行政监管机关进行备案。

3. 编制资格预审文件、招标文件

招标方式确定并备案后,即可编制资格预审文件、招标文件。

(1)资格预审文件

公开招标对投标人的资格审查,有资格预审和资格后审两种。资格预审是指在发售招标文件前,招标人对潜在的投标人进行资质条件、业绩、技术、资金等方面的审查。国有资金占控股或者主导地位的依法必须招标的项目,招标人应当组建资格预审委员会审查资格预审申请文件。资格后审是指在开标后由评标委员会按照招标文件规定的标准和方法对投标人进行的资格审查,经资格后审不合格的投标人的投标应作废标处理。只有通过资格预(后)审的潜在投标人,才可以参加投标(评标)。我国通常采用资格预审的方法。

建设工程招标采取资格预审的,招标人应当编制资格预审文件,在资格预审文件中载明资格预审的条件、标准和方法;采取资格后审的,招标人应当在招标文件中载明对投标人资格要求的条件、标准和方法。

资格预审文件的主要内容有以下几个方面:

① 资格预审公告。

② 申请人须知。

③ 资格审查办法。

④ 资格预审申请文件及格式。

⑤ 建设项目概况。

(2)招标文件

招标文件的主要内容有:招标公告(或投标邀请书)、投标人须知、评标办法、合同条款及格式、工程量清单、图纸、技术标准及要求、投标文件格式、需要投标人提供的其他材料要求。

① 投标人须知,包括工程概况,招标范围,资格审查条件,工程资金来源或者落实情况,标段划分,工期要求,质量标准,现场踏勘和答疑安排,投标文件编制、提交、修改、撤回的要求,投标报价要求,投标有效期,开标的时间和地点,评标的方法和标准等。

② 招标工程的技术要求和设计文件。

③ 采用工程量清单招标的,应当提供工程量清单。

④ 投标函的格式及附录。

⑤ 拟签订合同的主要条款。

⑥ 投标人提交的其他材料。

资格预审文件和招标文件需向当地建设行政主管机关报审及备案。

4. 发布资格预审公告、招标公告或发出投标邀请书

资格预审文件、招标文件经审查备案后,招标人即可发布资格预审公告、招标公告或发出投标邀请书,吸引潜在投标人前来投标(或参加资格预审)。依法必须招标项目的资格预审公告、招标公告应当在国务院发展改革部门依法指定的发布媒介发布,如中国招标投诉公共服务平台或者项目所在地省级电子招标投标公共服务平台等。指定媒介发布依法必须招标的项目的境内资格预审公告和招标公告不应收取费用。

依法必须招标项目的资格预审公告、招标公告或投标邀请书应当载明以下内容:

- 招标项目名称、内容、范围、规模、资金来源。
- 投标资格能力要求,以及是否接受联合体投标。
- 获取资格预审文件或招标文件的时间、方式。
- 递交资格预审文件或投标文件的截止时间、方式。
- 招标人及其招标代理机构的名称、地址、联系人及联系方式。
- 采用电子招标投标方式的,潜在投标人访问电子招标投标交易平台的网址和方法。
- 其他依法应当载明的内容。

① 采用资格预审方式时,资格预审公告的内容及格式如下所示[以下相关内容均摘自《房屋建筑和市政工程标准施工招标资格预审文件》(2010年版)]:

(项目名称)_____标段施工招标
资格预审公告(代招标公告)

1. 招标条件

本招标项目_____(项目名称)已由_____(项目审批、核准或备案机关名称)以_____(批文名称及编号)批准建设,项目业主为____,建设资金来自_____(资金来源),项目出资比例为_____,招标人为_____,招标代理机构为_____。项目已具备招标条件,现进行公开招标,特邀请有兴趣的潜在投标人(以下简称申请人)提出资格预审申请。

2. 项目概况与招标范围

_____[说明本次招标项目的建设地点、规模、计划工期、合同估算价、招标范围、标段划分(如果有)等]。

3. 申请人资格要求

3.1 本次资格预审要求申请人具备_____资质,_____(类似项目描述)业绩,并在人员、设备、资金等方面具备相应的施工能力,其中,申请人拟派项目经理须具备_____专业_____级注册建造师执业资格和有效的安全生产考核合格证书,且未担任其他在施建设工程项目的项目经理。

3.2 本次资格预审_____(接受或不接受)联合体资格预审申请。联合体申请资格预审的,应满足下列要求:_____。

3.3 各申请人可就本项目上述标段中的____(具体数量)个标段提出资格预审申请,但最多允许中标_____(具体数量)个标段(适用于分标段的招标项目)。

4. 资格预审方法

本次资格预审采用_____(合格制/有限数量制)。采用有限数量制的,当通过详细审查的申请人多于_____家时,通过资格预审的申请人限定为____家。

5. 申请报名

凡有意申请资格预审者,请于＿＿年＿＿月＿＿日至＿＿年＿＿月＿＿日(法定公休日、法定节假日除外),每日上午＿＿时至＿＿时,下午＿＿时至＿＿时(北京时间,下同),在＿＿＿＿＿＿(有形建筑市场/交易中心名称及地址)报名。

6. 资格预审文件的获取

6.1 凡通过上述报名者,请于＿＿＿年＿＿月＿＿日至＿＿＿年＿＿月＿＿日(法定公休日、法定节假日除外),每日上午＿＿时至＿＿时,下午＿＿时至＿＿时,在＿＿＿(详细地址)持单位介绍信购买资格预审文件。

6.2 资格预审文件每套售价＿＿＿＿＿＿元,售后不退。

6.3 邮购资格预审文件的,需另加手续费(含邮费)＿＿＿＿＿＿元。招标人在收到单位介绍信和邮购款(含手续费)后＿＿日内寄送。

7. 资格预审申请文件的递交

7.1 递交资格预审申请文件截止时间(申请截止时间,下同)为＿＿年＿＿月＿＿日＿＿时＿＿分,地点为＿＿＿＿＿＿＿＿＿＿＿＿＿＿＿(有形建筑市场/交易中心名称及地址)。

7.2 逾期送达或者未送达指定地点的资格预审申请文件,招件人不予受理。

8. 发布公告的媒介

本次资格预审公告同时在＿＿＿＿＿＿＿＿＿(发布公告的媒介名称)上发布。

9. 联系方式

招 标 人:＿＿＿＿＿＿＿＿	招标代理机构＿＿＿＿＿＿＿＿
地　　址:＿＿＿＿＿＿＿＿	地　　　址:＿＿＿＿＿＿＿＿
邮　　编:＿＿＿＿＿＿＿＿	邮　　　编:＿＿＿＿＿＿＿＿
联 系 人:＿＿＿＿＿＿＿＿	联 系 人:＿＿＿＿＿＿＿＿
电　　话:＿＿＿＿＿＿＿＿	电　　　话:＿＿＿＿＿＿＿＿
传　　真:＿＿＿＿＿＿＿＿	传　　　真:＿＿＿＿＿＿＿＿
电子邮件:＿＿＿＿＿＿＿＿	电子邮件:＿＿＿＿＿＿＿＿
网　　址:＿＿＿＿＿＿＿＿	网　　　址:＿＿＿＿＿＿＿＿
开户银行:＿＿＿＿＿＿＿＿	开户银行:＿＿＿＿＿＿＿＿
账　　号:＿＿＿＿＿＿＿＿	账　　　号:＿＿＿＿＿＿＿＿

＿＿＿＿＿年＿＿＿＿月＿＿＿＿日

② 未进行资格预审的,招标公告的内容及格式如下所示:

招标公告(未进行资格预审)
(项目名称)＿＿＿＿＿标段施工招标公告

1. 招标条件

本招标项目＿＿＿＿＿＿＿(项目名称)已由＿＿＿＿＿＿＿(项目审批、核准或备案机关名称)以＿＿＿＿＿＿＿＿＿(批文名称及编号)批准建设,招标人(项目业主)为＿＿＿＿＿＿＿,建设资金来自＿＿＿＿＿＿＿＿(资金来源),项目出资比例为＿＿＿＿＿＿＿。项目已具备招标条件,现对该项目的施工进行公开招标。

2. 项目概况与招标范围

＿＿＿＿＿＿＿[说明本招标项目的建设地点、规模、合同估算价、计划工期、招标范围、标段划分(如果有)等]。

3. 投标人资格要求

3.1 本次招标要求投标人须具备_____资质，_____（类似项目描述）业绩，并在人员、设备、资金等方面具有相应的施工能力，其中，投标人拟派项目经理须具备_____专业_____级注册建造师执业资格，具备有效的安全生产考核合格证书，且未担任其他在施建设工程项目的项目经理。

3.2 本次招标_____（接受或不接受）联合体投标。联合体投标的，应满足下列要求：_____。

3.3 各投标人均可就本招标项目上述标段中的_____（具体数量）个标段投标，但最多允许中标_____（具体数量）个标段（适用于分标段的招标项目）。

4. 投标报名

凡有意参加投标者，请于_____年_____月_____日至_____年_____月_____日（法定公休日、法定节假日除外），每日上午_____时至_____时，下午_____时至_____时（北京时间，下同），在_____（有形建筑市场/交易中心名称及地址）报名。

5. 招标文件的获取

5.1 凡通过上述报名者，请于_____年_____月_____日至_____年_____月_____日（法定公休日、法定节假日除外），每日上午_____时至_____时，下午_____时至_____时，在_____（详细地址）持单位介绍信购买招标文件。

5.2 招标文件每套售价_____元，售后不退。图纸押金_____元，在退还图纸时退还（不计利息）。

5.3 邮购招标文件的，需另加手续费（含邮费）_____元。招标人在收到单位介绍信和邮购款（含手续费）后_____日内寄送。

6. 投标文件的递交

6.1 投标文件递交的截止时间（投标截止时间，下同）为_____年____月____日____时____分，地点为_____（有形建筑市场交易中心名称及地址）。

6.2 逾期送达的或者未送达指定地点的投标文件，招标人不予受理。

7. 发布公告的媒介

本次招标公告同时在_____（发布公告的媒介名称）上发布。

8. 联系方式

招 标 人：_____	招标代理机构：_____
地 址：_____	地 址：_____
邮 编：_____	邮 编：_____
联 系 人：_____	联 系 人：_____
电 话：_____	电 话：_____
传 真：_____	传 真：_____
电子邮件：_____	电子邮件：_____
网 址：_____	网 址：_____
开户银行：_____	开户银行：_____
账 号：_____	账 号：_____

_____年____月____日

③ 采用资格预审时,投标邀请书的内容及格式如下所示:

投标邀请书(代资格预审通过通知书)
_____(项目名称)____标段施工投标邀请书

_____(被邀请单位名称):

你单位已通过资格预审,现邀请你单位按招标文件规定的内容,参加_____(项目名称)_____标段施工投标。

请你单位于____年____月___日至____年____月___日(法定公休日、法定节假日除外),每日上午___时至____时,下午____时至____时(北京时间,下同),在____(详细地址)持本投标邀请书购买招标文件。

招标文件每套售价为_____元,售后不退。图纸押金_____元,在退还图纸时退还(不计利息)。邮购招标文件的,需另加手续费(含邮费)_____元。招标人在收到邮购款(含手续费)后____日内寄送。

递交投标文件的截止时间(投标截止时间,下同)为____年____月___日___时____分,地点为____(有形建筑市场/交易中心名称及地址)。

逾期送达的或者未送达指定地点的投标文件,招标人不予受理。

你单位收到本投标邀请书后,请于_____(具体时间)前以传真或快递方式予以确认。

招 标 人:_____   招标代理机构:_____
地　　址:_____   地　　址:_____
邮　　编:_____   邮　　编:_____
联 系 人:_____   联 系 人:_____
电　　话:_____   电　　话:_____
传　　真:_____   传　　真:_____
电子邮件:_____   电子邮件:_____
网　　址:_____   网　　址:_____
开户银行:_____   开户银行:_____
账　　号:_____   账　　号:_____

_____年_____月____日

④ 未采用资格预审时,投标邀请书的内容及格式如下所示:

_____(项目名称)____标段施工投标邀请书

_____(被邀请单位名称):

1. 招标条件

本招标项目_____(项目名称)已由_____(项目审批、核准或备案机关名称)以_____(批文名称及编号)批准建设,招标人(项目业主)为_____,建设资金来自_____(资金来源),出资比例为_____。项目已具备招标条件,现邀请你单位参加_____(项目名称)标段施工投标。

2. 项目概况与招标范围

_____[说明本招标项目的建设地点、规模、合同估算价、计划工期、招标范围、标段划分(如果有)等]。

3. 投标人资格要求

3.1 本次招标要求投标人具备_____资质,_____(类似项目描述)业绩,并在人员、设备、资金等方面具有相应的施工能力。

3.2　你单位＿＿＿＿＿＿＿（可以或不可以）组成联合体投标。联合体投标的,应满足下列要求:＿＿
＿＿＿＿＿＿＿＿＿＿＿＿＿。

3.3　本次招标要求投标人拟派项目经理具备＿＿＿＿专业＿＿＿＿级注册建造师执业资格,具备有效
的安全生产考核合格证书,且未担任其他在施建设工程项目的项目经理。

4.　招标文件的获取

4.1　请于＿＿＿＿＿＿年＿＿＿＿＿月＿＿＿＿＿日至＿＿＿＿＿年＿＿＿＿月＿＿＿＿日(法定公休日、法定节假日
除外),每日上午＿＿＿＿＿时至＿＿＿＿＿时,下午＿＿＿＿＿时至＿＿＿＿＿时(北京时间,下同),在＿＿＿＿＿＿＿＿
(详细地址)持本投标邀请书购买招标文件。

4.2　招标文件每套售价＿＿＿＿＿元,售后不退。图纸押金＿＿＿＿＿元,在退还图纸时退还(不计利息)。

4.3　邮购招标文件的,需另加手续费(含邮费)＿＿＿＿＿元。招标人在收到邮购款(含手续费)后＿＿＿＿
＿＿日内寄送。

5.　投标文件的递交

5.1　投标文件递交的截止时间(投票截止时间,下同)为＿＿＿＿＿年＿＿＿月＿＿＿日＿＿＿时＿＿＿分,地点
为＿＿＿＿＿＿＿＿＿＿＿＿(有形建筑市场/交易中心名称及地址)。

5.2　逾期送达的或者未送达指定地点的投标文件,招标人不予受理。

6.　确认

你单位收到本投标邀请书后,请于＿＿＿＿＿＿＿(具体时间)前以传真或快递方式予以确认。

7.　联系方式

招　标　人:＿＿＿＿＿＿＿＿＿＿＿＿＿　　招标代理机构:＿＿＿＿＿＿＿＿＿＿＿＿＿＿＿＿
地　　　址:＿＿＿＿＿＿＿＿＿＿＿＿＿　　地　　　址:＿＿＿＿＿＿＿＿＿＿＿＿＿＿＿＿
邮　　　编:＿＿＿＿＿＿＿＿＿＿＿＿＿　　邮　　　编:＿＿＿＿＿＿＿＿＿＿＿＿＿＿＿＿
联　系　人:＿＿＿＿＿＿＿＿＿＿＿＿＿　　联　系　人:＿＿＿＿＿＿＿＿＿＿＿＿＿＿＿＿
电　　　话:＿＿＿＿＿＿＿＿＿＿＿＿＿　　电　　　话:＿＿＿＿＿＿＿＿＿＿＿＿＿＿＿＿
传　　　真:＿＿＿＿＿＿＿＿＿＿＿＿＿　　传　　　真:＿＿＿＿＿＿＿＿＿＿＿＿＿＿＿＿
电子邮件:＿＿＿＿＿＿＿＿＿＿＿＿＿　　电子邮件:＿＿＿＿＿＿＿＿＿＿＿＿＿＿＿＿
网　　　址:＿＿＿＿＿＿＿＿＿＿＿＿＿　　网　　　址:＿＿＿＿＿＿＿＿＿＿＿＿＿＿＿＿
开户银行:＿＿＿＿＿＿＿＿＿＿＿＿＿　　开户银行:＿＿＿＿＿＿＿＿＿＿＿＿＿＿＿＿
账　　　号:＿＿＿＿＿＿＿＿＿＿＿＿＿　　账　　　号:＿＿＿＿＿＿＿＿＿＿＿＿＿＿＿＿

＿＿＿＿＿＿年＿＿＿＿＿月＿＿＿＿日

5.　对申请投标人进行资格预审

对已获取招标资格预审信息,愿意参加投标资格预审的报名者进行资格预审,其目的是
为了保证投标人具备承担招标项目的能力。资格预审工作应当遵循公平、公正、科学、择优
的原则,任何单位和个人不得非法干预,影响资格预审过程和结果。

资格预审的作用如下:

① 排除不合格的投标人。招标人可以在资格预审中设置基本要求,将不具备要求的投
标人排除在外。

② 降低招标人的招标成本。如果允许所有愿意投标的投标人都参加投标,招标工作量
增大,招标成本也会增加,通过资格预审,排除掉不合格的投标人,把参加投标的投标人控制
在一个合理的范围内,有利于降低招标成本,提高招标工作效率。

③ 可以吸引实力雄厚的投标人参加竞争。资格预审排除一些条件差的投标人,可以避
免恶性竞争,这对实力雄厚的潜在投标人是一个吸引。

资格预审的程序如下：

① 编制资格预审文件。

② 发布资格预审公告。

③ 发售资格预审文件。招标人应当按照资格预审公告中的时间地点发售预审文件,其发售期不得少于5日。发售招标预审文件收取的费用应当限于补偿印刷、邮件的成本支出,不得以营利为目的。

④ 潜在投标人编制并提交资格预审申请文件。招标人应合理确定留给潜在投标人编制资格预审申请文件的时间,我国规定,依法必须进行招标的项目提交资格预审申请文件的时间为自资格预审文件停止发售之日起不得少于5日。

⑤ 对资格预审申请文件进行审查。招标人或资格审查委员会在规定的时间内,按照资格预审文件中规定的标准和方法,对参加资格预审的投标申请人进行资格审查。

⑥ 进行资格预审时,通过对申请单位填报的资格预审文件和资料进行评比和分析,按程序确定出合格的投标申请人名单,并向其发出资格预审合格通知书,并告知获取招标文件的时间、地点和方法。投标人收到资格预审合格通知书后,应以书面形式予以确认,并在规定的时间领取招标文件、图纸及有关技术资料。同时向资格预审不合格的投标申请人告知资格预审结果,资格预审不合格的投标申请人不得参加投标。如果通过资格预审的申请人少于3个,应当重新招标。

资格预审程序中,编制资格预审文件和对资格预审申请文件的评审,是完成整个资格预审工作的两个关键环节。

对潜在投标人进行资格审查的主要内容有以下几个方面：

① 是否具有独立订立合同的权利。

② 是否具有履行合同的能力。包括专业、技术资格和能力,资金、设备和其他物质设施状况,管理能力,经验、信誉和相应的从业人员等。

③ 是否有处于被责令停业,投标资格被取消,财产被接管、冻结,破产等状态。

④ 在最近三年内是否有骗取中标和严重违约及重大工程质量问题。

⑤ 是否有不满足国家规定的其他方面的资格条件。

资格审查时,招标人不得以不合理的条件限制、排斥潜在投标人,不得对潜在投标人实行歧视待遇。任何单位和个人不得以行政手段或者其他不合理方式限制投标人的数量。

6. 发售招标文件和有关资料

招标人应按规定的时间和地点向经审查合格的投标人(含被邀请的投标人)发售招标文件及有关资料。招标人应当按照招标公告或者投标邀请书规定的时间、地点发售招标文件。招标文件的发售期不得少于5日。招标人发售招标文件收取的费用仅限于补偿印刷、邮寄的成本支出,不是所谓的编制费用。招标人在招标文件中要求投标人提交投标保证金的,投标保证金不得超过招标项目估算价的2%,《房屋建筑和市政基础设施工程施工招标投标管理办法》(2018年9月28日起施行)中规定,投标保证金最高不得超过50万元。《工程建设项目施工招标投标办法》(七部委30号令,2013年5月1日起施行)中规定,投标保证金不得超过80万元。依法必须进行招标的项目的境内投标单位,以现金或者支票形式提交的投标保证金应当从其基本账户转出。

招标文件发出后,招标人不得擅自变更其内容。确需进行必要的澄清、修改或补充的,应当在招标文件要求提交投标文件截止时间 15 日前,以书面形式通知所有获得招标文件的投标人。该澄清、修改或补充的内容是招标文件的组成部分,对招标人和投标人都有约束力。

7. 组织投标人踏勘现场并答疑

招标文件发放后,招标人可以根据招标项目的特点和招标文件的约定,组织全体投标人对项目实施现场的条件环境进行实地踏勘,并对投标人关于招标文件和踏勘现场中所提问题进行答疑。为防止招标人提供差别信息,排斥潜在投标人,保证公平公正,招标人不得组织单个或者部分投标人踏勘现场。

踏勘现场的目的在于使投标人了解工程现场和周围环境情况,获取对投标有帮助的信息,并据此作出关于投标策略和投标报价的决定;同时还可以针对招标文件中的有关规定和数据,通过现场踏勘进行详细的核对,对于现场实际情况与招标文件不符之处向招标人书面提出。

投标人对招标文件或者在现场踏勘中有疑问或不清楚的问题,应当用书面的形式向招标人提出,招标人应当给予解释和答复。招标人的答疑可以根据情况采用以下方式进行。

① 以信函的方式书面解答。解答内容应同时送达所有获得招标文件的投标人,并向建设行政主管部门备案。

② 通过召开答疑会进行解答。以会议纪要形式将解答内容送达所有获得招标文件的投标人,并同时将答疑纪要向建设行政主管部门备案。

如果投标人对招标文件有异议的,应当在投标截止时间 10 日前提出,招标人应在收到异议之日起 3 日内作出答复,作出答复前暂停招标投标活动。

8. 接受投标文件

招标人接受投标人的投标文件,并记录接受日期和时间。投标人在招标文件约定的投标截止日期前,提交投标文件,在开标前招标人应妥善保管投标文件。

未通过资格预审的申请人提交的投标文件、在投标文件要求的投标截止时间后送达的投标文件、没按招标文件要求密封的投标文件、电子招标中投标文件未加密的,投标文件均应拒绝接受。投标人在提交投标文件的同时应提交投标保证金。

9. 开标

开标是招标过程中的重要环节。开标应在招标文件规定的提交投标文件截止时间的同一时间公开进行,开标时间和地点应在招标文件中确定。开标会议由招标人或招标代理机构组织并主持,所有投标单位的法定代表人或授权代理人均应参加,招标投标管理机构到场监督。

开标会议的一般程序如下:
① 参加开标会议的人员签名报到。
② 会议主持人宣布开标会议开始,宣读招标人法定代表人资格证明或招标人代表的授权委托书,介绍参加会议的单位和人员,宣布唱标人员、记录人员名单。唱标、记录人员一般由招标人或其代理机构的工作人员担任。
③ 请投标人或其推选的代表检查投标文件的密封情况,也可委托公证机构检查并公证。
④ 招标人或招标投标管理机构的人员对投标文件的密封、标志、签署等情况进行检查。

⑤ 由唱标人员进行唱标。唱标是指公布投标文件的主要内容,如投标人名称、投标报价、工期、质量、主要材料用量、投标保证金、优惠条件等。

⑥ 如设有标底时,应公布标底。

⑦ 由投标人的法定代表人或其委托代理人核对开标会议记录,并签字确认开标结果。

应当指出的是,招标人在招标文件要求提交投标文件的截止时间前收到的所有投标文件,开标时都应当当众予以拆封。按规定提交了合格的撤回通知的招标文件不予开封,退回给投标人。投标人少于 3 个的,不得开标。

10. 评标

当开标结束后,招标人将有效投标文件,送评标委员会进行评审。

评标由招标人依法组建的评标委员会负责,评标委员会由招标人或其委托的招标代理机构的熟悉相关业务的代表和有关经济、技术方面的专家组成。与投标人有利害关系的人、项目主管部门或者行政监督部分的人员不得进入相关项目的评标委员会,评标委员会的名单在中标结果确定之前应保密。招标人应采取必要措施,保证评标在严格保密的情况下进行,评标委员会在完成评标后,应当向招标人提出书面评标报告,并推荐合格的中标候选人,中标候选人不应超过三个,并标明排序。依法必须进行招标的项目,招标人应当自收到评标报告之日起 3 日内公示中标候选人,公示期不得少于 3 日。整个评标过程应在招投标管理机构的监督下进行。

11. 定标、发中标通知书

在评标结束后,招标人以评标委员会提供的评标报告为依据,对评标委员会所推荐的中标候选人进行比较确定中标人,国有资金占控股或者主导地位的依法必须进行招标的项目,招标人应当确定排名第一的中标候选人为中标人。招标人也可以授权评标委员会直接确定中标人。定标应当择优。

确定中标人后,招标人应当向中标人发出中标通知书,并同时将中标结果通知所有未中标的投标人。中标通知书对招标人和中标人均具有法律约束效力。中标通知书发出后,招标人改变中标结果的,或者中标人放弃中标项目的,应承担法律责任。

中标通知书的内容及格式如下所示:

中标通知书

_____(中标人名称):

你方于_____(投标日期)所递交的_____(项目名称)_____标段施工投标文件已被我方接受,被确定为中标人。

中标价:_____元。

工　　期:_____日历天。

工程质量:符合_____标准。

项目经理:_____(姓名)。

请你方在接到本通知书后的_____日内到_____(指定地点)与我方签订施工承包合同,在此之前按招标文件第二章"投标人须知"第7.3款规定向我方提交履约担保。

特此通知。

招标人：_____（盖单位章）

法定代表人：_____（签字）

_____年_____月_____日

12. 签订合同

招标人与中标人应当在规定的时间期限内，正式签订书面合同。同时，双方要按照招标文件的约定相互提交履约担保或者履约保函，履约担保的担保金额不得超过中标合同金额的 10%。招标人应当在书面合同签订立后 5 日内，向中标人和未中标的投标人退还投标保证金及银行同期存款利息。

四、招标失败与招标无效

造成招标失败有三种原因：

① 提交投标文件的投标人少于 3 个。

② 在评标过程中按规定否决不合格标书或产生废标后的有效标书不足 3 个，使得投标明显缺乏竞争后，应评标委员会一致决定否决全部投标。

③ 经评委会评审，认为所有投标都不符合招标文件要求的，即否决所有投标。

招标无效是指招标人或招标代理机构、评标委员会，在招投标过程中，违反有关法律法规的规定，影响到了中标结果的合理性。

当招标失败或属无效招标的，都应依法重新招标。当因第一次招标时提交投标文件的投标人少于 3 个，在重新招标时投标人仍少于 3 个时，属于必须审批的项目，报经原审批部门批准后，可以不再进行招标；其他工程项目，招标人可以自行决定不再进行招标。

3.2 建设工程施工招标资格预审文件的编制

资格预审文件是告知申请人资格预审条件、标准和方法，并对申请人的经营资格、履约能力进行评审，确定合格投标人的依据。也是投标申请人编制投标资格预审申请文件的依据。资格预审文件由招标人或其委托的招标代理机构编制。

3.2.1 资格预审文件的组成

资格预审文件由封面、目录、资格预审公告、申请人须知、资格审查办法、资格预审申请文件格式、项目建设概况等组成。资格预审公告的格式及内容已在本章 3.1 节讲述。

1. 申请人须知

申请人须知包括申请人须知前附表和申请人须知正文部分，其正文部分的主要内容如下：① 总则；② 资格预审文件；③ 资格预审申请文件的编制；④ 资格预审申请文件的递交；⑤ 资格预审申请文件的审查；⑥ 通知和确认；⑦ 申请人的资格改变；⑧ 纪律与监督；⑨ 需要补充的其他内容。

2. 资格审查办法

资格审查办法包括审查办法前附表、审查办法正文部分，其正文部分的主要内容包括：审查方法、审查标准、审查程序、审查结果等内容。

3. 资格预审申请文件格式

资格预审申请文件格式包括资格预审申请函、法定代表人身份证明、授权委托书、联合体协议书、申请人基本情况表、近年财务状况表、近年完成的类似项目情况表、正在施工的和新承接的项目情况表、近年发生的诉讼和仲裁情况、其他材料等内容。

4. 项目建设概况

项目建设概况主要包括项目说明、建设条件、建设要求及其他需要说明的情况。

3.2.2　资格预审文件的编制

建设工程施工招标资格预审文件的编制应按照住房和城乡建设部《房屋建筑和市政工程标准施工招标资格预审文件》示范文本的要求及格式编写。

微课
资格预审文件的编制

一、申请人须知

申请人须知是投标申请人编制和提交资格预审申请文件的指南性内容。主要包括以下几个方面的内容。

1. 申请人须知前附表

前附表的内容及要求有以下几个方面：

① 招标人及招标代理机构的名称、地址、联系人与电话，便于申请人联系。

② 工程建设项目基本情况，包括项目名称、建设地点、资金来源、出资比例、资金落实情况、招标范围、标段划分、计划工期、质量要求，使申请人了解项目基本概况。

③ 申请人资格条件。告知申请人必须具备的工程施工资质、近年类似业绩、财务状况、拟投入人员、设备等技术力量等资格能力要素条件和近年发生诉讼、仲裁等履约信誉情况及是否接受联合体投标等要求。

④ 时间安排。明确申请人提出澄清资格预审文件要求的截止时间，招标人澄清、修改资格预审文件的时间，申请人确认收到资格预审文件澄清和修改文件的时间，使申请人知悉资格预审活动的时间安排。

⑤ 申请文件的编写要求。明确申请文件的签字和盖章要求、申请的装订及文件份数，使申请人知悉资格预审申请文件的编写格式。

⑥ 申请文件的递交规定。明确申请文件的密封和标识要求、申请文件递交的截止时间及地点、资格审查结束后资格预审申请文件是否退还，以使投标人能够正确递交申请文件。

⑦ 简要写明资格审查采用的方法，资格预审结果的通知时间及确认时间。

2. 申请人须知正文部分

（1）总则

总则编写要把招标工程建设项目概况、资金来源和落实情况、招标范围和计划工期及质量要求叙述清楚，声明申请人资格要求，明确申请文件编写所用的语言，以及参加资格预审过程的费用承担者。

（2）资格预审文件

包括资格预审文件的组成、澄清及修改。

① 资格预审文件由资格预审公告、申请人须知、资格审查办法、资格预审申请文件格式、项目建设概况及对资格预审文件的澄清和修改构成。

② 资格预审文件的澄清。要明确申请人提出澄清的时间、澄清问题的表达形式，招标人的回复时间和回复方式，以及申请人对收到答复的确认时间及方式。

a. 申请人通过仔细阅读和研究资格预审文件，对不明白、不理解的意思表达，模棱两可或错误的表述,或遗漏的事项,可以向招标人提出澄清要求,但澄清要求必须在资格预审文件规定的时间以前,以书面形式发送给招标人。

b. 招标人认真研究收到的所有澄清问题后,应在规定时间前以书面澄清的形式发送给所有购买了资格预审文件的潜在投标申请人。

c. 申请人应在收到澄清文件后,在规定的时间内以书面行式向招标人确认已经收到。

③ 资格预审文件的修改。明确招标人对资格预审文件进行修改、通知的方式及时间,以及申请人确认的方式及时间。

a. 招标人可以对资格预审文件中存在的问题、疏漏进行修改,但必须在资格预审文件规定的时间前,以书面形式通知申请人。如果澄清或者修改的内容可能影响资格预审申请文件编制,但又不能在该时间前通知的,招标人应顺延递交申请文件的截止时间,使申请人有足够的时间编制申请文件。

b. 申请人应在收到修改文件后进行确认。

(3) 资格预审申请文件的编制

招标人应在本处明确告知申请人,资格预审申请文件的组成内容、编制要求、装订及签字盖章要求。

(4) 资格预审申请文件的递交

招标人一般在这部分明确资格预审申请文件应按统一的规定要求进行密封和标识,并在规定的时间和地点递交。对于没有在规定地点、截止时间前递交的申请文件,应拒绝接收。

(5) 资格预审申请文件的审查

国有资金占控股或者主导地位的依法必须进行招标的项目,由招标人依法组建的资格审查委员会进行资格审查;其他招标项目可由招标人自行进行资格审查。

(6) 通知和确认

明确审查结果的通知时间及方式,以及合格申请人的回复方式及时间。

(7) 纪律与监督

对资格预审期间的纪律、保密、投诉以及对违纪的处置方式进行规定。

二、资格审查办法

(1) 选择资格审查方法

资格预审方法有合格制和有限数量制两种,分别适用于不同的条件:

① 合格制。一般情况下,应当采用合格制,凡符合资格预审文件规定资格审查标准的申请人均通过资格预审,即取得相应投标资格。

合格制中,满足条件的申请人均获得投标资格。其优点是:投标竞争性强,有利于获得更多、更好的投标人和投标方案;对满足资格条件的所有申请人公平、公正。缺点是:投标人可能较多,从而加大投标和评标工作量,浪费社会资源。

② 有限数量制。当潜在投标人过多时,可采用有限数量制。招标人在资格预审文件中既要规定资格审查标准,又应明确通过资格预审的申请人数量。审查委员会依据资格预审文件中规定的审查标准和程序,对通过初步审查和详细审查的资格预审申请文件进行量化打分,按得分由高到低的顺序确定通过资格预审的申请人。通过资格预审的申请人不超过资格审查办法前附表规定的数量。

采用有限数量制一般有利于降低招标投标活动的社会综合成本,提高投标的针对性和积极性,但在一定程度上可能限制了潜在投标人的范围,比较容易串标。

（2）制定审查标准

审查标准包括初步审查标准和详细审查标准。如采用有限数量制审查方法时,还需要制定评分标准,评分的因素主要包括财务状况、类似项目业绩、信誉情况、认证体系、项目经理业绩等,评分标准应该具体明了、可操作性强。

（3）审查程序

审查程序包括资格预审申请文件的初步审查、详细审查、申请文件的澄清及有限数量制的评分等内容和规则。

（4）审查结果

资格审查委员会完成资格预审申请文件的审查,确定通过资格预审的申请人名单,向招标人提交书面审查报告。

三、资格预审申请文件格式

资格预审申请文件包括以下格式和基本内容。

（1）资格预审申请函

资格预审申请函是申请人响应招标人、参加招标资格预审的申请函,同意招标人或其委托代表对申请文件进行审查,并应对所递交的资格预审申请文件及有关材料内容的完整性、真实性和有效性作出声明。

（2）法定代表人身份证明、授权委托书

① 法定代表人身份证明,是申请人出具的用于证明法定代表人合法身份的证明。内容包括申请人名称、单位性质、成立时间、经营期限,法定代表人姓名、性别、年龄、职务等。

② 授权委托书,是申请人及其法定代表人出具的正式文书,明确授权其委托代理人在规定的期限内负责申请文件的签署、澄清、递交、撤回、修改等活动,其活动的后果,由申请人及其法定代表人承担法律责任。

（3）联合体协议书

适用于允许联合体投标的资格预审。联合体各方联合声明共同参加资格预审和投标活动签订的联合协议。联合体协议书中应明确牵头人、各方职责分工及协议期限,承诺对递交文件承担法律责任等。

（4）申请人基本情况

① 申请人的名称、企业性质、主要投资股东、法定代表人、经营范围与方式、营业执照、注册资金、成立时间、企业资质等级与资格声明,技术负责人、联系方式、开户银行、员工专业结构与人数等。

② 申请人的施工能力:已承接任务的合同项目总价,最大年施工规模能力（产值）,正在施工的规模数量,申请人的施工质量保证体系,拟投入本项目的主要设备仪器情况。

（5）近年财务状况

申请人应提交近年（一般为近 3 年）经会计师事务所或审计机构审计的财务报表,包括资产负债表、损益表、现金流量表等用于招标人判断投标人的总体财务状况,进而评估其承担招标项目的财务能力和抗风险能力。必要时,应由银行等机构出具金融信誉等级证书或银行资信证明。

（6）近年完成的类似项目情况

申请人应提供近年已经完成与招标项目性质、类型、规模标准类似的工程名称、地址，招标人名称、地址及联系电话，合同价格，申请人的职责定位、承担的工作内容、完成日期，实现的技术、经济、管理目标和使用状况，项目经理、技术负责人等。

（7）正在施工的和新承接的项目情况

正在施工的和新承接的项目情况表的填报信息内容与"近年完成的类似项目情况"的要求相同。

（8）近年发生的诉讼和仲裁情况

申请人应提供近年来在合同履行中，因争议或纠纷引起的诉讼、仲裁情况，以及有无违法违规行为而被处罚的相关情况，包括法院或仲裁机构作出的判决、裁决、行政处罚决定等法律文书复印件。

（9）其他材料

申请人提交的其他材料包括三个部分：一是其他企业信誉情况，该部分主要说明企业在近年是否有不良行为记录，在施工程及近年已竣工工程合同履行情况等；二是拟投入的主要施工机械设备情况；三是拟投入的项目管理人员情况，要特别提供项目经理和主要管理人员的身份、资格、能力，包括岗位任职、工作经历、职业资格、技术或行政职务、职称，完成的主要类似项目业绩等证明材料。

四、工程建设项目概况

（1）项目说明

首先应概要介绍工程建设项目的建设任务、工程规模标准和预期效益；其次说明项目的批准或核准情况；再次介绍该工程的项目业主，项目投资人出资比例，以及资金来源；最后概要介绍项目的建设地点、计划工期、招标范围和标段划分情况。

（2）建设条件

主要是描述建设项目所处位置的水文气象条件、工程地质条件、地理位置及交通条件等。

（3）建设要求

概要介绍工程施工技术规范、标准要求，工程建设质量、进度、安全和环境管理等要求。

（4）其他需要说明的情况

需结合项目的工程特点和项目业主的具体管理要求提出。

🎬微课 ● **3.2.3　资格预审的评审程序及内容**

资格预审文件的评审

资格预审的评审工作包括建立资格审查委员会、初步审查、详细审查、澄清、评审和编写评审报告等程序。

1. 组建资格审查委员会

国有资金占控股或者主导地位的依法必须进行招标的项目，招标人应当组建资格审查委员会审查资格预审申请文件。资格审查委员会的组建应当符合招标投标法及其实施条例有关评标委员会的规定。其中招标人代表应具有完成相应项目资格审查的业务素质和能力，人数不能超过资格审查委员会成员的1/3；有关技术、经济等方面的专家应当从事相关领域工作满8年并具有高级职称或者具有同等专业水平，不得少于成员总数的2/3。与申请人有利害关系的人不得进入资格审查委员会,已经进入的应当更换。审查委员会成员的名单在审查结果确定前应当保密。

2. 初步审查

初步审查的因素主要有:申请人名称、申请函签字盖章、申请文件格式、联合体申请人等内容。

初步审查一般包括审查申请人名称与营业执照、资质证书、安全生产许可证是否一致;资格预审申请文件是否经法定代表人或其委托代理人签字或加盖单位章;申请文件是否按照资格预审文件中规定的内容格式编写;联合体申请人是否提交联合体协议书,并明确联合体成员责任分工等。上述因素只要有一项不合格,就不能通过初步审查。

3. 详细审查

详细审查是审查委员会对通过初步审查的申请人的资格预审申请文件进行进一步审查。常见的详细审查因素和标准如下:

(1) 营业执照。营业执照的营业范围是否与招标项目一致,执照期限是否有效。

① 公司名称。营业执照上的企业名称为法定名称,投标人名称必须与营业执照上的名称一致。

② 营业范围。投标人的营业范围应符合招标项目的要求。

③ 有效期。一般要求营业执照的有效期应覆盖投标有效期,以便保证投标人一旦中标将可以合法签订合同。逾期未进行年检的营业执照无效。

④ 法定代表人。投标文件应由法定代表人或其授权的代表签字,资格审查委员会审查营业执照确认投标文件或法定代表人授权书是否是出营业执照规定的法定代表人签字或授权。

⑤ 注册资本。对于有限责任公司,营业执照上的注册资本是投标人无力清偿债务被宣布破产时其投资人承担的最高责任限额。

(2) 企业资质等级。施工和服务企业资质的专业范围和等级是否满足资格条件要求;货物生产供应企业是否具有相应的生产供应许可证、产品强制认证等证明文件。

(3) 安全生产许可证。安全生产许可范围是否与招标项目一致,执证期限是否有效。

(4) 财务状况。审查经会计师事务所或审计机构审计的近年财务报表,包括资产负债表、现金流量表、损益表和财务情况说明书及银行授信额度。核实申请人的资产规模、营业收入、资产负债率及偿债能力、流动资金比率、速动比率等抵御财务风险的能力是否达到资格审查的标准要求。

(5) 类似项目业绩。申请人提供招标人约定年限完成的类似项目情况应附中标通知书或合同协议书、工程接收证书(工程竣工验收证书)的复印件等证明材料,正在施工或生产和新承接的项目情况应附中标通知书或合同协议书的复印件等证明材料。根据申请人完成类似项目业绩的数量、质量、规模、运行情况,评审其已有类似项目的施工或生产经验的程度。

(6) 信誉。根据申请人近年来发生的诉讼或仲裁情况、质量和安全事故、合同履约情况,以及银行资信,判断其是否满足资格预审文件规定的条件要求。

(7) 项目经理和技术负责人的资格。审核项目经理和其他技术管理人员的履历、任职、类似业绩、技术职称、职业资格等证明材料,评定其是否符合资格预审文件规定的资格、能力要求。

（8）联合体申请人。审核联合体协议中联合体牵头人与其他成员的责任分工是否明确；联合体的资质等级是否符合要求；联合体各方有无单独或参加其他联合体对同一标段的投标。

（9）其他。审核资格预审申请文件是否满足资格预审文件规定的其他要求，特别注意是否存在投标人的限制情形。

4. 澄清

在审查过程中，审查委员会可以书面形式，要求申请人对所提交的资格预审申请文件中不明确的内容、明显文字错误等进行必要的澄清、说明或补正。申请人的澄清、说明或补正采用书面形式，并不得改变资格预审申请文件的实质性内容。申请人的澄清、说明或补正内容属于资格预审申请文件的组成部分。审查委员会不得暗示或者诱导申请人作出澄清、说明或补正，不得接受申请人主动提出的澄清、说明或补正。

5. 评审

（1）合格制。满足详细审查标准的申请人，则通过资格审查，获得投标资格。

（2）有限数量制。通过详细审查的申请人不少于3个且没有超过资格预审文件规定数量的，均通过资格预审，不再进行评分；通过详细审查的申请人数量超过资格预审文件规定数量的，审查委员会可以按资格预审文件规定的评审因素和评分标准进行评审，并依据规定的评分标准进行评分，按得分由高到低的顺序进行排序，确定预审文件规定数量的申请人通过资格预审。

6. 审查报告

审查委员会按照上述规定的程序对资格预审申请文件完成审查后，确定通过资格预审的申请人名单，并向招标人提交书面审查报告。

通过详细审查申请人的数量不足3个的，招标人应分析具体原因，采取相应措施后，重新组织资格预审或不再组织资格预审而采用资格后审方式直接招标。

7. 招标人确认通过评审的申请人名单

通过资格预审的申请人名单，一般由招标人根据审查报告和资格预审文件审定确认。其后，由招标人或代理机构向通过资格预审的申请人发出投标邀请书，邀请其购买招标文件和参与投标，并要求申请人确认是否参加投标；同时也向未通过评审的申请人发出未通过评审的通知。

3.3　建设工程施工招标文件的编制

建设工程施工招标文件是建设工程施工招标投标活动中最重要的法律文件，它不仅规定了完整的招标程序，而且还提出了各项技术标准和交易条件，拟列了合同的主要条款。招标文件是评标委员会对投标文件评审的依据，也是业主与中标人签订合同的基础，同时也是投标人编制投标文件的重要依据。

3.3.1　建设工程施工招标文件的组成

建设工程施工招标文件由招标文件正式文本、对正式文本的澄清和对正式文本的修改三部分组成。

1. 招标文件正式文本

招标文件正式文本由招标公告（投标邀请书）、投标人须知、评标办法、合同条款及格式、投标文件格式、工程量清单(采用工程量清单招标的应当提供)、图纸、技术标准和要求、投标文件格式等组成。

2. 对招标文件正式文本的澄清

投标人拿到招标文件正式文本之后,如果认为招标文件有问题需要澄清,应在收到招标文件后规定的时间内以书面形式向招标人提出,招标人以书面形式,向所有投标人作出答复,其具体形式是招标文件答疑或答疑会议记录等,这些也构成招标文件的一部分。

3. 对招标文件正式文本的修改

在投标截止日前,招标人可以对已发出的招标文件进行修改、补充,这些修改和补充也是招标文件的一部分,对投标人起约束作用。修改意见由招标人以书面形式发给所有获得招标文件的投标人,并且要保证这些修改和补充发出之日到投标截止时间有一段合理的时间。

3.3.2 建设工程施工招标文件的主要内容

一、投标人须知

投标人须知是投标人的投标指南,投标人须知一般包括三部分:第一部分为投标人须知前附表,第二部分为投标人须知正文,第三部分为附表。

(一)投标人须知前附表

微课
施工招标文件的主要内容

投标人须知前附表是把投标人须知正文中的关键内容和数据以表格的形式表现出来,起到对投标人强调和提醒的作用,为投标人迅速准确掌握投标须知内容提供方便。另一方面投标人须知前附表对投标须知正文中交由前附表明确的内容给予具体定位。表 3-3 是中华人民共和国《房屋建筑和市政工程标准施工招标文件》(2010 年版)投标人须知前附表的格式及内容。

表 3-3 投标人须知前附表[摘自《房屋建筑和市政工程标准施工招标文件》(2010 年版)]

条款号	条款名称	编列内容	
1.1.2	招标人	名称: 地址: 联系人: 电话: 电子邮件:	
1.1.3	招标代理机构	名称: 地址: 联系人: 电话: 电子邮件:	
1.1.4	项目名称		
1.1.5	建设地点		
1.2.1	资金来源		
1.2.2	出资比例		

续表

条款号	条款名称	编列内容
1.2.3	资金落实情况	
1.3.1	招标范围	＿＿＿＿＿＿＿＿＿＿＿＿＿＿
1.3.2	计划工期	计划工期：＿＿＿＿＿日历天 计划开工日期：＿＿年＿＿月＿＿日 计划竣工日期：＿＿年＿＿月＿＿日 除上述总工期外,发包人还要求以下区段工期：＿＿＿＿＿ ＿＿＿
1.3.3	质量要求	质量标准：
1.4.1	投标人资质条件、能力和信誉	资质条件： 财务要求： 业绩要求： 信誉要求： 项目经理资格：＿＿＿＿专业＿＿＿＿级(含以上级)注册建造师执业资格,具备有效的安全生产考核合格证书,且不得担任其他在施建设工程项目的项目经理。 其他要求：
1.4.2	是否接受联合体投标	□不接受 □接受,应满足下列要求： ＿＿＿＿＿＿＿＿＿＿＿＿＿＿＿＿＿ 联合体资质按照联合体协议约定的分工认定。
1.9.1	踏勘现场	□不组织 □组织,踏勘时间： 　　　　踏勘集中地点：
1.10.1	投标预备会	□不召开 □召开,召开时间： 　　　　召开地点：
1.10.2	投标人提出问题的截止时间	
1.10.3	招标人书面澄清的时间	
1.11	分　包	□不允许 □允许,分包内容要求： 　　　　分包金额要求： 　　　　接受分包的第三人资质要求：
1.12	偏　离	□不允许 □允许,可偏离的项目和范围见第七章 　　　"技术标准和要求"； 　　　允许偏离最高项数：＿＿＿＿ 　　　偏差调整方法：＿＿＿＿＿＿

续表

条款号	条款名称	编列内容
2.1	构成招标文件的其他材料	
2.2.1	投标人要求澄清招标文件的截止时间	
2.2.2	投标截止时间	_____年____月____日____时____分
2.2.3	投标人确认收到招标文件澄清的时间	在收到相应澄清文件后____小时内
2.3.2	投标人确认收到招标文件修改的时间	在收到相应修改文件后____小时内
3.1.1	构成投标文件的其他材料	
3.3.1	投标有效期	_____天
3.4.1	投标保证金	投标保证金的形式： 投标保证金的金额： 递交方式：
3.5.2	近年财务状况的年份要求	_____年,指____年____月____日起至____年____月____日止。
3.5.3	近年完成的类似项目的年份要求	_____年,指____年____月____日起至____年____月____日止。
3.5.5	近年发生的诉讼及仲裁情况的年份要求	_____年,指____年____月____日起至____年____月____日止。
3.6	是否允许递交备选投标方案	□不允许 □允许,应按规定编制备选方案
3.7.3	签字和(或)盖章要求	
3.7.4	投标文件副本份数	_____份
3.7.5	装订要求	按照规定的投标文件组成内容,投标文件应按以下要求装订： □不分册装订 □分册装订,共分____册,分别为： 投标函,包括____至____的内容 商务标,包括____至____的内容 技术标,包括____至____的内容 ____标,包括____至____的内容 每册采用_____方式装订,装订应牢固、不易拆散和换页,不得采用活页装订

续表

条款号	条款名称	编列内容
4.1.2	封套上写明	招标人地址： 招标人名称： _____（项目名称）____标段投标文件在____年____月____日____时____分前不得开启
4.2.2	递交投标文件地点	_____ （有形建筑市场/交易中心名称及地址）
4.2.3	是否退还投标文件	□否 □是，退还安排：
5.1	开标时间和地点	开标时间：同投标截止时间 开标地点：
5.2	开标程序	（4）密封情况检查： （5）开标顺序：
6.1.1	评标委员会的组建	评标委员会构成：_____人，其中招标人代表_____人（限招标人在职人员，且应当具备评标专家相应的或者类似的条件），专家_____人； 评标专家确定方式：_____
7.1	是否授权评标委员会确定中标人	□是 □否，推荐的中标候选人数：_____
7.3.1	履约担保	履约担保的形式： 履约担保的金额：

10. 需要补充的其他内容

10.1 词语定义

10.1.1	类似项目	类似项目是指：
10.1.2	不良行为记录	不良行为记录是指：
...	...	

10.2 招标控制价

	招标控制价	□不设招标控制价 □设招标控制价，招标控制价为：____元 　详见本招标文件附件：_____

10.3 "暗标"评审

	施工组织设计是否采用"暗标"评审方式	□不采用 □采用，投标人应严格按照规定编制及装订组织设计

条款号	条款名称	编列内容	
10.4	投标文件电子版		
	是否要求投标人在递交投标文件时,同时递交投标文件电子版	□不要求 □要求,投标文件电子版内容: _____ 投标文件电子版份数: _____ 投标文件电子版形式: _____ 投标文件电子版密封方式:单独放入一个密封袋中,加贴封条,并在封套封口处加盖投标人单位章,在封套上标记"投标文件电子版"字样	
10.5	计算机辅助评标		
	是否实行计算机辅助评标	□否	
		□是,投标人需递交纸质投标文件一份,同时按本须知附表八"电子投标文件编制及报送要求"编制及报送电子投标文件	
10.6	投标人代表出席开标会		
	按照本须知第 5.1 款的规定,招标人邀请所有投标人的法定代表人或其委托代理人参加开标会。投标人的法定代表人或其委托代理人应当按时参加开标会,并在招标人按开标程序进行点名时,向招标人提交法定代表人身份证明文件或法定代表人授权委托书,出示本人身份证,以证明其出席,否则,其投标文件按废标处理		
10.7	中标公示		
	在中标通知书发出前,招标人将中标候选人的情况在本招标项目招标公告发布的同一媒介和有形建筑市场/交易中心予以公示,公示期不少于 3 个工作日		
10.8	知识产权		
	构成本招标文件各个组成部分的文件,未经招标人书面同意,投标人不得擅自复印和用于非本招标项目所需的其他目的。招标人全部或者部分使用未中标人投标文件中的技术成果或技术方案时,需征得其书面同意,并不得擅自复印或提供给第三人		
10.9	重新招标的其他情形		
	除投标人须知正文第 8 条规定的情形外,除非已经产生中标候选人,在投标有效期内同意延长投标有效期的投标人少于 3 个的,招标人应当依法重新招标		

续表

条款号	条款名称	编列内容
10.10	同义词语	
		构成招标文件组成部分的"通用合同条款""专用合同条款""技术标准和要求"和"工程量清单"等章节中出现的措辞"发包人"和"承包人",在招标投标阶段应当分别按"招标人"和"投标人"进行理解
10.11	监督	
		本项目的招标投标活动及其相关当事人应当接受有管辖权的建设工程招标投标行政监督部门依法实施的监督
10.12	解释权	
		构成本招标文件的各个组成文件应互为解释,互为说明;如有不明确或不一致,构成合同文件组成内容,以合同文件约定内容为准,且以专用合同条款约定的合同文件优先顺序解释;除招标文件中有特别规定外,仅适用于招标投标阶段的规定,按招标公告(投标邀请书)、投标人须知、评标办法、投标文件格式的先后顺序解释;同一组成文件中就同一事项的规定或约定不一致的,以编排顺序在后者为准;同一组成文件不同版本之间有不一致的,以形成时间在后者为准。按本款前述规定仍不能形成结论的,由招标人负责解释
10.13	招标人补充的其他内容	
		…

(二)投标人须知正文

投标人须知正文内容很多,主要包括以下几部分。

1.总则

(1)项目概况。应说明项目已具备招标条件、项目招标人、招标代理机构、项目名称、建设地点等,见前附表所述。

(2)资金来源和落实情况。应说明招标项目的资金来源、出资比例、资金落实情况等。这是投标人了解招标项目合法性及其资信等情况的重要信息。招标人资金落实到位,既是招标必备的条件,也是调动投标人积极性的一个重要因素,同时,有利于投标人对合同履行风险进行判断。

(3)招标范围、计划工期和质量要求。招标范围、计划工期和质量要求的内容是投标人需要响应的实质性内容,也是合同的主要内容。

招标范围应采用工程专业术语填写,明确工程承包的内容和范围,并与"工程量清单"的内容一致,以避免造成投标人报价口径不统一,影响评标和合同履行,以及工程项目的实施。

计划工期由招标人根据项目建设计划分析确定。计划工期对投标人的进度计划、资源计划、成本计划等都有重要的影响。同时,计划开工日期和计划竣工日期,便于投标人对这段时期内的自然、气候、社会等方面的形势做出尽可能充分的判断和预测,采取有效措施应对自己所应承担的风险。因此,招标人在投标人须知中要求的计划开工日期,应尽可能地科学、客观、合理可行。

　　质量要求是招标人根据招标项目的特点和需要做出的明确要求。招标人在提出质量要求时，应采用国家、行业颁布的建设工程施工质量验收标准和规范编写，并注意不要提出各种质量评奖的强制要求，也要避免使用含糊不清的词语引起双方的歧义。

　　（4）投标人资格（或资质）要求。对于已采用资格预审的，投标人应是已通过资格预审并收到招标人发出投标邀请书的单位；对于未采用资格预审的，应根据招标项目的情况，对投标人应具备的资质条件、财务状况、业绩和信誉、项目经理等方面作出详细的要求。但不得利用非必要的要素限制排斥潜在投标人。招标人接受联合体投标的，联合体各方应按招标文件提供的格式签订联合体协议书，明确联合体牵头人和各方权利义务。由同一专业的单位组成的联合体，按照资质等级较低的单位确定资质等级。联合体各方不得再以自己名义单独或参加其他联合体在同一标段中投标。

　　（5）投标费用。投标人应承担其编制、递交投标文件所涉及的一切费用。无论投标结果如何，招标人对投标人在投标过程中发生的一切费用，都不负任何责任。

　　（6）保密。要求参加招标投标活动的各方不应泄露招标文件和投标文件中的商业和技术秘密。

　　（7）语言文字。可要求除专用术语外，均使用中文。必要时专业术语应附有中文注释。

　　（8）计量单位。所有计量均采用中华人民共和国法定计量单位。

　　（9）踏勘现场。招标人应确定是否组织投标人踏勘现场。如果组织，应确定踏勘时间与集中地点，招标人按规定的时间、地点组织投标人踏勘现场。招标人在踏勘现场中介绍的工程场地和相关的周边环境情况，供投标人在编制投标文件时参考，招标人不对投标人据此作出的判断和决策负责。投标人踏勘现场发生的费用自理。除招标人的原因外，中标人不负责投标人在踏勘现场中发生的人员伤亡和财产损失。

　　（10）投标预备会。是否召开投标预备会，以及何时在何地召开由招标人根据项目具体需要和招标进程安排确定。

　　（11）分包。由招标人根据项目具体特点来判断是否允许分包。如果允许分包，可进一步明确允许分包的内容和要求，以及分包项目金额（或比例）和分包人的资格条件等方面的限制。投标人根据自身的实际情况，对招标文件中可以分包的内容做出是否分包的决定。这样有利于投标人在编制施工组织设计时，合理安排现场施工作业，在互不干扰又衔接有序的情况下进行施工。

　　（12）偏离。偏离是指投标文件某些内容偏离招标文件的要求。招标人根据项目具体特点规定允许投标偏离的项目、技术参数或条款，以及允许偏离的范围和幅度。

　　2. 招标文件

　　这是投标人须知中对招标文件的组成、澄清、修改等问题所作的说明。投标人应认真审阅招标文件中所有的内容，如果投标人的投标文件没有按照招标文件要求提交全部资料，或者投标文件没有对招标文件作出实质性响应，其投标有可能被拒绝。

　　当投标人对招标文件有疑问时，可以要求招标人对招标文件予以澄清；招标人可以主动对已发出的招标文件进行必要的澄清和修改。对招标文件所作的澄清、修改，构成招标文件的组成部分。

　　招标文件澄清或修改的内容是可能影响投标文件编制的，招标人应当在招标文件要求提交投标文件的截止时间至少 15 日前,以书面形式通知所有获取招标文件的潜在投标人,不足 15 日的,招标人应当按影响的时间顺延提交投标文件的截止时间。澄清或修改的内容不影响投标文件编制的,不受此时间的限制。

《中华人民共和国招标投标法实施条例》规定,潜在投标人或者其他利害关系人对招标文件有异议的,应当在投标截止时间 10 日前提出。招标人应当自收到异议之日起 3 日内分两种情况作出答复:一是对异议的答复没有构成对已发出的招标文件澄清或修改,与其他投标人投标无关的,招标人只需对提出异议的人进行答复;二是对异议的答复构成对已发出的招标文件澄清或修改的,招标人对提出异议的人进行答复的同时,还应将澄清或修改的内容以书面形式通知所有收受招标文件的潜在投标人,澄清或修改可能影响投标文件编制的,应按对投标文件编制影响的时间相应顺延投标截止时间。未作澄清答复者,应当暂停招标投标的下一步程序。

3. 投标文件

投标文件是投标人响应和依据招标文件向招标人发出的要约文件。招标人在投标人须知中对投标文件的组成、投标报价、投标有效期、投标保证金、资格审查资料、备选方案和投标文件的编制和递交提出明确要求。

(1)投标文件的组成

投标人的投标文件应由下列内容组成:

① 投标函及投标函附录。

② 法定代表人身份证明。

③ 法定代表人的授权委托书。

④ 联合体协议书(如果有)。

⑤ 投标保证金。

⑥ 已标价工程量清单。

⑦ 施工组织设计。

⑧ 项目管理机构。

⑨ 拟分包项目情况表。

⑩ 资格审查资料。

⑪ 其他资料。

投标人必须使用招标文件提供的表格格式,但表格可以按同样格式扩展。

(2)投标报价

投标人应根据招标文件中的有关计价要求自主报价。投标人在投标截止时间前修改投标函中的投标总报价的,应同时对报价文件中相应内容进行修改。

(3)投标有效期

投标有效期是投标文件保持有效的期限,是招标人完成招标工作并对投标人发出要约作出承诺的期限,也是投标人对自己发出的投标文件承担法律责任的期限。投标有效期从提交投标文件的截止之日起算,并应满足完成开标、评标、定标及签订合同等工作所需要的时间。因此招标人应根据招标项目的性质、规模和复杂性,以及由此决定评标、定标所需时间等确定投标有效期的长短。投标有效期时间过短,可能会因投标有效期内不能完成招标、定标,而给招标人带来风险。投标有效期过长,投标人所面临的经营风险过大,为了转移风险,投标人可能会提高投标价格,导致工程造价提高。

投标有效期一方面约束投标人在投标有效期内不能随意更改和撤销投标的作用;另一方面也促使招标人按时完成评标、定标和签约工作,以避免因投标有效期内没有完成签约而投标人又拒绝延长投标有效期而造成招标失败的风险。关于投标有效期通常需要在招标文件中作出如下规定:

① 投标人在投标有效期内,不得要求撤销或修改其投标文件。

② 投标有效期延长。必要时,招标人可以书面通知投标人延长投标有效期。此时,投标人可以有两种选择:同意延长,并相应延长投标保证金有效期,但不得要求或被允许修改或撤销其投标文件;拒绝延长,投标文件在原投标有效期届满后失效,但有权收回其投标保证金。

（4）投标保证金

① 投标保证金的形式、数额和有效期。招标人在投标人须知中应确定投标保证金的形式、数额和有效期。投标保证金形式一般有:银行电汇、银行汇票、银行保函、备用信用证、支票、第三方担保或招标文件中规定的其他形式。为避免争议,招标人在编制招标文件时应明示可选择使用的投标保证金形式。除招标文件载明的投标保证金形式外,不接受其他形式的投标保证金。

a. 银行电汇。招标文件中应规定投标人递交投标保证金的截止时间。对依法必须招标项目的境内投标人,投标人应在截止时间之前将投标保证金全额从其基本账户汇入到招标人指定账户(招标文件应注明招标人开户银行及账号),否则,视为投标保证金无效。投标人应在投标文件中附上电汇凭证复印件,作为评标时对投标保证金评审的依据。

b. 银行汇票。是汇款人将款项存入出票银行,由出票银行签发的票据,在银行见票时按照汇票金额无条件支付给持票人或收款人。投标人应根据招标文件要求提交银行汇票原件,并在投标文件中附上银行汇票复印件,作为评标时对投标保证金评审的依据。招标人可要求投标人在投标截止时间前的一定时间内,将银行汇票交付给招标人,以保证在投标截止时间前投标保证金能够到达招标人的银行账户。

c. 银行保函。开具保函的银行性质及级别应满足招标文件的规定,并采用招标文件提供的保函格式。投标人应根据招标文件要求提交银行保函原件,并在投标文件中附上复印件。投标文件中保函的格式必须与招标文件提供的格式一致,否则将以不响应招标文件要求为由作无效处理。

d. 备用信用证。是由投标人向银行申请,由银行出具的不可撤销信用证。备用信用证的作用和银行保函类似。

e. 支票。是指由出票人签发的,委托办理支票业务的存款银行或者其他金融机构在见票时无条件从其账户支付确定的金额给收款人或持票人的票据。投标人应确保招标人在招标文件规定的截止时间之前能够将投标保证金划拨到招标人指定账户,否则,视为投标保证金无效。投标人应在投标文件中附上支票复印件,作为评标时对投标保证金评审的依据。

投标保证金的金额应当符合有关规定。投标保证金金额通常有相对比例金额和固定金额两种方式,并尽可能采用固定金额的方式。

② 联合体投标人递交投标保证金。如果接受联合体投标的,应当以联合体各方或者联合体中牵头人的名义提交投标保证金,对联合体各成员具有约束力。

③ 不按要求提交投标保证金的后果。招标文件规定提交投标保证金的,不按规定要求提交投标保证金的,其投标文件无效。

④ 投标保证金的退还条件和退还时间。投标保证金的退还需要考虑合同协议书是否签订和履约保证金是否提交。招标人最迟应当在书面合同签订后 5 日内向中标人和未中标的投标人退还投标保证金及银行同期存款利息。因此,招标人在编制招标文件时,应注意明确投标保证金的退还时间,并在投标人须知前附表明确规定银行同期存款利息的利率和时间的计算,以及如何退还投标保证金。

⑤ 投标保证金不予退还的情形。投标截止后投标人撤销投标文件的,招标人可以在招标文件中约定不退还投标保证金。中标人无正当理由不与招标人订立合同,在签订合同时向招标人提出附加条件,或者不按照招标文件要求提交履约保证金的,取消其中标资格,投标保证金不予退还。

（5）资格审查资料

资格审查资料可根据是否已经组织资格预审提出相应的要求。招标项目已经组织资格预审的资格审查资料分为两种情况:

① 当评标办法不涉及投标人资格条件评价时,投标人资格预审阶段的资格审查资料没有变化的,可不再重复提交;当投标人在资格预审阶段的资格资料有变化的,按新情况更新或补充。

② 当评标办法对投标人资格条件进行综合评价的,按招标文件要求提交资格审查资料。

招标项目未组织资格预审或约定要求递交资格审查资料的,一般包括如下内容:

a. 投标人基本情况。

b. 近年财务状况。

c. 近年完成的类似项目情况。

d. 正在施工和新承接的项目情况。

e. 信誉资料,如近年发生的诉讼及仲裁情况。

f. 允许联合体投标的联合体材料。

（6）备选投标方案

招标文件应明确是否允许提交备选方案。如果招标文件允许提交备选标或者备选方案,投标人除编制提交满足招标文件要求的投标方案外,另行编制提交的备选投标方案或者备选标。通过备选方案,可以充分调动投标人的竞争潜力,使项目的实施方案更具科学、合理和可操作性,并克服招标人在编制招标文件乃至在项目策划或者设计阶段的经验不足和考虑欠周。被选用的备选方案一般能够既使招标人得益,也能够使投标人得益。但只有排名第一的中标候选人的备选投标方案才能予以评审,并考虑是否接受。

（7）投标文件的编制

对投标文件的编制可作如下要求:

① 语言要求。投标文件所使用的语言应按照招标文件的规定。

② 格式要求。投标文件应按照招标文件规定的格式编写。

③ 实质性响应。投标文件应当对招标文件规定的每一项实质性要求和条件作出响应,不能有偏离。例如,投标文件应当对招标文件列明的有关工期、投标有效期、质量要求、主要

技术标准和要求、招标范围、招标函和报价清单的格式内容等实质性内容作出响应。

④ 打印要求。例如要求使用不褪色的材料书写或打印。

⑤ 错误修改要求。例如要求改动之处应加盖单位章或由投标人的法定代表人或其授权的代理人签字确认。

⑥ 签署要求。通常要求投标文件由投标人的法定代表人或其委托代理人签字或加盖单位公章。委托代理人签字的,投标文件应附法定代表人签署的授权委托书。《中华人民共和国招标投标法实施条例》第 51 条规定,投标文件未经投标单位盖章和单位负责人签字的,评标委员会应当否决其投标。实践中,如果招标人要求投标文件中投标人的法定代表人或其委托代理人签字且加盖单位公章的,应当在投标人须知中明确规定。

⑦ 份数要求。规定投标文件份数时,应在满足评标、存档等要求的情况下,尽量减少投标文件的份数,以减轻投标人负担,节约资源。例如规定正本一份,副本一份。

⑧ 装订要求。招标文件通常规定,投标文件不得采用活页的方式装订,否则,招标人不承担由此引发的投标文件部分内容被替换或遗失等责任。

4. 投标

包括投标文件的密封和标识、投标文件的递交时间和地点、投标文件的修改和撤回等规定。招标人应尽可能简化对投标文件包装、密封和标识的要求,以免造成不必要的废标。如投标文件的正本和副本是否分开包装、密封是否存在细微偏差等,并不影响招标投标的实质竞争,不应构成废标的条件。但对于严重不按照招标文件要求密封的投标文件,招标人应拒绝接收。

5. 开标

包括开标时间、地点和开标程序等规定。

6. 评标

包括评标委员会、评标原则和评标方法等规定。

7. 合同授予

包括定标方式、中标通知、履约担保和签订合同。

（1）定标方式。定标方式通常有两种:招标人授权评标委员会直接确定中标人;评标委员会推荐 1~3 名中标候选人,由招标人依法确定中标人。

（2）中标通知。中标人确定后,招标人应当向中标人发出中标通知书,并同时将中标结果通知所有未中标的投标人。

（3）履约保证金。签订合同前,中标人应按照招标文件规定的担保形式、金额和履约担保格式向招标人提交履约保证金。履约保证金主要担保中标人按照合同约定正常履约,在中标人未能圆满实施合同时,招标人有权得到资金赔偿。招标人应在招标文件中对履约保证金作出如下规定:

① 履约保证金的金额。一般约定为签约合同价的 5%~10%,并且不得超过中标合同金额的 10%。

② 履约保证金的形式。一般有银行保函、非银行保函、保兑支票、银行汇票等。

③ 履约保证金格式。通常招标人会规定履约担保格式。为了方便投标人,招标人也可以在招标文件履约担保格式中说明投标人可以提供招标人可接受的其他履约担保格式。

④ 未提交履约担保的后果。如果中标人不能按要求提交履约担保,视为放弃中标,投

标保证金不予退还,给招标人造成的损失超过投标保证金数额的,中标人还应当对超过部分予以赔偿。

（4）签订合同。投标人须知中应就签订合同作出如下规定：

① 签订时限。招标人和中标人应当自中标通知书发出之日起30日内,按照中标通知书、招标文件和中标人的投标文件订立书面合同。

② 未签订合同的后果。中标人无正当理由拒签合同的,招标人取消其中标资格,其投标保证金不予退还;给招标人造成的损失超过投标保证金数额的,中标人还应当对超过部分予以赔偿。发出中标通知书后,招标人无正当理由拒签合同的,招标人向中标人退还投标保证金;给中标人造成损失的,还应当赔偿损失。

8. 重新招标和不再招标

（1）重新招标

有下列情形之一的,招标人将重新招标：

① 投标截止时间止,投标人少于3个。

② 评标委员会评审会否决所有投标的。评标委员会否决所有投标包括两种情况:所有投标均被否决;有效投标不足3个,且评标委员会经过评审后认为投标明显缺乏竞争,从而否决全部投标。

（2）不再招标

依法重新招标后投标人仍少于3个或者所有投标被否决的,属于必须审批或核准的工程建设项目,经原项目审批或核准部门核准后不再进行招标。

9. 纪律和监督

纪律和监督可分别包括对招标人、投标人、评标委员会、与评标活动有关的工作人员的纪律要求及投诉监督。

（三）附表

附表包括了招标活动中需要使用的表格文件格式,通常有:开标记录表,问题澄清通知,问题的澄清、说明或补正,中标通知书,中标结果通知书,确认通知,备选投标方案编制要求,电子投标文件编制及报送要求等。

备选投标方案编制要求是指,当招标人允许投标人编制备选投标方案时,招标人根据招标项目的具体情况,对备选投标方案是否或在多大程度上可以偏离投标文件相关实质性要求、备选投标方案的组成内容、装订和递交要求等给予具体规定。

当采用电子化招标投标和计算机辅助评标时,招标人应根据相关规定和招标项目的具体情况,对电子投标文件编制及报送给予规定。

二、评标办法

招标文件中的“评标办法”主要包括选择评标方法、确定评审因素和标准及确定评标程序三方面主要内容：

（1）选择评标方法。评标方法一般包括经评审的最低投标价法、综合评估法和法律、行政法规允许的其他评标方法。

（2）确定评审因素和标准。招标文件应针对初步评审和详细评审分别制定相应的评审因素和标准。

（3）确定评标程序。评标工作一般包括初步评审、详细评审、投标文件的澄清、说明及评标结果等具体程序。

① 初步评审。按照初步评审因素和标准评审投标文件、认定投标有效性和投标报价算术错误修正。

② 详细评审。按照详细评审因素和标准分析评定投标文件。

③ 投标文件的澄清、说明。初步评审和详细评审阶段，评标委员会可以书面形式要求投标人对投标文件中不明确的内容进行书面澄清和说明，或者对细微偏差进行补正。

④ 评标结果。经评审的最低投标价法，评标委员会按照经评审的评标价格由低到高的顺序推荐中标候选人；对于综合评估法，评标委员会按照得分由高到低的顺序推荐中标人。评标委员会按照招标人授权，也可以直接确定中标人。评标委员会完成评标后，向招标人提交书面评标报告。

有关评标办法的详细内容见 3.5 节。

三、合同条款及格式

招标文件中的合同条款，是招标人与中标人签订合同的基础，是对双方权利和义务的约定，合同条款是否完善、公平，将影响合同内容的正常履行。

国家发展和改革委员会等九部委联合制定发布的《标准施工招标文件》（56 号令，2008年 5 月 1 日实施）、《简明标准施工招标文件》和《标准设计施工总承包招标文件》（发改法规〔2011〕3018 号）文件中，均列出了通用合同条款和专用合同条款，招标人在编制招标文件时除专用合同条款的空格填空内容和选择性内容外，均应不加修改地直接应用。

为了规范房屋建筑和市政工程施工招标文件编制，促进房屋建筑和市政工程招标投标公开、公平和公正，住房和城乡建设部编写发布了《房屋建筑和市政工程标准施工招标文件》（建市〔2010〕88 号），与《标准施工招标文件》（56 号令，2008 年 5 月 1 日实施）配套使用。

为了方便招标人和中标人签订合同，目前国际和国内都制订了相关的合同条款标准格式和示范文本，如国际工程承发包中广泛使用的 FIDIC 合同条件、国内住房和城乡建设部和国家工商行政管理总局联合下发的适合国内工程承发包使用的《建设工程施工合同》（示范文本）（GF—2017—0201）等。

国家发展和改革委员会等九部委联合制定发布的《标准施工招标文件》（56 号令）中的通用合同条款包括了一般约定、发包人义务、监理人、承包人、材料和工程设备、施工设备和临时设施、交通运输、测量放线、施工安全与治安保卫和环境保护、进度计划、开工和竣工、暂停施工、工程质量、试验和检验、变更、价格调整、计量与支付、竣工验收、缺陷责任与保修责任、保险、不可抗力、违约、索赔、争议的解决等共 24 条。合同附件格式包括了合同协议书格式、履约担保格式（参见承包人履约保函）、预付款担保格式、支付担保格式、质量保修书格式等。

承包人履约保函

［摘自《房屋建筑和市政工程标准施工招标文件》（2010 年版）］

_____（发包人名称）：

鉴于你方作为发包人已经与_____（承包人名称）（以下称"承包人"）于_____年____月____日签订了_____（工程名称）施工承包合同（以下称"主合同"），应承包人申请，我方愿就承包人履行主合同约定的义务以保证的方式向你方提供如下担保：

一、保证的范围及保证金额

我方的保证范围是承包人未按照主合同的约定履行义务,给你方造成的实际损失。

我方保证的金额是主合同约定的合同总价款_____%,数额最高不超过人民币____元(大写)。

二、保证的方式及保证期间

我方保证的方式为:连带责任保证。

我方保证的期间为:自本合同生效之日起至主合同约定的工程竣工日期后_____日内。

你方与承包人协议变更工程竣工日期的,经我方书面同意后,保证期间按照变更后的竣工日期做相应调整。

三、承担保证责任的形式

我方按照你方的要求以下列方式之一承担保证责任:

(1)由我方提供资金及技术援助,使承包人继续履行主合同义务,支付金额不超过本保函第一条规定的保证金额。

(2)由我方在本保函第一条规定的保证金额内赔偿你方的损失。

四、代偿的安排

你方要求我方承担保证责任的,应向我方发出书面索赔通知及承包人未履行主合同约定义务的证明材料。索赔通知应写明要求索赔的金额,支付款项应到达的账号,并附有说明承包人违反主合同造成你方损失情况的证明材料。

你方以工程质量不符合主合同约定标准为由,向我方提出违约索赔的,还需同时提供符合相应条件要求的工程质量检测部门出具的质量说明材料。

我方收到你方的书面索赔通知及相应证明材料后,在____工作日内进行核定后按照本保函的承诺承担保证责任。

五、保证责任的解除

1. 在本保函承诺的保证期间内,你方未书面向我方主张保证责任的,自保证期间届满次日起,我方保证责任解除。

2. 承包人按主合同约定履行了义务的,自本保函承诺的保证期间届满次日起,我方保证责任解除。

3. 我方按照本保函向你方履行保证责任所支付的金额达到本保函保证金额时,自我方向你方支付(支付款项从我方账户划出)之日起,保证责任即解除。

4. 按照法律法规的规定或出现应解除我方保证责任的其他情形的,我方在本保函项下的保证责任亦解除。

我方解除保证责任后,你方应自我方保证责任解除之日起____个工作日内,将本保函原件返还我方。

六、免责条款

1. 因你方违约致使承包人不能履行义务的,我方不承担保证责任。

2. 依照法律法规的规定或你方与承包人的另行约定,免除承包人部分或全部义务的,我方亦免除其相应的保证责任。

3. 你方与承包人协议变更主合同(符合主合同条款第15条约定的变更除外),如加重承包人责任致使我方保证责任加重的,需征得我方书面同意,否则我方不再承担因此而加重部分的保证责任。

4. 因不可抗力造成承包人不能履行义务的,我方不承担保证责任。

七、争议的解决

因本保函发生的纠纷,由贵我双方协商解决,协商不成的,任何一方均可提请_____仲裁委员会仲裁。

八、保函的生效

本保函自我方法定代表人(或其授权代理人)签字或加盖公章并交付你方之日起生效。

本条所称交付是指：_____。

担保人：_____（盖单位章）

法定代表人或其委托代理人：_____（签字）

地　　址：_____

邮政编码：_____

电　　话：_____

传　　真：_____

_____年_____月_____日

四、工程量清单

招标文件中的工程量清单部分包括工程量清单说明、投标报价说明、其他说明和工程量清单格式等内容。

（一）工程量清单说明

1. 招标文件中对工程量清单的说明

工程量清单是依据中华人民共和国国家标准《建设工程工程量清单计价规范》（GB 50500—2013）、各专业的工程量清单计量规范（以下简称"计价规范"和"计量规范"）及招标文件中包括的图纸等编制。计量规范中规定的工程量计算规则中没有的项目，应在专用合同条款中约定；计量规范中规定的工程量计算规则中没有且专用合同条款也未约定的，双方协商确定；协商不成的，可向省级或行业工程造价管理机构申请裁定或按照有合同约束力的图纸所标示尺寸的理论净量计算。计量采用中华人民共和国法定的基本计量单位。

工程量清单应与招标文件中的投标人须知、通用合同条款、专用合同条款、技术标准和要求及图纸等内容一起阅读和理解。

工程量清单仅是投标报价的共同基础，竣工结算的工程量按合同约定的方法确定。合同价格的确定及价款支付应遵循合同条款（包括通用合同条款和专用合同条款）、技术标准和要求等有关约定。

招标文件中应对补充清单项目的项目特征、计量单位、工程量计算规则及工作内容做出说明。招标文件中约定的计量和计价规则适用于合同履约过程中工程量计量与价款支付、工程变更、索赔和工程结算。

2. 工程量清单的概念

工程量清单是指载明建设工程分部分项工程项目、措施项目、其他项目的名称和相应数量及规费、税金项目等内容的明细清单。在建设工程发承包及实施过程的不同阶段，工程量清单又可分别称为招标工程量清单和已标价工程量清单。招标工程量清单是指招标人依据国家标准、招标文件、设计文件及施工现场实际情况编制的，随招标文件发布供投标报价的工程量清单，包括其说明和表格。已标价工程量清单是指构成合同文件组成部分的投标文件中已标明价格，经算术性错误修正（如有）且承包人已确认的工程量清单，包括其说明和表格。

招标工程量清单应包括由投标人完成工程施工的全部项目，它是各投标人投标报价的基础，也是签订合同、调整工程量、支付工程进度款和竣工结算的依据。招标工程量清单应由具有编制招标文件能力的招标人或受其委托具有相应资质的工程咨询机构进行编制。

采用工程量清单方式招标发包的建设工程项目，招标工程量清单必须作为招标文件的组成部分,招标人应将招标工程量清单连同招标文件的其他内容一并发(或发售)给投标人。招标人对招标工程量清单编制的准确性和完整性负责。投标人必须按招标工程量清单填报价格,对工程量清单不负有核实的义务,更不具有修改和调整的权力。在履行施工合同过程中发现招标工程量清单漏项或错算,引起的合同价款调整应有招标人承担。

招标工程量清单是工程量清单计价的基础,应作为编制招标控制价、投标报价、计算或调整工程量、索赔等的依据之一。

在理解招标工程量清单的概念时,首先应注意到,招标工程量清单是一份由招标人提供的文件,编制人是招标人或其委托的工程造价咨询人。其次,在性质上说,招标工程量清单是招标文件的组成部分,一经中标且签订合同,即成为合同的组成部分。因此,无论招标人还是投标人都应该慎重对待。

3. 招标工程量清单的内容

招标工程量清单作为招标文件的组成部分,一个最基本的功能是作为信息的载体,以便投标人能对工程有全面充分的了解。从这个意义上讲,招标工程量清单的内容应全面、准确。招标工程量清单主要包括工程量清单总说明和招标工程量清单表两部分。

(1) 招标工程量清单总说明

招标工程量清单总说明主要是招标人解释拟招标工程的工程量清单的编制依据及编制范围,明确清单中的工程量是招标人根据拟建工程设计文件预计的工程量,仅作为编制招标控制价和各投标人进行投标报价的共同基础,结算时的工程量应按发、承包双方在合同中约定应予计量且实际完成的工程量确定,提示投标人重视清单,以及如何使用清单。

招标工程量清单总说明包括:工程概况、工程招标范围、工程量清单编制依据及其他需要说明的问题。

(2) 招标工程量清单表

招标工程量清单表包括分部分项工程量清单表、措施项目清单表、其他项目清单表、规费项目清单表、税金项目清单表等。招标人应按计价规范规定的统一格式提供工程量清单。

① 分部分项工程量清单。分部分项工程量清单应根据相关专业的计量规范中规定的项目编码、项目名称、项目特征、计量单位和工程量计算规则,以及招标文件、施工设计图纸、施工现场条件进行编制。

② 措施项目清单。措施项目清单包括施工期间发生的安全文明施工及其他措施项目和专业工程措施项目。各专业的计量规范中对这两种措施项目分别作出了相应规定。

《房屋建筑与装饰工程工程量计算规范》(GB 50854—2013)中的安全文明施工及其他措施项目包括:安全文明施工、夜间施工、非夜间施工照明、二次搬运、冬雨季施工、地上地下设施及建筑物的临时保护设施、已完工程及设备保护等。招标人可根据拟建工程的具体情况,参照计量规范中列出的专业工程措施项目内容进行列项,招标人可根据实际情况作相应补充。这些措施项目采用总价的形式计算,所以又称总价措施项目。

专业工程措施项目是指能计算工程量的措施项目,可采用分部分项工程项目清单的方式列出,有相应的项目编码、项目名称、项目特征、计量单位和工程量计算规则,采用综合单价的形式计算,所以又称单价措施项目。其清单表格格式与分部分项工程清单格式合二为一。

③ 其他项目清单。其他项目清单包括:暂列金额、暂估价(包括材料暂估单价、工程设备暂估单价、专业工程暂估价)、计日工、总承包服务费。

招标人在招标文件中确定暂列金额、材料暂估单价、工程设备暂估单价、专业工程暂估价,投标人按招标人确定的项目及金额列表不得改动。

投标人应根据招标人给出的计日工的数量,自主确定计日工综合单价。总承包服务费由招标人填写项目名称和服务内容,投标人自主确定费率及金额。

④ 规费项目清单。规费项目清单应包括的内容有:社会保险费(包括养老保险费、失业保险费、医疗保险费、工伤保险费、生育保险费)、住房公积金、工程排污费。

⑤ 税金项目清单。税金项目清单应包括的内容有:营业税、城市维护建设税、教育费附加、地方教育费附加。

《建设工程工程量清单计价规范》(GB 50500—2013)中的分部分项工程和单价措施项目清单格式如表 3-4 所示,总价措施项目清单格式如表 3-5 所示,其他项目清单(汇总表)格式如表 3-6 所示,规费、税金项目清单格式如表 3-7 所示。

表 3-4　分部分项工程和单价措施项目清单与计价表

工程名称:(招标项目名称)　　　　　标段:　　　　　　　　　　　　第　页　共　页

序号	项目编码	项目名称	项目特征描述	计量单位	工程量	金额/元		
						综合单价	合价	其中
								暂估价
1								
2								
3								
4								
			分部小计					
		本页小计						
		合计						

表 3-5　总价措施项目清单与计价表

工程名称:　　　　　　标段:　　　　　　　　　　　　第　页　共　页

序号	项目编码	项目名称	计算基础	费率/%	金额/元	调整费率/%	调整后金额/元	备注
		安全文明施工费						
		夜间施工增加费						
		二次搬运费						
		冬雨季施工增加费						
		已完工程及设备保护费						
		……						
		……						
		合计						

表 3-6 其他项目清单与计价汇总表

工程名称：　　　　　　　　　　标段：　　　　　　　　　　　第　页　共　页

序号	项目名称	金额/元	结算金额/元	备注
1	暂列金额			
2	暂估价			
2.1	材料(工程设备)暂估价/结算价	—		
2.2	专业工程暂估价/结算价			
3	计日工			
4	总承包服务费			
5	索赔及现场签证	—		
...				
	合计			

表 3-7 规费、税金项目计价表

工程名称：　　　　　　　　　　标段：　　　　　　　　　　　第　页　共　页

序号	项目名称	计算基础	计算基数	计算费率/%	金额/元
1	规费	定额人工费			
1.1	社会保险费	定额人工费			
(1)	养老保险费	定额人工费			
(2)	失业保险费	定额人工费			
(3)	医疗保险费	定额人工费			
(4)	工伤保险费	定额人工费			
(5)	生育保险费	定额人工费			
1.2	住房公积金	定额人工费			
1.3	工程排污费	按工程所在地环境保护部门收费标准,按实计入			
...					
2	税金	分部分项工程费+措施项目费+其他项目费+规费-按规定不计税的工程设备金额			
	合计				

(二)投标报价说明

在招标文件中,要明确对投标人投标报价的要求,包括单价的组成内容和投标总价所包含的范围。

工程量清单中的每一子目须填入单价或价格,且只允许有一个报价;工程量清单中标价的单价或金额,应包括所需人工费、材料费、施工机械使用费和管理费及利润,以及一定范围内的风险费用。所谓"一定范围内的风险"是指合同约定的风险。已标价工程量清单中投标人没有填入单价或价格的子目,其费用视为已分摊在工程量清单中其他已标价的相关子目的单价或价格之中。"投标报价汇总表"中的投标总价由分部分项工程费、措施项目费、其他项目费、规费和税金组成,并且"投标报价汇总表"中的投标总价应当与构成已标价工程量清单的分部分项工程费、措施项目费、其他项目费、规费、税金的合计金额一致。

五、图纸

设计图纸是合同文件的重要组成部分,也是招标文件的重要内容,是编制工程量清单及投标报价的主要依据,是拟定施工方案、确定施工方法、进行施工及验收的依据。招标人应对其所提供的图纸资料的正确性负责。

在招标文件中,除有设计图纸外,还应该列明图纸目录。

六、技术标准和要求

技术标准和要求也是构成合同文件的组成部分。招标文件的技术标准和要求包括一般要求、特殊要求及适应于招标项目的国家、行业及地方的规范、标准和规程。

1. 一般要求

一般要求包括对工期、质量、安全文明施工、治安与保安、地上、地下设施和周边建筑物的临时保护、材料的代换、进口材料和工程设备、进度报告和进度例会、试验和检验、计日工、计量与支付、竣工验收和工程移交等方面在期限、技术、标准、程序、内容上的相应要求。

2. 特殊要求

特殊要求主要是对承包人自行施工范围内的材料和工程设备、新技术、新材料、新工艺等方面在技术和操作方面的相关要求。

3. 国家、行业及地方的规范、标准和规程

招标人根据国家、行业和地方现行标准、规范和规程等,根据招标项目的具体情况,摘录列出规范、标准、规程等的名称、编号等。

七、投标文件格式

为了便于投标文件的评比和比较,要求投标文件的内容按一定的顺序和格式进行编写。招标人在招标文件中,要对投标文件提出明确的要求,并拟定一套编制投标文件的参考格式,供投标人投标时填写。投标文件的参考格式,主要有投标函及投标函附录、法定代表人身份证明、授权委托书、联合体协议书、投标保证金、已标价工程量清单、施工组织设计、项目管理机构、拟分包项目情况表、资格审查资料及招标文件要求投标人提交的其他投标资料等。

1. 投标函、投标函附录、授权委托书、投标保证金格。

(1) 投标函格式如下所示:

投　标　函

致:＿＿＿＿＿＿＿＿＿＿＿＿(招标人名称)

在考察现场并充分研究＿＿＿＿＿＿＿＿(项目名称)＿＿＿＿＿标段(以下简称"本工程")施工招标文件的全部内容后,我方兹以:

人民币(大写)：_____元

RMB ￥：_____元

的投标价格和按合同约定有权得到的其他金额,并严格按照合同约定,施工、竣工和交付本工程并维修其中的任何缺陷。

在我方的上述投标报价中,包括:

安全文明施工费 RMB ￥：_____元

暂列金额(不包括计日工部分)RMB ￥：_____元

专业工程暂估价 RMB ￥：_____元

如果我方中标,我方保证在____年____月____日或按照合同约定的开工日期开始本工程的施工,____天(日历日)内竣工,并确保工程质量达到_____标准。我方同意本投标函在招标文件规定的提交投标文件截止时间后,在招标文件规定的投标有效期期满前对我方具有约束力,且随时准备接受你方发出的中标通知书。

随本投标函道交的投标函附录是本投标函的组成部分,对我方构成约束力。

随同本投标函递交投标保证金一份,金额为人民币(大写)：_____元(￥：_____元)。

在签署协议书之前,你方的中标通知书连同本投标函,包括投标函附录,对双方具有约束力。

投标人(盖章)：

法人代表或委托代理人(签字或盖章)：

日期：_____年_____月_____日

备注:采用综合评估法评标,且采用分项报价方法对投标报价进行评分的,应当在投标函中增加分项报价的填报。

（2）投标函附录格式如下所示:

投标函附录

工程名称：_____(项目名称)____标段

序 号	条款内容	合同条款号	约定内容	备注
1	项目经理	1.1.2.4	姓名：_____	
2	工期	1.1.4.3	_____日历天	
3	缺陷责任期	1.1.4.5		
4	承包人履约担保金额	4.2		
5	分包	4.3.4	见分包项目情况表	
6	逾期竣工违约金	11.5	_____元/天	
7	逾期竣工违约金最高限额	11.5	_____	
8	质量标准	13.1		
9	价格调整的差额计算	16.1.1	见价格指数权重表	
10	预付款额度	17.2.1		

续表

序 号	条款内容	合同条款号	约定内容	备注
11	预付款保函金额	17.2.2		
12	质量保证金扣留百分比	17.4.1		
	质量保证金额度	17.4.1		
……	……			

备注:投标人在响应招标文件中规定的实质性要求和条件的基础上,可做出其他有利于招标人的承诺。此类承诺可在本表中予以补充填写。

投标人(盖章):

法人代表或委托代理人(签字或盖章):

日期:____年_____月_____日

(3)授权委托书格式如下所示:

授权委托书

本人_____(姓名)系_____(投标人名称)的法定代表人,现委托_____(姓名)为我方代理人。代理人根据授权,以我方名义签署、澄清、说明、补正、递交、撤回、修改_____(项目名称)__标段施工投标文件、签订合同和处理有关事宜,其法律后果由我方承担。

委托期限:_____

_____。

代理人无转委托权。

附:法定代表人身份证明

投 标 人:_____(盖单位章)

法定代表人:_____(签字)

身份证号码:_____

委托代理人:_____(签字)

身份证号码:_____

_____年_____月_____日

(4)投标保证金格式如下所示:

投标保证金

保函编号:_____

_____(招标人名称):

鉴于_____(投标人名称)(以下简称"投标人")参加你方_____(项目名称)____标段的施工投标,_____(担保人名称)(以下简称"我方")受该投标人委托,在此无条件地、不可撤销地保证:一旦收到你方提出的下述任何一种事实的书面通知,在 7 日内无条件地向你方支付总额不超过＿＿＿＿＿＿＿＿＿(投标保函额度)的任何你方要求的金额:

　　1. 投标人在规定的投标有效期内撤销或者修改其投标文件。

　　2. 投标人在收到中标通知书后无正当理由而未在规定期限内与贵方签署合同。

　　3. 投标人在收到中标通知书后未能在招标文件规定期限内向贵方提交招标文件所要求的履约担保。

　　本保函在投标有效期内保持有效,除非你方提前终止或解除本保函。要求我方承担保证责任的通知应在投标有效期内送达我方。保函失效后请将本保函交投标人退回我方注销。

　　本保函项下所有权利和义务均受中华人民共和国法律管辖和制约。

担保人名称:＿＿＿＿＿＿＿＿＿＿＿＿＿＿＿(盖单位章)

法定代表人或其委托代理人:＿＿＿＿＿＿＿＿＿(签字)

地　　　址:＿＿＿＿＿＿＿＿＿＿＿＿＿＿＿＿＿

邮政编码:＿＿＿＿＿＿＿＿＿＿＿＿＿＿＿＿＿

电　　话:＿＿＿＿＿＿＿＿＿＿＿＿＿＿＿＿＿

传　　真:＿＿＿＿＿＿＿＿＿＿＿＿＿＿＿＿＿

＿＿＿＿＿年＿＿＿月＿＿＿日

备注:经过招标人事先的书面同意,投标人可采用招标人认可的投标保函格式,但相关内容不得背离招标文件约定的实质性内容。

2. 已标价工程量清单格式

已标价工程量清单格式是指当招标采用工程量清单计价时,投标文件中商务部分即投标文件的报价部分所采用的格式。

我国《建筑工程施工发包与承包计价的管理办法》规定,全部使用国有资金投资或者以国有资金投资为主的建筑工程,应当采用工程量清单计价;非国有资金投资的建筑工程,鼓励采用工程量清单计价。

根据《建设工程工程量清单计价规范》(GB 50500—2013)的规定,使用国有资金投资的建设工程发承包,必须采用工程量清单计价,工程量清单计价应采用综合单价法。采用工程量清单计价法报价的格式主要有:投标总价、投标报价说明、投标报价汇总表(建设项目、单项工程、单位工程)、分项分部工程和单价措施项目清单与计价表、综合单价分析表、总价措施项目清单与计价表、其他项目计价表(含其他项目清单与计价汇总表、暂列金额明细表、材料及工程设备暂估单价及调整表、专业工程暂估价及结算价表、计日工表、总承包服务费计价表)、规费税金项目计价表等。

本书提供的采用工程量清单计价时报价部分的主要表格形式,供学习时参考。

(1)投标总价的参考格式如下所示。

投 标 总 价

招　标　人：＿＿＿＿＿＿＿＿＿＿＿＿＿＿＿

工　程　名　称：＿＿＿＿＿＿＿＿＿＿＿＿＿＿＿

投标总价(小写)：＿＿＿＿＿＿＿＿＿＿＿＿＿＿＿

　　　　(大写)：＿＿＿＿＿＿＿＿＿＿＿＿＿＿＿

投　标　人：＿＿＿＿＿＿＿＿＿＿＿＿＿＿＿

(单位盖章)

法 定 代 表 人

或 其 授 权 人：＿＿＿＿＿＿＿＿＿＿＿＿＿＿＿

(签字或盖章)

编　制　人：＿＿＿＿＿＿＿＿＿＿＿＿＿＿＿

(造价人员签字盖专用章)

时　　间：　　　年　　月　　日

（2）建设项目投标报价汇总表的参考格式如表3-8所示。

表 3-8　建设项目投标报价汇总表格式

工程名称：　　　　　　　　　　　　　　　　　　　　　　第　页　共　页

序号	单项工程名称	金额/元	其　中/元		
			暂估价	安全文明施工费	规费
	合计				

（3）单项工程投标报价汇总表的参考格式如表3-9所示。

表 3-9　单项工程投标报价汇总表格式

工程名称：　　　　　　　　　　　　　　　　　　　　　　第　页　共　页

序号	单位工程名称	金额/元	其　中/元		
			暂估价	安全文明施工费	规费
	合计				

（4）单位工程投标报价汇总表的参考格式如表3-10所示。

表 3-10　单位工程投标报价汇总表格式

工程名称：　　　　　　　　　　　　　　　　　　　　　　第　页　共　页

序号	汇总内容	金　额/元	其中:暂估价/元
1	分部分项工程费		
1.1			
1.2			
1.3			
1.4			
1.5			
…			
2	措施项目费		
2.1	其中:安全文明施工费		
3	其他项目费		
3.1	其中:暂列金额		
3.2	其中:专业工程暂估价		
3.3	其中:计日工		
3.4	其中:总承包服务费		
4	规费		
5	税金		

投标报价合计＝"1"+"2"+"3"+"4"+"5"

（5）分部分项工程和单价措施项目清单与计价表的参考格式如表 3-4 所示。

（6）总价措施项目清单与计价表的参考格式如表 3-5 所示。

（7）其他项目清单与计价汇总表的参考格式如表 3-6 所示。

（8）计日工表的参考格式如表 3-11 所示。

表 3-11　计日工表格式

工程名称：　　　　　　标段：　　　　　　　　　　　　第　页　共　页

编号	项目名称	单位	暂定数量	实际数量	综合单价/元	合价/元	
						暂定	实际
一	人工						
1	…						
2	…						
	人工小计						
二	材料						
1	…						

续表

编号	项目名称	单位	暂定数量	实际数量	综合单价/元	合价/元 暂定	合价/元 实际
2	…						
	材料小计						
三	施工机械						
1	…						
2	…						
	施工机械小计						
四	企业管理费和利润						
	合价						

（9）综合单价分析表的参考格式如表 3-12 所示。

表 3-12 综合单价分析表格式

工程名称： 标段： 第 页 共 页

项目编码		项目名称		计量单位		工程量	

清单综合单价组成明细

定额编号	定额项目名称	定额单位	数量	单价 人工费	单价 材料费	单价 机械费	单价 管理费利润	合价 人工费	合价 材料费	合价 机械费	合价 管理费利润
人工单价			小　计								
元/工日			未 计 价 材 料 费								
清单项目综合单价											

材料费明细	主要材料名称、规格、型号				单位	数量	单价/元	合价/元	暂估单价/元	暂估合价/元
	其他材料费						—		—	
	材料费小计						—		—	

（10）规费、税金项目计价表的参考格式如表 3-7 所示。

3. 施工组织设计

施工组织设计是投标文件技术部分的重要组成部分,投标文件技术部分还包括项目管理机构配备情况、拟分包项目情况等。

投标人应根据招标文件和对现场的踏勘情况,采用文字并结合图表形式编制施工组织设计,其主要内容有以下几点。

① 施工方案及技术措施。

② 质量保证措施和创优计划。

③ 施工总进度计划及保证措施(包括以横道图或标明关键线路的网络进度计划、保障进度计划需要的主要施工机械设备、劳动力需求计划及保证措施、材料设备进场计划及其他保证措施等)。

④ 施工安全措施计划。

⑤ 文明施工措施计划。

⑥ 施工场地治安保卫管理计划。

⑦ 施工环保措施计划。

⑧ 冬季和雨季施工方案。

⑨ 施工现场总平面布置(施工总平面图应绘出现场临时设施布置图表并附文字说明,说明临时设施、加工车间、现场办公、设备及仓储、供电、供水、卫生、生活、道路、消防等设施的情况和布置)。

4. 项目管理机构

项目管理机构配备情况包括项目管理组织机构设置、人员组成、职责分工及主要人员详细情况,如项目经理的学历、职称、职务、执业资格等级、业绩等。必要时还需提供有关身份证、职称证等证明资料的复印件。

5. 拟分包情况

如果有拟分包的部分,应用表格的形式说明分包人的名称,资质等级,拟分包的项目名称、范围及理由等。

3.4 建设工程施工招标标底及控制价的编制

3.4.1 建设工程施工招标标底的编制

微课
施工招标标底的编制

一、建设工程施工招标标底的概念及作用

建设工程招标标底是指建设工程招标人对招标工程项目在方案、质量、期限、价格、方法、措施等方面的理想控制目标和预期要求。从这个意义上讲,建设工程的勘察设计招标、施工招标、监理招标、物资采购招标等都应根据其不同特点,设相应的标底。但考虑到某些指标,特别是某些定性指标比较抽象且难以衡量,常以价格或费用来反映标底。所以标底从狭义上讲,通常是指招标人对招标工程预期的价格或费用。建设工程施工招标标底是招标人对工程项目施工造价的预算期望值。

我国《建筑工程施工发包与承包计价的管理办法》的规定,国有资金投资的建筑工程招标的,应当设有最高投标限价;非国有资金投资的建筑工程招标的,可以设有最高投标限价或者招标标底。

招标项目设有标底的,招标人应当在开标时公布。标底只能作为评标的参考,不得以投标报价是否接近标底作为中标条件,也不得以投标报价超过标底上下浮动范围作为否决投标的条件。

建设工程施工招标标底的参考作用主要体现在:

(1)可以用于发现低于成本报价的参考线索。

(2)可以用来协助分析发现不平衡、不合理甚至串通的报价。

(3)能够帮助招标人主动发现和纠正招标文件中的差错。

一个招标项目只能有一个标底,标底必须保密。

二、建设工程施工招标标底的主要内容

标底一般由下列内容组成:

① 标底的综合编制说明。

② 标底价格计算书、带有价格的工程量清单、现场因素、各种施工措施费的测算明细,以及采用固定价格工程的风险系数测算明细等。

③ 主要材料用量。

④ 标底附件。如各项交底纪要,各种材料及设备的价格来源,现场的地质、水文、地上情况的有关资料,编制标底价格所依据的施工方案或施工组织设计等。

三、建设工程施工招标标底的编制要求

1. 资质要求

建设工程标底编制是一项技术性、政策性很强的经济活动,只有具备相应的条件或资质才可以编制标底。如果招标人有编制标底的条件或资质,招标人可以自行编制标底,否则应委托具有编制标底资质的社会中介机构(招标代理机构、造价咨询公司等)代为编制。

2. 编制原则

建设工程施工标底价格的编制应遵循以下原则:

① 根据招标工程要求的报价计价方法计算标底。如采用综合单价法,应按照工程量清单计价规范中的统一项目编码、统一项目名称、统一计量单位、统一工程量计算规则及具体工程的施工图纸、招标文件,并参照国家或行业制订的预算定额和国家、行业、地方规定的技术标准规范,以及要素市场价格确定工程量和编制标底价格。

② 标底价格作为招标人的期望值,应力求与市场的实际变化吻合,要有利于竞争和保证工程质量。

③ 标底价格应由成本、利润、税金等组成,一般应控制在批准的总概算(或修正概算)及投资包干的限额内。

④ 标底价格应考虑人工、材料、设备、机械台班等价格变化因素,还应包括不可预见费(特殊情况)、措施费(赶工措施费、施工技术措施费)、现场因素费用、保险及采用固定价格的工程的风险金等。工程要求优良的还应增加相应的费用。

四、建设工程施工招标标底的编制方法和依据

1. 标底的编制方法

目前,我国建设工程施工招标标底主要采用工料单价法和综合单价法来编制。

(1)工料单价法

先根据施工图纸及技术说明并按照预算定额规定的分部分项工程子目,逐项计算出工

程量;再套用相应项目定额单价(或单位估价表单价)确定定额直接费;然后按规定的费用定额确定其他直接费、现场经费、间接费、计划利润和税金;最后加上材料调价系数和适当的不可预见费,汇总后得到的结果即可作为工程标底的基础。

（2）综合单价法

先按照计量规范中工程量计算规则,计算出工程量;再确定其各分部分项工程的综合单价,该单价应包括人工费、材料费、机械费、管理费、材料调价、利润及风险金等;综合单价确定后,将其与各分部分项工程量相乘汇总;最后将汇总结果与设备总价、现场发生费、措施费、规定费用和税金等相加,即可得到标底价格。如发包人要求增报保险费和暂定金额的,标底中应包含这些费用。

2. 编制标底的主要依据

编制标底的主要依据如下:

① 招标文件。

② 工程施工图纸。

③ 施工现场地质、水文、地上情况的有关资料。

④ 拟定的施工方案或施工组织设计。

⑤ 建设工程工程量清单计价及计量规范。

⑥ 国家或省级、行业建设主管部门颁发的计价定额或计价办法。

⑦ 招标时当地工程造价管理机构发布的工程造价市场信息。

⑧ 其他相关资料。

3.4.2　建设工程招标控制价的编制

招标人根据国家或省级、行业建设主管部门颁发的有关计价依据和办法,以及拟定的招标文件和招标工程量清单,结合工程具体情况编制的招标工程的最高投标限价。

微课
工程招标控制价的编制

一、编制及使用招标控制价的原则

《建设工程工程量清单计价规范》(GB 50500—2013)中规定了国有资金投资的工程建设项目,编制和使用招标控制价的原则。

（1）国有资金投资的建设工程在进行招标时,根据《中华人民共和国招标投标法》第二十二条二款的规定,"招标人设有标底的,标底必须保密"。但由于实行工程量清单招标后,由于招标方式的改变,标底保密这一法律规定已不能起到有效遏止哄抬标价的作用,我国有的地区和部门已经发生了在招标项目上所有投标人的报价均高于标底的现象,致使中标人的中标价高于招标人的预算,给招标工程的项目业主带来了困扰。因此,为有利于客观、合理地评审投标报价和避免哄抬标价,造成国有资产流失,招标人应编制招标控制价,作为招标人能够接受的最高交易价格。

（2）在工程招标发包时,当编制的招标控制价超过批准的概算,招标人应当将其报原概算审批部门重新审核。

（3）在国有资金投资工程的招投标活动中,投标人的投标报价不能超过招标控制价,否则,其投标将被拒绝。

（4）招标控制价应由招标人负责编制,但当招标人不具备编制招标控制价的能力时,则应委托具有相应工程造价咨询资质的工程造价咨询人编制。

二、招标控制价编制依据

招标控制价的编制依据如下：

（1）现行的《建设工程工程量清单计价规范》。

（2）国家或省级、行业建设主管部门颁发的计价定额和计价办法。

（3）建设工程设计文件及相关资料。

（4）拟定的招标文件及招标工程量清单。

（5）与建设项目相关的标准、规范、技术资料。

（6）施工现场情况、工程特点及常规施工方案。

（7）工程造价管理机构发布的工程造价信息，当工程造价信息没有发布时，参照市场价。

（8）其他的相关资料。

三、招标控制价的编制

采用工程量清单计价时的招标控制价应包括分部分项工程费、措施项目费、其他项目费、规费和税金等。

（1）分部分项工程和措施项目中的单价项目，应根据拟定的招标文件和招标工程量清单项目中的特征描述及有关要求，按招标控制价的编制依据计算综合单价。综合单价应当包括招标文件中招标人要求投标人所承担的风险内容及其范围（幅度）产生的风险费用。招标文件提供了暂估单价的材料、工程设备应按招标工程量清单中的暂估单价计入综合单价。

（2）措施项目中的总价项目，应根据拟定的招标文件和常规施工方案采用综合单价形式进行计算，措施项目费中的安全文明施工费应当按照国家或省级、行业建设主管部门的规定标准计算，不得作为竞争性费用。

（3）其他项目费中的暂列金额应按招标工程量清单中列出的金额填写。为保证工程施工建设的顺利实施，应对施工过程中可能出现的各种不确定因素对工程造价的影响，在招标控制价中需估算一笔暂列金额。暂列金额可根据工程的复杂程度、设计深度、工程环境条件（包括地质、水文、气候条件等）进行估算，一般可按分部分项工程费的 10%～15% 作为参考。

（4）其他项目费中的暂估价包括材料、工程设备暂估价和专业工程暂估价。编制招标控制价时材料暂估单价应按工程造价管理机构发布的工程造价信息中的材料单价计算，工程造价信息未发布的材料单价，其单价参考市场价格估算。专业工程暂估价应分不同的专业，按有关计价规定进行估算。

（5）其他项目费中的计日工。计日工包括计日工人工、材料和施工机械。在编制招标控制价时，对计日工中的人工单价和施工机械台班单价应按省级、行业建设主管部门或其授权的工程造价管理机构公布的单价计算；材料应按工程造价管理机构发布的工程造价信息中的材料单价计算，工程造价信息未发布材料单价的材料，其价格应按市场调查确定的单价计算。

（6）其他项目费中的总承包服务费。编制招标控制价时，总承包服务费应按照省级或行业建设主管部门的规定计算，如无规定可参考下列标准计算：① 招标人仅要求对分包的专业工程进行总承包管理和协调时，按分包的专业工程估算造价的 1.5% 计算；② 招标人要求对分包的专业工程进行总承包管理和协调，并同时要求提供配合服务时，根据招标文件列出的配合服务内容和提出的要求，按分包的专业工程估算造价的 3%～5% 计算；③ 招标人自行供应材料的,按招标人供应材料价值的1%计算。规费和税金应按国家或省级、行业建设主管部门规定的标准计算。

(7)招标控制价的编制特点和作用决定了招标控制价不同于标底,无须保密。为体现招标的公开、公平、公正性,防止招标人有意抬高或压低工程造价,给投标人以错误信息,因此规定招标人应在招标文件中如实公布招标控制价,不得对所编制的招标控制价进行上浮或下调。招标人在招标文件中公布招标控制价时,应公布招标控制价各组成部分的详细内容,不得只公布招标控制价总价。并应将招标控制价报工程所在地工程造价管理机构备查。投标人经复核认为招标人公布的招标控制价未按照规范的规定进行编制的,应在开标前5天向招投标监督机构或(和)工程造价管理机构投诉。招投标监督机构应会同工程造价管理机构对投诉进行处理,发现确有错误的,应责成招标人修改。

(8)招标控制价应按规定的表格格式填写。

3.5 建设工程施工招标评标定标办法的编制

在建设工程施工招标过程中,评标定标是一个非常核心的环节,从某个角度说,评价招标投标成功与否,只需考察其评标定标即可。因为招标的目的是确定一个优秀的承包人,投标的目的是为了中标,而决定这两个目标能否实现的关键都是评标定标。

在评标定标过程中一般应确定以下几个方面的内容。

① 组建评标定标组织。

② 确定评标定标活动的原则和程序。

③ 制定评标定标的具体办法等。

3.5.1 建设工程施工招标评标定标组织

微课
施工招标
评标定标
组织

建设工程招标的评标定标工作由评标定标组织完成,评标定标组织即评标委员会。评标委员会是在招投标管理机构的监督下,由招标人依法组建、负责评标定标的临时组织,它负责对所有投标文件进行评定,写出书面评标报告,并向招标人推荐中标候选人或者根据招标人的授权直接确定中标人等工作。

一、评标委员会人员构成

由于评标委员会的人员构成直接影响着评标定标结果,评标定标结果又涉及各方面的经济利益,同时这项工作经济性、技术性、专业性又比较强,所以评标委员会的人员应当由招标人或其委托的招标代理机构熟悉相关业务的代表(需具备评标专家的相应条件)及有关技术、经济等方面的专家组成。评标委员会成员人数应为5人以上单数,其中经济、技术方面的专家不得少于成员总数的2/3。依法必须招标的项目,其评标专家应当从依法组建的评标专家库内相关专家的专家名单中以随机抽取方式确定,抽取工作应当在建设工程交易中心内进行。对技术复杂、专业性强或者国家有特殊要求,采取随机抽取方式确定的专家难以保证胜任评标工作的项目,可以由招标人从评标专家库内或库外直接选聘确定评标专家,库外选聘的专家也需具备评标专家的相应条件。评标委员会成员名单应在开标前确定,并且在中标结果确定前应保密。

二、评标专家库的组建

《中华人民共和国招标投标法》颁布实施以后,省级以上人民政府有关部门、招标代理机构分别建立了评标专家库,满足了不同项目的评标需要。但与此同时,一些分散建立的评标专家库也存在着专业门类不齐全、专业类别设置不科学、专家水平参差不齐等问题。《中华人民共和国招标投标法实施条例》从统一评标专家专业分类标准和管理办法,以及组建综合评标专家库三个方面,对评标专家库进行了规范。

1.国家实行统一的评标专家专业分类标准

评标专家专业标准是评标专家库设置的依据,分类标准是否科学规范,直接影响到能否从专家库中抽取到适宜的评标专家。长期以来,由于缺乏统一的专业分类标准,导致不同政府部门、不同招标代理机构组建的专家库分类标准各异,一些专家库因分类不规范,难以满足实际评标的需要。主要表现为专业层级划分不合理,专业设置不科学,有的专业存在重叠交叉问题,使得被抽取的专家与具体招标项目的匹配度不够。比如,有些专家库专业分类过粗,只有一级,抽取到的专家难以保证专业性要求;有的专家库专业分类过细,造成某些的专家数量过少,专家选择的余地不大。此外,由于专业分类标准不一致,影响了不同评标专家库专家资源共享。实行全国统一的评标专家专业分类标准,可以有效地解决评标专家库相对封闭、专家资源分散、专业分类缺乏针对性等问题,为实现全国范围内的评标专家资源共享奠定基础。

相关部门依据专业人员和其技术资格分类,结合评标特点设置专业分类,按照工程、货物、服务三类,每个专业细分为三个级别。

2.国家实行统一的评标专家管理办法

目前,各部门、各地区制定的评标专家管理办法,在健全专家管理、规范专家评标行为等方面发挥了积极作用。但由于不同的评标专家库实行不同的管理办法,管理规则不一、运行规范不一、处罚标准不一,甚至存在相互冲突的地方,一定程度上影响了评标专家独立客观评标。为加强评标专家和评标专家库管理,实行评标专家资源共享,提高评标专家职业道德和业务水平,确保评标专家独立进行评标,保证评标工作的公平和公正,有必要在全国实行统一的评标专家管理办法。

统一的评标专家管理办法的主要内容包括:一是专家入库审查制度,包括专家的培训、考核、认证等。二是专家抽取制度,主要包括专家的抽取方式、时间、回避等。三是专家考评制度,考评内容包括专家的业务能力、个人信用、参加评标的记录等。四是专家的动态管理制度,根据实际需要和专家考评情况及时对评标专家进行更换或者补充。五是专家责任制度,主要包括专家的行为规范和要求,以及违反这些要求应承担的责任。

3.省级人民政府和国务院有关部门应当建立综合评标专家库

目前,全国存在着不同层级、不同部门、不同招标代理机构建立的评标专家库。这些分散建立的评标专家库虽然在评标活动中发挥着重要作用,但由于受各方面限制,存在着一些不容忽视的问题,影响评标专家作用的进一步发挥。主要表现在分散设立的专家库受地域或者行业的影响,在专家立场的公正性、专家数量的可选择性等方面受到一定限制。特别是随着招标项目综合性的增强,需要考虑的因素越来越多,分散设立的专家库无法满足评标需要。如铁路项目跨越输油管道时,就需要石化方面的防护专家;当跨越水库时就需要水利方面的设计、施工等专家。近年来,为解决分散设立的评标专家库存在的问题,招标投标法实施条例规定省级人民政府和国务院有关部门应当组建综合评标专家库,为各行业、各领域招标活动提供专家资源,进一步增强政府公共服务能力。

三、评标专家应具备的条件

为了保证评标委员会人员的素质,评标专家应符合下列条件:

① 从事相关专业领域工作满 8 年并具有高级职称或者同等专业水平。

② 熟悉有关招标投标的法律法规,并具有与招标项目相关的实践经验。

③ 能够认真、公正、诚实、廉洁地履行职责。

为了保证评标能够公平、公正地进行,评标委员会成员有下列情形之一的,不得担任评标委员会成员:

① 投标人或者投标人主要负责人的近亲属。

② 项目主管部门或者行政监督部门的人员。

③ 与投标人有经济利益关系,可能影响对投标公正评审的。

④ 曾因在招标、评标及其他与招标投标有关活动中从事违法行为而受过行政或刑事处罚的。

如果评标委员会成员有以上情形之一的,应当主动提出回避。任何单位或个人不得对评标委员会成员施加压力,影响评标工作的正常进行。评标委员会的成员在评标定标过程中不得与投标人或者与招标结果有利害关系的人进行私下接触,不得收受投标人、中介人及其他利害关系人的财物或其他好处,以保证评标定标公正、公平。

3.5.2 建设工程施工招标评标定标的原则

建设工程施工招标评标定标活动应当遵循公平、公正、科学、择优的原则。公平是指在评标定标过程中所涉及的一切活动对所有投标人都应该一视同仁,不得倾向某些投标人而排斥其他投标人。公正是指在对评标文件的评比中,应以客观内容为标准,不以主观好恶为标准,不能带有成见。科学是指评标办法要科学合理。评标的根本目的就是择优,所以在评标过程中及中标结果的确定上都应以最优的投标人作为中标候选人,不能违反原则而以招标人的意图来确定中标结果。

3.5.3 建设工程施工招标评标定标的程序

建设工程施工招标评标定标过程分为两个阶段,第一阶段为评标的准备与初步评审,第二阶段为详细评审。

一、评标的准备与初步评审

1. 评标的准备

评标委员会首先推选一名评标委员会主任,招标人也可以直接指定评标委员会主任,评标委员会主任负责评标活动的组织领导工作。评标委员会成员在正式对投标文件进行评审前,应当认真研究招标文件,主要了解以下内容。

① 招标的目标。

② 招标项目的范围和性质。

③ 招标文件规定的主要技术要求、标准和商务条款。

④ 招标文件规定的评标标准、评标方法和在评标过程中应考虑的相关因素。

⑤ 评标表格的使用。

招标人或者其委托的招标代理机构应当向评标委员会提供评标所需的重要信息和数据,包括招标文件、未在开标会议上当场拒绝的各投标文件、开标会记录、资格预审文件及各

动画
建设工程施工招标评标定标的程序(一)

动画
建设工程施工招标评标定标的程序(二)

投标人在资格预审阶段递交的资格预审申请文件、招标控制价或标底、有关法律规章国家标准及招标人或评标委员会认为有必要的其他信息和数据。

当评标委员会熟悉文件资料后,应对投标文件进行基础性数据分析和整理工作即清标。在不改变招标人投标文件实质性内容的前提下,评标委员会应当对投标文件进行基础性数据分析和整理,从而发现并提取其中可能存在的对招标范围理解的偏差,投标报价的算术性错误、错漏项,投标报价构成不合理、不平衡报价等存在明显异常的问题,并就这些问题整理形成清标成果。评标委员会对清标成果审议后,决定需要投标人进行书面澄清、说明或补正的问题,形成质疑问卷,向投标人发出问题澄清通知。

评标委员会应当根据招标文件规定的评标标准和方法对投标文件进行系统的评审和比较。招标文件中没有规定的标准和方法不得作为评标的依据。因此,评标委员会成员应当重点了解招标文件规定的评标标准和评标方法。

2. 初步评审的内容

初步评审的内容包括形式评审、资格评审、响应性评审等。

(1)形式评审

评标委员会根据评标办法中规定的评审因素和评审标准,对投标人的投标文件进行形式评审,并记录评审结果。

(2)资格评审

① 对未进行资格预审的投标人,评标委员会根据评标办法中规定的评审因素和评审标准,对投标人的投标文件进行资格评审,并记录评审结果。

② 对已进行资格预审的投标人,当资格预审申请文件的内容发生重大变化时,评标委员会依据资格预审文件中规定的标准和方法,对照投标人在资格预审阶段递交的资格预审申请文件中的资料及在投标文件中更新的资料,对其更新的资料进行评审。其中:资格预审采用"合格制"的,投标文件中更新的资料应当符合资格预审文件中规定的审查标准,否则其投标作废标处理;资格预审采用"有限数量制"的,投标文件中更新的资料应当符合资格预审文件中规定的审查标准,其中以评分方式进行审查的,其更新的资料按照资格预审文件中规定的评分标准评分后,其得分应当保证即便在资格预审阶段仍然能够获得投标资格且没有对未通过资格预审的其他资格预审申请人构成不公平,否则其投标作废标处理。

(3)响应性评审

评标委员会根据评标办法中规定的评审因素和评审标准,对投标人的投标文件进行响应性评审。

当设有招标控制价(或拦标价)时,投标人投标价格不得超出招标控制价(或拦标价),凡投标人的投标价格超出招标控制价的(或拦标价),该投标人的投标文件不能通过响应性评审。

3. 投标文件的澄清和说明

评标委员会可以要求投标人对投标文件中含意不明确、对同类问题表述不一致或者有明显文字和计算错误的内容作必要的澄清或说明,但是澄清或说明不得超出投标文件的范围或者改变投标文件的实质性内容。对投标文件的相关内容作出澄清和说明,目的是有利于评标委员会对投标文件的审查、评审和比较。投标文件中的大写金额和小写金额不一致的,以大写金额为准;总价金额与单价金额不一致的,以单价金额为准,但单价金额小数点有明显错误的除外;对不同文字文本投标文件的解释发生异议时,以招标文件规定的主要语言文字文本为准。

4. 应当作为废标处理的情况

在初步评审的过程中,如果投标人或其投标文件有下列情形之一的,其投标作废标处理:

① 招标人为不具有独立法人资格的附属机构(单位)。

② 为本标段前期准备提供设计或咨询服务的,但设计施工总承包的除外。

③ 为本标段的监理人。

④ 为本标段的代建人。

⑤ 为本标段提供招标代理服务的。

⑥ 与本标段的监理人或代建人或招标代理机构同为一个法定代表人的。

⑦ 与本标段的监理人或代建人或招标代理机构相互控股或参股的。

⑧ 与本标段的监理人或代建人或招标代理机构相互任职或工作的。

⑨ 被责令停业的。

⑩ 被暂停或取消投标资格的。

⑪ 财产被接管或冻结的。

⑫ 在最近三年内有骗取中标或严重违约或重大工程质量问题的。

⑬ 有串通投标或弄虚作假或有其他违法行为的。

⑭ 不按评标委员会要求澄清、说明或补正的。

⑮ 在形式评审、资格评审、响应性评审中,评标委员会认定投标人的投标不符合评标办法规定的。

⑯ 当投标人资格预审申请文件的内容发生重大变化时,其在投标文件中更新的资料,未能通过资格评审的。

⑰ 投标报价文件(投标函除外)未经有资格的工程造价专业人员签字并加盖执业专用章的。

⑱ 在施工组织设计和项目管理机构评审中,评标委员会认定投标人的投标未能通过此项评审的。

⑲ 评标委员会认定投标人以低于成本报价竞标的。

⑳ 投标人未按规定出席开标会的。

在初步评审过程中,评标委员会可以依据评标规定的相关原则对投标报价中存在的算术错误进行修正,并根据算术错误修正结果计算评标价。评标委员会应当就投标文件中不明确的内容要求投标人进行澄清、说明或者补正。

5. 投标偏差

评标委员会应当根据招标文件,审查并逐项列出投标文件的全部投标偏差。投标偏差分为重大偏差和细微偏差。

(1)重大偏差

下列情况属于重大偏差:

① 没有按照招标文件要求提供投标担保或者所提供的投标担保有瑕疵。

② 投标文件没有投标人授权代表签字和加盖公章。

③ 投标文件载明的招标项目完成期限超过招标文件规定的期限。

④ 明显不符合技术规格、技术标准的要求。

⑤ 投标文件载明的货物包装方式、检验标准和方法等不符合招标文件的要求。

⑥ 投标文件附有招标人不能接受的条件。

⑦ 不符合招标文件中规定的其他实质性要求。

（2）细微偏差

细微偏差是指投标文件在实质上响应招标文件要求，但在个别地方存在漏项或者提供了不完整的技术信息和数据等，并且补正这些遗漏或者不完整不会对其他投标人造成不公平的结果。细微偏差不影响投标文件的有效性。评标委员会应当书面要求存在细微偏差的投标人在评标结束前予以补正。拒不补正的，在详细评审时可以对细微偏差作不利于该投标人的量化，量化标准应当在招标文件中规定。

二、详细评审

详细评审是指在初步评审的基础上，对经初步评审合格的投标文件，按照招标文件确定的评标标准和方法，对其技术部分和商务部分进一步评审、比较。

1. 技术性评审

技术性评审主要包括对投标人所报的施工组织设计及项目管理机构进行评审和评分。

对施工组织设计的评审包括：内容完整性和编制水平、施工方案与技术措施、质量管理体系与措施、安全管理体系与措施、环境保护管理体系与措施、工程进度计划与措施、资源配备计划等。

对项目管理机构的评审包括：项目经理任职资格与业绩、技术负责人任职资格与业绩、其他主要人员配备情况等。

在技术性评审过程中，应按照评标办法中规定的分值设定、各项评分因素、评分标准，对施工组织设计和项目管理机构进行评审和评分。

2. 商务性评审

商务性评审指对投标文件中的报价进行评审，包括对投标报价进行校核，审查全部报价数据是否有计算或累计上的算术错误，分析报价构成的合理性，判断投标报价是否低于其成本。设有标底的招标项目，评标委员会在评标时应当参考标底。

3. 澄清、说明或补正

在详细评审过程中，评标委员会应当就投标文件中不明确的内容要求投标人进行澄清、说明或者补正。投标人对此以书面形式予以澄清、说明或者补正。

评标委员会完成评标后，应向招标人提出书面评标报告，评标报告的内容如下：

① 基本情况和数据表。

② 评标委员会成员名单。

③ 开标记录。

④ 符合要求的投标一览表。

⑤ 废标情况说明。

⑥ 评标标准、评标办法或者评标因素一览表。

⑦ 经评审的价格或者评分比较一览表（包括评标委员会在评标过程中所形成的所有记载评标结果、结论的表格、说明、记录等文件）。

⑧ 经评审的投标人排序。

⑨ 推荐的中标候选人名单与签订合同前要处理的事宜。

⑩ 澄清、说明、补正事项纪要。

被授权直接定标的评标委员会可直接确定中标人。对使用国有资金投资或者国家融资的项目,招标人应当确定排名第一的中标候选人为中标人。排名第一的中标候选人放弃中标、因不可抗力提出不能履行合同,或者招标文件规定应当提交履约保证金而在规定的期限内未能提交的,招标人可以确定排名第二的中标候选人为中标人。

微课
施工招标
评标定标
的方法

3.5.4 建设工程施工招标评标的具体方法

工程评标方法有许多种,我国目前常用的评标办法有经评审的最低投标价法、综合评估法等,根据评标办法中设立的评价指标,可以对其进行定性评价、定量评价,或定性和定量相结合进行评价。为了避免主观因素造成的评价差异,一般应考虑对指标的评价采用定量的方法进行评价。

一、经评审的最低投标价法

经评审的最低投标价法一般适用于具有通用技术、性能标准或者招标人对于其技术、性能没有特殊要求的招标项目。这种评标方法主要适用于小型工程,是一种只对投标人的投标报价进行评议,从而确定中标人的评标办法。

经评审的最低投标价法评标,决定中标与否的唯一因素就是标价的高低,但也不能简单认为标价越低越好。一般的做法是通过对标书进行分析、比较,经初审后,筛选出低标价,通过进一步的澄清和答辩,证明该低标价确实是切实可行、措施得当的最低报价的,确定该最低标价中标。

经评审的最低投标价不一定是最低的标价。所以,经评审的最低投标价法可以是最低投标价中标,但并不保证最低投标价必然中标。

采用经评审的最低投标价法对投标报价进行评议的方法有如下几种。

1. 将投标报价与标底价相比较的评议方法

这种方法是将各投标人的投标报价直接与经招标投标管理机构审定后的标底价相比较,以标底价为基础来判断投标报价的优劣,经评标被确认为最低标价的投标报价即能中标。

这种评议方法通常有三种具体做法。

① 投标报价最接近标底价的(即为合理低标价),即可中标。

② 投标报价与低于标底价某一幅度值之差的绝对值最小或为零的(即为合理低标价),即可中标。

③ 允许投标报价围绕标底价按一定比例浮动,投标报价在这个允许浮动范围内的最低价或次低价的(即为合理低标价),即可中标。超出该允许浮动范围的,则为无效标。

2. 将各投标报价相互进行比较的评议方法(即无标底招标)

从纯粹择优的角度看,可以对投标人的投标报价不作任何限制、不附加任何条件,只将各投标人的投标报价相互进行比较,而不与标底相比,经评标确认投标报价属最低价,即可中标。有时以各投标人的投标报价(投标人超过3家的,可考虑剔除其中的最高报价和最低报价)的算术平均值作为比较基础。

在市场机制健全的社会里,上述方法应该说是一种比较简便可行的评标定标方法。因为承包商无利可图时一般不会承接任务,即使承接了大多是一种经营策略,不会以损害社会利益和工程质量为代价。而从招标人角度看,由于其是真正的利益主体,不可能不关心报价的可行性和工程质量。在招标人十分关注报价可行性的前提下,当然是中标的投标报价越低越好。但在我国,由于市场机制不健全、市场主体不成熟、政府监管不到位等多种原因,采用这种方法评议投标报价,常常得不到合理的最低报价,实践的效果并不理想,因而采用的较少。

3. 将投标报价和标底价结合与投标人报价进行比较的评议方法

这种方法的特点是:在制定评标依据时,既不全部以标底价作为评标依据,也不全部以投标报价作为评标依据,而是综合考虑这两方面的因素,形成一个复合的标底,将各投标报价与复合标底相比较。

这种评议方法的具体做法有如下三种:

① 以各投标人的投标报价(投标人超过 3 家的,可考虑剔除其中的最高报价和最低报价)的算术平均值为 A,以经过审定的标底价为 B,然后取 A 和 B 的不同权重值之和,为评标标底,最接近这个评标标底的投标报价,即为中标价。

② 以低于标底价一定幅度以内的各投标报价的算术平均值为 A,以经过审定的标底价为 B,然后取 A 和 B 的不同权重值之和,为评标标底,最接近这个评标标底的投标报价,即为中标价。

③ 以各投标人的投标报价(投标人超过 3 家的,可考虑剔除其中的最高报价和最低报价)的平均值为 A,以各投标人对标底的测算价(即让各投标人按照和招标人编制标底一样的口径和要求测算得出的价格,又称可比价)(投标人超过 3 家的,可考虑剔除其中的最高价和最低价)与标底价的算术平均值作为 B,然后取 A 和 B 的不同权重值之和,为评标标底,最接近这个评标标底的投标报价,即为中标价。

4. 将投标报价与标底价结合投标人测算的可比价相比较的评议方法

这种评议方法也是以复合标底作为评标的依据,具体做法分以下几步:

① 以各投标人对标底的测算价的平均值为 B。

② 利用 B 对标底价的准确性进行验算,若标底价与 B 的误差在一定范围以内,则认为标底价是准确的,否则就认为标底价是不准确的。

③ 若标底价准确,取 B 的一定权重值为 B_1,取标底价的一定权重值为 B_2,然后以 B_1、B_2 的算术平均值,或以低于 B_1、B_2 的算术平均值的一定幅度的值,为评标标底,最接近评标标底的投标报价,即为中标价。

④ 若标底价不准确,就以低于 B 的一定幅度(如 3%、5% 等)的值为评标标底,最接近这个评标标底的投标报价,即为中标价。

二、综合评估法

对不宜采用经评审的最低投标价法的招标项目,一般应采用综合评估法。**综合评估法是对价格、施工组织设计、项目经理的资历和业绩、技术负责人任职资格与业绩、质量、工期及企业的信誉、业绩和实力等因素进行综合评价从而确定中标人的评标定标方法。它是应用最广泛的评标定标方法,各地通常都采用这种方法。**

综合评估法,不仅要对价格因素进行评估,而且还要对其他因素进行评估。由于综合评估法不是将价格因素作为评审的唯一因素(或指标),因此就有了评审因素(或评审指标)如何设置的问题。从各地的实践来看,综合评估法的评审因素一般设置如下。

① 标价(即投标报价)。评审投标报价预算数据计算的准确性和报价的合理性等。

② 施工组织设计。评审内容包括:施工方案或施工组织设计是否完整、科学、合理,包括施工方法是否先进、合理;施工进度计划及措施是否科学、合理、可靠,能否满足招标人关于工期或竣工计划的要求;质量保证措施是否切实可行;安全保证措施是否可靠;现场平面布置及文明施工措施是否合理可靠;主要施工机具及劳动力配备是否合理;提供的材料设备,能否满足招标文件及设计要求。

③ 项目管理机构。评审内容包括:项目经理的资历和业绩、技术负责人任职资格与业绩、项目其他主要管理人员及工程技术人员的数量和资历等。

④ 质量。评审工程质量是否达到国家施工验收规范合格标准或优良标准。质量必须符合招标文件要求。质量保证措施是否全面和可行。

⑤ 工期。指工程施工期,由工程正式开工之日起到施工单位提交竣工报告之日止的期间。评审工期是否满足招标文件的要求。

⑥ 信誉和业绩。包括经济、技术实力;项目经理施工经历、在建任务;近期施工承包合同履约情况(履约率);服务态度;是否承担过类似工程;经营作风和施工管理情况;是否获得过省部级、地市级的表彰和奖励;企业社会整体形象等。

为了让信誉好、质量高、实力强的企业多得标、得好标,在综合评估法的诸评审因素中,应适当侧重对施工方案、质量和信誉等因素的评议,在施工方案因素中应适当突出对关键部位施工方法或特殊技术措施及保证工程质量、工期的措施的评估。

综合评估法按其具体分析方式的不同,又可分为定性综合评估法和定量综合评估法。

① 定性综合评估法。定性综合评估法通常的做法是,由评标组织对工程报价、工期、质量、施工组织设计、主要材料消耗、安全保障措施、业绩、信誉等评审指标,分项进行定性比较分析、综合考虑,经评议后,选择被大多数评标组织成员认为各项条件都比较优良的投标人为中标人,也可用记名或无记名投票表决的方式确定中标人。定性综合评估法的特点是,不量化各项评审指标,它是一种定性的优选法。采用定性综合评估法,一般要按从优到劣的顺序,对各投标人排列名次,排序第一名的即为中标人。如果排名第一的中标候选人放弃中标,可以选择排序第二名的投标人为中标人。

② 定量综合评估法。定量综合评估法,又称打分法、百分制计分评议法(百分法)。通常的做法是,事先在招标文件或评标定标办法中将评标的内容进行分类,形成若干评估因素,并确定各项评估因素所占的比例和评分标准,开标后由评标委员会的每位成员按照评分规则,采用无记名方式打分,最后统计投标人的得分,得分最高者(排序第一名)或次高者(排序第二名)为中标人。采用定量综合评估法,原则上实行得分最高的投标人为中标人。定量综合评估法中所有评标因素的总分值,一般都是 100 分。其中各个单项评标因素的分值分配一般为:价格 30~70 分,工期 0~10 分,质量 5~25 分,施工组织设计 5~20 分,企业信誉和业绩 5~20 分,其他 0~5 分。

定量综合评估法中各评标因素所占的分值确定以后,就要对各评标因素进行具体评分。对不同的评标因素,有不同的评分标准和方式。定量综合评估法的总原则和基本原理,不仅适用于施工招标的评标定标,而且也适用于设计招标、监理招标和其他类型招标的评标定标。在法律、法规允许的情况下,招标人也可以采用其他的评标方法。

3.5.5　工程量清单招标评标方法

微课
工程量清
单招标评
标方法

当采用工程量清单招标时,一般用经评审最低投标价法和综合计分法进行评标。对采用综合计分法评标的投标文件的评审分初步评审和详细评审两个阶段。

初步评审是指评标委员会对所有投标文件的真实性、符合性、响应性和重大偏差,按招标文件的要求逐一审查的评审,经审查不符合招标文件要求的,不得进入详细评审阶段。真实性是指投标文件中没有相互串通投标、以他人名义投标、弄虚作假等情形。重大偏差是指投标文件存在标的物、价格、工期、质量、付款方式、承诺等不符合招标文件实质性要求的情况。

详细评审是对初步评审合格的投标文件的技术标、商务标、综合标按照招标文件中明确的评标办法以列表、随机抽取的方式进行分析、比较和评审。

一、招标控制价

国有资金投资的建设工程采用工程量清单方式招标,必须编制招标控制价。招标控制价应在招标时公布,招标人应将招标控制价及有关资料报送当地工程造价管理机构备查。

招标控制价由招标人依据国家计价规范、所在地区现行计价依据的规定编制。材料价格可按当地造价管理部门发布的最近一期信息指导价格执行,也可由招标人根据市场价格确定。

招标控制价应采用综合单价计价,应包括招标文件中划分的由投标人承担的风险范围及其费用。

投标人的投标报价高于招标控制价的,其投标应予以拒绝。

二、废标条件

当投标人未响应招标文件实质性要求时,可按废标处理。下列情形可按废标处理。

① 未按招标文件规定编制各项报价的。

② 投标总报价与其组成部分、工程量清单项目合价与综合单价、综合单价与人材机用量相互矛盾,致使评标委员会无法正常评审判定的。

③ 规费和税金、安全文明施工措施费违背工程造价管理规定的。

④ 分部分项工程项目、措施项目报价中的项目编码、项目名称、项目特征、计量单位和工程量与招标文件的清单不一致的。

⑤ 未按照暂列金额或者暂估价编制投标报价的。

⑥ 住房和城乡建设部《标准施工招标文件》规定的废标条件。

三、不参与商务部分评审的内容

规费、税金、安全文明施工增加费属于不可竞争费用,应按各省(市)现行的计价办法的规定执行,一般不参与商务标评分。

四、评标基准价

评标基准价是指对各投标人报价进行评审时的比较基础。评标基准价可为各投标人报价的算术平均值,也可以为招标控制价和各投标人报价算术平均值的加权平均值。

各投标人报价的算术平均值的计算,为有效投标人投标报价(去掉一个最高报价和一个最低报价)的算术平均值。当有效投标总报价少于五家(不含五家)时,则把所有有效投标报价作算术平均值。

五、经评审最低投标价法

采用经评审最低投标价法的,应按下列程序进行评标。

1. 技术标的评审

评标委员会对投标人的技术标采用综合评议或综合计分作出可行或不可行的认定。对技术标可行或不可行有意见分歧的,以少数服从多数得出结论。认为技术标不可行的,应提出不可行的原因或理由。当技术标被认定为不可行的,其商务标不再评审。

2. 商务标的评审

评标委员会对技术标被认定为可行的标书的商务标,按各投标人的有效投标总报价从低到高的顺序进行详细评审。评审内容包括分部分项工程量清单项目、措施费项目、主要材料项目。

① 分部分项工程量清单项目依据招标文件规定抽取 10～20 项,分析综合单价构成是否合理。分部分项工程量清单项目综合单价以有效投标人综合单价的算术平均值为基准价。当投标人的综合单价低于基准价 12% 的工程量清单项目数量超过抽取数量的 50% 时,评标委员会应对其质询。

② 措施费项目以有效投标人措施费报价的算术平均值为基准价,低于基准价 20% 的措施费报价,评标委员会应对其质询。

③ 主要材料项目依据招标文件规定抽取 10～15 项,分析材料单价构成是否合理。主要材料单价以有效投标人材料单价的算术平均值为基准价,当投标人的材料单价低于基准价 12% 的材料数量超过抽取数量的 50% 时,评标委员会应对其质询。

评标委员会对以上三项中的质询结果,认为不能合理说明或提供相应证明材料的,评标委员会可判定为报价不合理。经评标委员会评审,定为合理报价的,依据招标文件规定,依序推荐中标候选人。

六、综合计分法评标

综合计分法是指评标委员会根据招标文件要求,对其技术标、商务标、综合标三部分进行综合评审。一般情况下,技术标的权重占 30%,商务标的权重占 60%,综合标的权重占 10%。

1. 技术标的评标标准(30 分)

招标人可结合所建工程项目的技术特点及工艺要求,对技术标的内容、分值进行增减调整。

（1）内容完整性和编制水平　　1～2 分。
（2）施工方案和技术措施　　2～3 分。
（3）质量管理体系与措施　　2～3 分。
（4）安全管理体系与措施　　2～3 分。
（5）环境保护管理体系与措施　　2～3 分。
（6）工程进度计划与措施　　1～2 分。
（7）拟投入资源配备计划　　1～2 分。
（8）施工进度表或施工网络图　　1～2 分。
（9）施工总平面布置图　　1～2 分。

（10）在节能减排、绿色施工、工艺创新方面针对本工程有具体措施或企业自有创新技术　2~3 分。

（11）新工艺、新技术、新设备、新材料的采用程度，其在确保质量、降低成本、缩短工期、减轻劳动强度、提高工效等方面的作用　2~3 分。

（12）企业具备信息化管理平台，能够使工程管理者对现场实施监控和数据处理　1~2 分。

以上项目若有缺项的，该项为 0 分；不缺项的，不低于最低分。

2. 商务标的评标标准（60 分）

（1）投标报价的评审，30 分。投标报价与评标基准价相等得基本分 20 分。当投标报价低于评标基准价时，每低 1% 在基本分 20 分的基础上加 2 分，最多加 10 分；当投标报价低于评标基准价 5% 以上（不含 5%）时，每再低 1% 在满分 30 分的基础上扣 3 分，扣完为止；当投标报价高于评标基准价时，每高 1% 在基本分 20 分的基础上扣 2 分，扣完为止。

（2）分部分项工程项目综合单价的评审，15 分。分部分项工程项目综合单价随机选择 15 项清单项目。清单项目综合单价以各有效投标报价的（当有效投标人 5 名及以上时，去掉 1 个最高、1 个最低值）清单项目综合单价的算术平均值作为综合单价基准值。在综合单价基准值 95%~103% 范围内（不含 95% 和 103%）每项得 1 分，在评标基准值 90%~95% 范围内（含 90% 和 95%）每项得 0.5 分，满分共计 15 分。超出该范围的不得分。

（3）措施项目的评审，5 分。措施项目基准值 = 各投标人所报措施项目费（当有效投标人 5 名及以上时，去掉 1 个最高、1 个最低值）的算术平均值。投标所报措施费与措施项目基准值相等得基本分 3 分。当投标报价低于措施项目基准值时，每低 1% 在基本分 3 分的基础上加 0.2 分；当投标报价低于措施项目基准值 10%~15%（含 15%）时，为 5 分；当投标报价低于措施项目基准值 15%（不含 15%）时，每低 1% 在满分 5 分的基础上扣 0.4 分，扣完为止；当高于措施项目基准值时，每高于 1% 时，在基本分 3 分的基础上扣 0.2 分，扣完为止。

（4）主要材料单价的评审，10 分。主要材料项目单价选择 10 项材料，材料的单价以各有效投标报价（当有效投标人 5 名及以上时，去掉 1 个最高值、1 个最低值）材料单价的算术平均值作为材料基准值。在材料基准值 95%~103% 范围内（不含 95% 和 103%）每项得 1 分，在材料基准值 90%~95% 范围内（含 90% 和 95%）每项得 0.5 分。超出该范围的不得分。

3. 综合标的评标标准（10 分）

（1）企业和项目经理业绩　1~2 分。

（2）承诺质量、工期达到招标文件要求并有具体措施　1~3 分。

（3）优惠条件的承诺　1~2 分。

（4）业主考察　1~3 分。

投标人综合得分按下式计算：

投标人综合得分 = 技术标得分 + 商务标得分 + 综合标得分

在评标委员会完成对技术标、商务标和综合标的汇总后，去掉一个最高分和一个最低分取平均值，作为该投标人的最终得分。

3.5.6　建设工程施工招标评标定标办法的审查备案

建设工程施工招标评标定标办法是招标文件的一部分，在招标文件备案时，有关建设行政主管部门应对评标定标标准及方法进行审定。评标办法的审定应本着公正、平等、科学、合理、择优、可操作性强的原则进行。建设工程招投标管理机构审定评标办法时,应注意既要尊重招标人的合理意愿,又要防止招标人可能出现的对招标权力的滥用,要把监管和服务结合起来。

审定评标办法时应注意以下几方面的内容:

① 评标定标办法是否符合有关法律、法规和政策,体现公开、公正、平等竞争和择优的原则。

② 评标定标办法与招标文件的有关规定是否一致。

③ 评标定标组织的组成人员是否符合条件和要求,是否有应当回避的情形。

④ 评标定标方法的选择和确定是否适当。如评标因素设置是否合理,分值分配是否恰当,打分标准是否科学合理,打分规则是否清楚等。

⑤ 评标定标的程序和日程安排是否妥当。

⑥ 评标定标办法中有没有多余、遗漏或不清楚的问题,可操作性如何。

建设工程施工招标投标管理机构在审定评标定标办法的过程中,若发现不合法、不合理、不科学的问题,应当予以纠正或修改、完善。

3.6　电子招标投标简介

微课
电子招标、
投 标、评
定标

电子招标投标活动是指以数据电文形式,依托电子招标投标系统完成的全部或者部分招标投标交易、公共服务和行政监督活动。

电子招标投标系统根据功能的不同,分为交易平台、公共服务平台和行政监督平台。

交易平台是以数据电文形式完成招标投标交易活动的信息平台。公共服务平台是满足交易平台之间信息交换、资源共享需要,并为市场主体、行政监督部门和社会公众提供信息服务的信息平台。行政监督平台是行政监督部门和监察机关在线监督电子招标投标活动的信息平台。

3.6.1　电子招标投标交易平台

电子招标投标交易平台按照标准统一、互联互通、公开透明、安全高效的原则及市场化、专业化、集约化方向建设和运营。

依法设立的招标投标交易场所、招标人、招标代理机构及其他依法设立的法人组织可以按行业、专业类别,建设和运营电子招标投标交易平台。国家鼓励电子招标投标交易平台平等竞争。

电子招标投标交易平台应当具备下列主要功能:

① 在线完成招标投标全部交易过程。

② 编辑、生成、对接、交换和发布有关招标投标数据信息。

③ 提供行政监督部门和监察机关依法实施监督和受理投诉所需的监督通道。

④ 规定的其他功能。

电子招标投标交易平台应当允许社会公众、市场主体免费注册登录和获取依法公开的招标投标信息,为招标投标活动当事人、行政监督部门和监察机关按各自职责和注册权限登录使用交易平台提供必要条件。

电子招标投标交易平台运营机构应当是依法成立的法人,拥有一定数量的专职信息技术、招标专业人员,并根据国家有关法律法规及技术规范,建立健全电子招标投标交易平台规范运行和安全管理制度,加强监控、检测,及时发现和排除隐患。

电子招标投标交易平台运营机构不得以任何手段限制或者排斥潜在投标人,不得泄露依法应当保密的信息,不得弄虚作假、串通投标或者为弄虚作假、串通投标提供便利。

3.6.2 电子招标

招标人或者其委托的招标代理机构应当在其使用的电子招标投标交易平台注册登记,选择使用除招标人或招标代理机构之外第三方运营的电子招标投标交易平台的,还应当与电子招标投标交易平台运营机构签订使用合同,明确服务内容、服务质量、服务费用等权利和义务,并对服务过程中相关信息的产权归属、保密责任、存档等依法作出约定。

电子招标投标交易平台运营机构不得以技术和数据接口配套为由,要求潜在投标人购买指定的工具软件。

招标人或者其委托的招标代理机构应当在资格预审公告、招标公告或者投标邀请书中载明潜在投标人访问电子招标投标交易平台的网络地址和方法。依法必须进行公开招标项目的上述相关公告应当在电子招标投标交易平台和国家指定的招标公告媒介同步发布。

招标人或者其委托的招标代理机构应当及时将数据电文形式的资格预审文件、招标文件加载至电子招标投标交易平台,供潜在投标人下载或者查阅。

数据电文形式的资格预审公告、招标公告、资格预审文件、招标文件等应当标准化、格式化,并符合有关法律法规以及国家有关部门颁发的标准文本的要求。

在投标截止时间前,电子招标投标交易平台运营机构不得向招标人或者其委托的招标代理机构以外的任何单位和个人泄露下载资格预审文件、招标文件的潜在投标人名称、数量及可能影响公平竞争的其他信息。

招标人对资格预审文件、招标文件进行澄清或者修改的,应当通过电子招标投标交易平台以醒目的方式公告澄清或者修改的内容,并以有效方式通知所有已下载资格预审文件或者招标文件的潜在投标人。

电子招标投标交易平台应当依法及时公布下列主要信息:

① 招标人名称、地址、联系人及联系方式。
② 招标项目名称、内容范围、规模、资金来源和主要技术要求。
③ 招标代理机构名称、资格、项目负责人及联系方式。

3.6.3 电子投标

投标人应当在资格预审公告、招标公告或者投标邀请书载明的电子招标投标交易平台注册登记,如实递交有关信息,并经电子招标投标交易平台运营机构验证。通过资格预审公告、招标公告或者投标邀请书载明的电子招标投标交易平台递交数据电文形式的资格预审申请文件或者投标文件。

电子招标投标交易平台应当允许投标人离线编制投标文件,并且具备分段或者整体加密、解密功能。

投标人应当按照招标文件和电子招标投标交易平台的要求编制并加密投标文件。投标人未按规定加密的投标文件,电子招标投标交易平台应当拒收并提示。

投标人应当在投标截止时间前完成投标文件的传输递交,并可以补充、修改或者撤回投标文件。投标截止时间前未完成投标文件传输的,视为撤回投标文件。投标截止时间后送达的投标文件,电子招标投标交易平台应当拒收。

电子招标投标交易平台收到投标人送达的投标文件,应当即时向投标人发出确认回执通知,并妥善保存投标文件。在投标截止时间前,除投标人补充、修改或者撤回投标文件外,任何单位和个人不得解密、提取投标文件。

电子招标投标交易平台应当依法及时公布投标人名称、资质和许可范围、项目负责人等信息。

3.6.4　电子开标、评标和中标

1. 开标

电子开标应当按照招标文件确定的时间,在电子招标投标交易平台上公开进行,所有投标人均应当准时在线参加开标。

开标时,电子招标投标交易平台自动提取所有投标文件,提示招标人和投标人按招标文件规定方式按时在线解密。解密全部完成后,应当向所有投标人公布投标人名称、投标价格和招标文件规定的其他内容。因投标人原因造成投标文件未解密的,视为撤销其投标文件;因投标人之外的原因造成投标文件未解密的,视为撤回其投标文件,投标人有权要求责任方赔偿因此遭受的直接损失。部分投标文件未解密的,其他投标文件的开标可以继续进行。

招标人可以在招标文件中明确投标文件解密失败的补救方案,投标文件应按照招标文件的要求作出响应。

电子招标投标交易平台应当生成开标记录并向社会公众公布,但依法应当保密的除外。

2. 评标

电子评标应当在有效监控和保密的环境下在线进行。

根据国家规定应当进入依法设立的招标投标交易场所的招标项目,评标委员会成员应当在依法设立的招标投标交易场所登录招标项目所使用的电子招标投标交易平台进行评标。

评标中需要投标人对投标文件澄清或者说明的,招标人和投标人应当通过电子招标投标交易平台交换数据电文。

评标委员会完成评标后,应当通过电子招标投标交易平台向招标人提交数据电文形式的评标报告。

依法必须进行招标的项目中标候选人和中标结果应当在电子招标投标交易平台进行公示和公布。

3. 中标

招标人确定中标人后,应当通过电子招标投标交易平台以数据电文形式向中标人发出中标通知书,并向未中标人发出中标结果通知书。

招标人应当通过电子招标投标交易平台,以数据电文形式与中标人签订合同。

3.7　建设工程施工招标文件示例

在建设工程施工招标过程中,招标文件应结合工程实际情况进行编制,下面是×××学校研究生公寓楼工程施工招标文件,供学习时参考。

招标文件封面格式

×××学院研究生公寓楼工程施工招标
招标文件
项 目 编 号:YJSG-2013-010
工 程 名 称:×××学院研究生公寓
招 标 人:×××学院 （盖章）
招标代理机构:×××市××招标代理公司(盖章)
日 期:2013 年 10 月 12 日

招标文件目录

第一卷

第一章　投标邀请书

__×××__（被邀请单位名称）:

你单位已通过资格预审,现邀请你单位按招标文件规定的内容,参加×××学院研究生公寓施工投标。

请于 2013 年 10 月 23 日至 2013 年 10 月 27 日,每日上午 9 时至 12 时,下午 14 时至 17 时(北京时间,下同),在××市×××路与××路交叉口××大厦 1404 室持单位介绍信购买招标文件。

招标文件每套售价 1000 元,售后不退。图纸押金 3000 元,在退还图纸时退还(不计利息)。

递交投标文件的截止时间(投标截止时间,下同)为 2013 年 11 月 13 日 10 时 00 分,地点为×××市公共资源交易中心七楼会议室。

逾期送达的或者未送达指定地点的投标文件,招标人不予受理。

你单位收到本投标邀请书后,请于 24 小时内以传真或快递方式予以确认。

招 标 人:×××学院

地址:××市××区××路

招标代理机构:××招标代理公司

地　　址:××省××市××路与××路交叉口××大厦 1404 室

邮　　编:×××××
联 系 人:×××
电　　话:×××××
传　　真:×××××
电子邮件:×××××

第二章　投标人须知

投标人须知前附表

条款号	条款名称	编列内容
1.1.2	招标人	名称:×××学院 地址:××市××区××路
1.1.3	招标代理机构	名称:××招标代理公司 地址:××省××市××路与××路交叉口××大厦 1404 室 联系人:××× 电话(FAX):××××××
1.1.4	项目名称	×××学院研究生公寓
1.1.5	建设地点	×××学院校区内
1.2.1	资金来源	自筹
1.2.2	出资比例	100%
1.2.3	资金落实情况	已落实
1.3.1	招标范围	施工图范围内的土建及安装工程,详见总则第 1.3 条
1.3.2	计划工期	工期要求:850 日历天 计划开工日期:2013 年 11 月
1.3.3	质量要求	合格工程
1.4.1	投标人资质条件、能力和信誉	持《投标邀请书》的投标人
1.4.2	是否接受联合体投标	不接受
1.9.1	踏勘现场	不组织
1.10.1	投标预备会	不召开
1.10.2	投标人提出问题的截止时间	递交投标文件截止之日 17 天前
1.10.3	招标人书面澄清的时间	递交投标文件截止之日 15 天前
1.11	分包	见总则第 1.11 条
1.12	偏离	见总则第 1.12 条
2.1	构成招标文件的其他材料	招标答疑、招标文件补充材料等

续表

条款号	条款名称	编列内容
2.2.1	投标人要求澄清招标文件的截止时间	递交投标文件截止之日 17 天前
2.2.2	投标截止时间	2013 年 11 月 13 日上午 10 时 00 分
2.2.3	投标人确认收到招标文件澄清的时间	收到澄清后 24 小时内（以发出时间为准）
2.3.2	投标人确认收到招标文件修改的时间	收到修改后 24 小时内（以发出时间为准）
3.1.1	构成投标文件的其他材料	无
3.3.1	投标有效期	60 日历天
3.4.1	投标保证金	资审保证金自动转为投标保证金
3.5	近年财务状况的年份要求	2010 年,2011 年,2012 年
3.5	近年完成的类似项目的年份要求	2010 年,2011 年,2012 年
3.5	近年发生的诉讼及仲裁情况的年份要求	2010 年,2011 年,2012 年
3.6	是否允许递交备选投标方案	不允许
3.7.3	签字或盖章要求	投标文件中凡需要加盖印章的部位,均按要求加章,见总则第 3.7.3 条
3.7.4	投标文件副本份数	5 份,正本 1 份、副本 4 份,电子版 1 套(U 盘,包括投标文件的所有内容。工程量清单报价以 excel 形式制作,应至少包含分部分项工程量清单与计价表、主要材料价格表等,若未进行加密保护,招标人不承担在阅读文档过程中引起的数据变动的责任。电子版投标文件应单独密封在一个封包内。否则按无效标处理)
3.7.5	装订要求	见总则第 3.7.5 条,建议软皮胶装。不允许出现活页、散页等情况;若因投标人装订不牢固出现掉页、丢失等问题均由投标人负责。
4.1.2	封套上写明	招标人名称:×××学院 ×××学院研究生公寓投标文件 在×××年××月××日上午 10 时 00 分前不得开启
4.2.2	递交投标文件地点	同开标地点
4.2.3	是否退还投标文件	否

续表

条款号	条款名称	编列内容
5.1	开标时间和地点	开标时间:同投标截止时间 开标地点:××市公共资源交易中心七楼会议室
5.2	开标程序	密封情况检查:由监督人检查投标文件的密封情况; 开标顺序:按投标人签到逆顺序的顺序开标;
6.1.1	评标委员会的组建	评标委员会有 7 人组成,其中招标人代表 2 人(限招标人在职人员,且应当具备评标专家相应的或者类似的条件),专家 5 人;评标专家确定方式:在专家库中随机抽取 5 人,其中土建专业专家 3 人,经济专业专家 2 人
7.1	是否授权评标委员会确定中标人	否,推荐的中标候选人数:3 名,以综合评分得分由高到低的顺序推荐有排序的前 3 名为中标候选人
7.3.1	履约担保、农民工工资保障金	履约担保和农民工工资保障金的形式:保函 履约担保金额:中标价的 5% 农民工工资保障金: 1. 根据××文件规定,招标人应按中标价的 2%交纳农民工工资保障金,在招标办办理中标通知书备案时,将此保障金交纳于市招标办统一保管。 2. 根据××文件规定,在中标后,中标人应按中标价的 2%向有关部门足额缴纳农民工工资保障金。以担保方式办理,统一存放在招标办。 3. 一旦承包的工程项目中出现拖欠农民工工资的情况,可由建设行政主管部门从该工资保障金中先予以划支
10	需要补充的其他内容	投标人在投标过程中的一切费用,不论中标与否,均由投标人自负

10.1　招标控制价

招标人将设拦标价(招标控制价),在开标前 7 天公布。高于拦标价的投标报价得分为零分

10.2　投标文件电子版

是否要求投标人在递交投标文件时,同时递交投标文件电子版	是

10.3　投标人代表出席开标会

按照本须知第 5.1 款的规定,招标人邀请所有投标人的法定代表人或授权委托人和所投报的项目经理参加开标会。投标人的法定代表人或授权委托人和所投报的项目经理应当按时参加开标会,并在招标人按开标程序进行点名时,向招标人提交法定代表人或授权委托人和所投报的项目经理的证明文件,并出示本人身份证,以证明其出席,否则,其投标文件按废标处理

10.4　中标公示

在中标通知书发出前,招标人将中标候选人的情况在本招标项目招标公告发布的同一媒介和有形建筑市场/交易中心予以公示,公示期不少于 3 个工作日

10.5　知识产权

构成本招标文件各个组成部分的文件,未经招标人书面同意,投标人不得擅自复印和用于非本招标项目所需的其他目的。招标人全部或者部分使用未中标人投标文件中的技术成果或技术方案时,需征得其书面同意,并不得擅自复印或提供给第三人

10.6　重新招标的其他情形

除投标人须知正文第 8 条规定的情形外,除非已经产生中标候选人,在投标有效期内同意延长投标有效期的投标人少于三个的,招标人应当依法重新招标

10.7　同义词语

构成招标文件组成部分的"通用合同条款""专用合同条款""技术标准和要求"和"工程量清单"等章节中出现的措辞"发包人"和"承包人",在招标投标阶段应当分别按"招标人"和"投标人"进行理解

10.8　监　督

本项目的招标投标活动及其相关当事人应当接受有管辖权的建设工程招标投标行政监督部门依法实施的监督

10.9　解释权

构成本招标文件的各个组成文件应互为解释,互为说明;如有不明确或不一致,构成合同文件组成内容的,以合同文件约定内容为准,且以专用合同条款约定的合同文件优先顺序解释;除招标文件中有特别规定外,仅适用于招标投标阶段的规定,按招标公告(投标邀请书)、投标人须知、评标办法、投标文件格式的先后顺序解释;同一组成文件中就同一事项的规定或约定不一致的,以编排顺序在后者为准;同一组成文件不同版本之间有不一致的,以形成时间在后者为准。按本款前述规定仍不能形成结论的,由招标人负责解释。

投标须知正文

1. 总则

1.1　项目概况

1.1.1　根据《中华人民共和国招标投标法》等有关法律、法规和规章的规定,本招标项目已具备招标条件,现对本工程施工进行招标。

1.1.2　本招标项目招标人:见投标人须知前附表。

1.1.3　本工程招标代理机构:见投标人须知前附表。

1.1.4　本招标项目名称:见投标人须知前附表。

1.1.5　本工程建设地点:见投标人须知前附表。

1.2　资金来源和落实情况

1.2.1　本招标项目的资金来源:见投标人须知前附表。

1.2.2　本招标项目的出资比例:见投标人须知前附表。

1.2.3　本招标项目的资金落实情况:见投标人须知前附表。

1.3　招标范围、计划工期和质量要求

1.3.1　本次招标范围:施工图范围内的建筑安装工程,即:基础,主体结构\屋面工程,普通装修及室内门窗工程,生活上下水(至外墙外 1.5 m,含机组),消防水池,暖(二次网)、电[总配电箱(含)以后部分]工程,外立面装修工程,弱电系统的预留、预埋、线槽、桥架工程等工程均为此次计入投标总价的项目。但不包含下列内容:

(1) 电梯设备购置及安装工程。

(2) 消防设备购置及安装工程。

(3) 施工图注明的二次设计部分。

1.3.2　计划工期:850 日历天。

1.3.3　本工程的质量要求:合格工程。

1.4　投标人资格要求

投标人应是收到招标人发出投标邀请书的单位。

1.5　费用承担

投标人准备和参加投标活动发生的费用自理。

1.6　保密

参与招标投标活动的各方应对招标文件和投标文件中的商业和技术等秘密保密,违者应对由此造成的后果承担法律责任。

1.7　语言文字

除专用术语外,与招标投标有关的语言均使用中文。必要时专用术语应附有中文注释。

1.8　计量单位

所有计量均采用中华人民共和国法定计量单位。

1.9　踏勘现场

1.9.1　投标人须知前附表规定组织踏勘现场的,招标人按投标人须知前附表规定的时间、地点组织投标人踏勘项目现场。

1.9.2　投标人踏勘现场发生的费用自理。

1.9.3　除招标人的原因外,投标人自行负责在踏勘现场中所发生的人员伤亡和财产损失。

1.9.4　招标人在踏勘现场中介绍的工程场地和相关的周边环境情况,供投标人在编制投标文件时参考,招标人不对投标人据此作出的判断和决策负责。

1.10　投标预备会

1.10.1　投标人须知前附表规定召开投标预备会的,招标人按投标人须知前附表规定的时间和地点召开投标预备会,澄清投标人提出的问题。

1.10.2　投标人应在投标人须知前附表规定的时间前,以书面形式将提出的问题送达招标人,以便招标人在会议期间澄清。

1.10.3　投标预备会后,招标人在投标人须知前附表规定的时间内,将对投标人所提问题的澄清,以书面方式通知所有购买招标文件的投标人。该澄清内容为招标文件的组成部分。

1.11　分包

1.11.1　投标人拟在中标后将中标项目的部分非主体、非关键性工作进行分包的,应接受分包的第三人资质要求等限制性条件。

1.11.2　主要部位的装饰材料亦须经招标人和监理方确认后方能施工。

1.12　偏离

若投标人对本招标文件的某些条款有异议或不能完全响应,必须在投标文件中以“偏离表”的方式加以详细说明。除说明原因外,尚应说明具体的偏离量。凡没有详细说明偏离量的,即视为完全接受招标文件的所有内容及条件。

2. 招标文件

2.1 招标文件的组成。本招标文件包括：

（1）投标邀请书。

（2）投标人须知。

（3）评标办法。

（4）合同条款及格式。

（5）工程量清单。

（6）图纸。

（7）技术标准和要求。

（8）投标文件格式。

（9）投标人须知前附表规定的其他材料。

根据本章第 2.2 款和第 2.3 款对招标文件所作的澄清、修改，构成招标文件的组成部分。

2.1.1 工程量清单与招标控制价

2.1.1.1 招标文件、工程量清单及其说明。

2.1.1.2 施工图纸及招标图纸答疑。

2.1.1.3 招标人依据《建设工程工程量清单计价规范》（GB 50500—2013）、《房屋建筑与装饰工程工程量计算规范》（GB 50854—2013）、《通用安装工程工程量计算规范》（GB 50856—2013）、《××省建设工程工程量清单计价规范实施细则》、《××省建设工程工程量清单综合单价》、施工图，提供工程量清单及计价办法；投标人根据工程量项目清单和施工图，计算复核工程量，并于工程量清单发放后对工程量清单准确性进行确认。经确认的该清单工程量在工程实施时如有偏差，偏差范围在±10%以内时不予调整。超出±10%以上的部分经甲方、监理单位核实确认后予以调整。

2.1.1.4 人工费单价按照××市定额站现行文件计取，主要材料价格首先按××市建设工程标准定额管理站主办的《××市工程造价》2013 年第 3 期发布的材料价格执行，不能查出部分，按照××省建筑工程标准定额站和××省注册造价工程师协会主办的《××省工程造价信息》2013 年第 3 期发布的材料价格执行，不足部分由投标单位参考自行考察市场的结果确定并考虑风险因素。

2.1.1.5 相关部门关于招标控制价编制的有关规定。

材料暂定价清单（见附表）中的材料，投标人按给定暂定价计入报价（不得下浮，否则按废标处理），中标后材料采购由甲方和监理方认质认价。

材料差价的调整：暂定价与招标人认定价之差为材料差价，此部分价差仅计算税金。

招标人将设拦标价（招标控制价），在开标前 7 天公布。高于拦标价的投标报价得分为零分。

2.2 招标文件的澄清

2.2.1 投标人应仔细阅读和检查招标文件的全部内容。如发现缺页或附件不全，应及时向招标人提出，以便补齐。如有疑问，应在投标人须知前附表规定的时间前以书面形式（包括信函、电报、传真等可以有形地表现所载内容的形式，下同），要求招标人对招标文件予以澄清。

2.2.2 招标文件的澄清将在投标人须知前附表规定的投标截止时间 15 天前以书面形式发给所有购买招标文件的投标人，但不指明澄清问题的来源。如果澄清发出的时间距投标截止时间不足 15 天，相应延长投标截止时间。

2.2.3 投标人在收到澄清后，应在投标人须知前附表规定的时间内以书面形式通知招标人，确认已收到该澄清。

2.3 招标文件的修改

2.3.1 在投标截止时间 15 天前，招标人可以书面形式修改招标文件，并通知所有已购买招标文件的投标人。如果修改招标文件的时间距投标截止时间不足 15 天，相应延长投标截止时间。

2.3.2　投标人收到修改内容后,应在投标人须知前附表规定的时间内以书面形式通知招标人,确认已收到该修改。

3.　投标文件

3.1　投标文件的组成

3.1.1　投标文件应包括下列内容:

(1)投标函及投标函附录。

(2)法定代表人身份证明或附有法定代表人身份证明的授权委托书。

(3)投标保证金。

(4)已标价工程量清单[包含投标报价编制说明(含让利条件说明)]。

(5)施工组织设计。

(6)项目管理机构。

(7)拟分包项目情况表。

(8)投标人须知前附表规定的其他材料。

3.2　投标报价

3.2.1　投标人应按第五章"工程量清单"的要求填写相应表格。

3.2.2　投标人在投标截止时间前修改投标函中的投标报价,应同时修改第五章"工程量清单"中的相应报价。此修改须符合本章第4.3款的有关要求。

3.2.3　本工程投标报价采用工程量清单报价方式,即以本招标文件发布的工程量为基础,进行综合单价报价。

投标人投报的投标总价即为中标合同价,除发生施工图设计变更、签证按合同约定调整合同价、材料价格及工程量发生变化按招标文件相应规定执行外,其他不再调整。投标人应结合自身能力,充分考虑施工期间各种材料价格的市场变化和施工环境等方面因素,慎重投报投标价。

3.2.4　投标报价为投标人在投标文件中提出的各项支付金额的总和。

3.2.5　投标人的投标报价,应是完成所列招标工程范围及工期的全部,不得以任何理由予以重复,作为投标人计算单价或总价的依据。

3.2.6　报价时,应按要求填写本招标文件中格式的所有表格,做到每表中的合计准确无误且汇总表和分项表相符、分项表和明细表相符,否则按废标处理。

3.2.7　投标报价应包括完成招标文件规定的工程量清单项目所需的全部费用。其内容:(1)完成该工程项目的人工费、机械费、材料费、管理费、利润、风险费;(2)措施项目费、其他项目费;(3)规费(专项费用);(4)税金;(5)工程量清单中没有体现的,施工中又必须发生的工程内容所需的费用。如报价因投标人漏项或填写错误而造成的损失均由其自行承担,招标人不予调整。

3.3　投标有效期

3.3.1　在投标人须知前附表规定的投标有效期内,投标人不得要求撤销或修改其投标文件。

3.3.2　出现特殊情况需要延长投标有效期的,招标人以书面形式通知所有投标人延长投标有效期。投标人同意延长的,应相应延长其投标保证金的有效期,但不得要求或被允许修改或撤销其投标文件;投标人拒绝延长的,其投标失效,但投标人有权收回其投标保证金。

3.4　投标保证金

3.4.1　投标人在递交投标文件的同时,应按投标人须知前附表规定的金额、担保形式和第八章"投标文件格式"规定的投标保证金格式递交投标保证金,并作为其投标文件的组成部分。

3.4.2　投标人不按本章第3.4.1项要求提交投标保证金的,其投标文件作废标处理。

3.4.3　招标人与中标人签订合同后5个工作日内,向未中标的投标人和中标人退还投标保证金。

3.4.4　有下列情形之一的,投标保证金将不予退还:

（1）投标人在规定的投标有效期内撤销或修改其投标文件。

（2）中标人在收到中标通知书后，无正当理由拒签合同协议书或未按招标文件规定提交履约担保。

3.5 资格审查资料

投标人在编制投标文件时，应按新情况更新或补充其在申请资格预审时提供的资料，以证实其各项资格条件仍能继续满足资格预审文件的要求，具备承担本工程施工的资质条件、能力和信誉。

3.6 备选投标方案

除投标人须知前附表另有规定外，投标人不得递交备选投标方案。允许投标人递交备选投标方案的，只有中标人所递交的备选投标方案方可予以考虑。评标委员会认为中标人的备选投标方案优于其按照招标文件要求编制的投标方案的，招标人可以接受该备选投标方案。

3.7 投标文件的编制

3.7.1 投标文件应按第八章"投标文件格式"进行编写，如有必要，可以增加附页，作为投标文件的组成部分。其中，投标函附录在满足招标文件实质性要求的基础上，可以提出比招标文件要求更有利于招标人的承诺。

3.7.2 投标文件应当对招标文件有关工期、投标有效期、质量要求、技术标准和要求、招标范围等实质性内容作出响应。

3.7.3 投标文件应用不褪色的材料书写或打印，并由投标人的法定代表人或其委托代理人签字或盖单位章。委托代理人签字的，投标文件应附法定代表人签署的授权委托书。投标文件应尽量避免涂改、行间插字或删除。如果出现上述情况，改动之处应加盖单位章或由投标人的法定代表人或其授权的代理人签字确认。签字或盖章的具体要求见投标人须知前附表。

3.7.4 投标文件正本一份，副本份数见投标人须知前附表。正本和副本的封面上应清楚地标记"正本"或"副本"的字样。当副本和正本不一致时，以正本为准。

3.7.5 投标文件的正本与副本应分别装订成册，并编制目录，具体装订要求见投标人须知前附表规定。

3.7.6 投标文件中凡需要加盖印章的部位，均按要求加章。

4. 投标

4.1 投标文件的密封和标记

4.1.1 投标文件的正本与副本应分开包装，加贴封条，并在封套的封口处加盖投标人单位章。

4.1.2 投标文件的封套上应清楚地标记"正本"或"副本"字样，封套上应写明的其他内容见投标人须知前附表。

4.1.3 未按本章第4.1.1项或第4.1.2项要求密封和加写标记的投标文件，招标人不予受理。

4.2 投标文件的递交

4.2.1 投标人应在本章第2.2.2项规定的投标截止时间前递交投标文件。

4.2.2 投标人递交投标文件的地点：见投标人须知前附表。

4.2.3 除投标人须知前附表另有规定外，投标人所递交的投标文件不予退还。

4.2.4 招标人收到投标文件后，向投标人出具签收凭证。

4.2.5 逾期送达的或者未送达指定地点的投标文件，招标人不予受理。

4.3 投标文件的修改与撤回

4.3.1 在本章第2.2.2项规定的投标截止时间前，投标人可以修改或撤回已递交的投标文件，但应以书面形式通知招标人。

4.3.2 投标人修改或撤回已递交投标文件的书面通知应按照本章第3.7.3项的要求签字或盖章。招标人收到书面通知后，向投标人出具签收凭证。

4.3.3 修改的内容为投标文件的组成部分。修改的投标文件应按照本章第3条、第4条规定进行编制、密封、标记和递交,并标明"修改"字样。

5. 开标

5.1 开标时间和地点

招标人在本章第2.2.2项规定的投标截止时间(开标时间)和投标人须知前附表规定的地点公开开标,并邀请所有投标人的法定代表人或其委托代理人准时参加。

5.2 开标程序

主持人按下列程序进行开标:

(1)宣布开标纪律。

(2)公布在投标截止时间前递交投标文件的投标人名称,并点名确认投标人是否按要求派人到场。

(3)宣布开标人、唱标人、记录人、监标人等有关人员姓名。

(4)按照投标人须知前附表规定检查投标文件的密封情况。

(5)按照投标人须知前附表的规定确定并宣布投标文件开标顺序。

(6)设有标底的,公布标底。

(7)按照宣布的开标顺序当众开标,公布投标人名称、工程名称、投标保证金的递交情况、投标报价、质量目标、工期及其他内容,并记录在案。

(8)投标人代表、招标人代表、监标人、记录人等有关人员在开标记录上签字确认。

(9)开标结束。

6. 评标

6.1 评标委员会

6.1.1 评标由招标人依法组建的评标委员会负责。评标委员会由招标人或其委托的招标代理机构熟悉相关业务的代表,以及有关技术、经济等方面的专家组成。评标委员会成员人数及技术、经济等方面专家的确定方式见投标人须知前附表。

6.1.2 评标委员会成员有下列情形之一的,应当回避:

(1)招标人或投标人的主要负责人的近亲属;

(2)项目主管部门或者行政监督部门的人员;

(3)与投标人有经济利益关系,可能影响对投标公正评审的;

(4)曾因在招标、评标以及其他与招标投标有关活动中从事违法行为而受过行政处罚或刑事处罚的。

6.2 评标原则

评标活动遵循公平、公正、科学和择优的原则。

6.3 评标

评标委员会按照第三章"评标办法"规定的方法、评审因素、标准和程序对投标文件进行评审。第三章"评标办法"没有规定的方法、评审因素和标准,不作为评标依据。

7. 合同授予

7.1 定标方式

除投标人须知前附表规定评标委员会直接确定中标人外,招标人依据评标委员会推荐的中标候选人确定中标人,评标委员会推荐中标候选人的人数见投标人须知前附表。排名第一的中标候选人放弃中标、因不可抗力提出不能履行合同,或者招标文件规定应当提交履约保证金而在规定的期限未能提交的,招标人可以确定排名第二的中标候选人为中标人。排名第二的中标候选人因前款规定的同样原因不能签订合同的,招标人可以确定排名第三的中标候选人为中标人。

7.2 中标通知

在本章第3.3款规定的投标有效期内,招标人以书面形式向中标人发出中标通知书,同时将中标结果通知未中标的投标人。

7.3　履约担保

7.3.1　在签订合同前,中标人应按投标人须知前附表规定的金额、担保形式和招标文件第四章"合同条款及格式"规定的履约担保格式向招标人提交履约担保。

7.3.2　中标人不能按本章第 7.3.1 项要求提交履约担保的,视为放弃中标,其投标保证金不予退还,给招标人造成的损失超过投标保证金数额的,中标人还应当对超过部分予以赔偿。

7.4　签订合同

7.4.1　招标人和中标人应当自中标通知书发出之日起 30 天内,根据招标文件和中标人的投标文件订立书面合同,合同签订后 7 日内,到×××市定额站备案。中标人无正当理由拒签合同的,招标人取消其中标资格,其投标保证金不予退还;给招标人造成的损失超过投标保证金数额的,中标人还应当对超过部分予以赔偿。

7.4.2　发出中标通知书后,招标人无正当理由拒签合同的,招标人向中标人退还投标保证金;给中标人造成损失的,还应当赔偿损失。

8.重新招标和不再招标

8.1　重新招标

有下列情形之一的,招标人将重新招标:

(1)投标截止时间止,投标人少于 3 个的。

(2)经评标委员会评审后否决所有投标的。

8.2　不再招标

重新招标后投标人仍少于 3 个或者所有投标被否决的,属于必须审批或核准的工程建设项目,经原审批或核准部门批准后不再进行招标。

9.纪律和监督

9.1　对招标人的纪律要求

招标人不得泄露招标投标活动中应当保密的情况和资料,不得与投标人串通损害国家利益、社会公共利益或者他人合法权益。

9.2　对投标人的纪律要求

投标人不得相互串通投标或者与招标人串通投标,不得向招标人或者评标委员会成员行贿谋取中标,不得以他人名义投标或者以其他方式弄虚作假骗取中标;投标人不得以任何方式干扰、影响评标工作。

9.3　对评标委员会成员的纪律要求

评标委员会成员不得收受他人的财物或者其他好处,不得向他人透漏对投标文件的评审和比较、中标候选人的推荐情况及评标有关的其他情况。在评标活动中,评标委员会成员不得擅离职守,影响评标程序正常进行,不得使用第三章"评标办法"没有规定的评审因素和标准进行评标。

9.4　对与评标活动有关的工作人员的纪律要求

与评标活动有关的工作人员不得收受他人的财物或者其他好处,不得向他人透漏对投标文件的评审和比较、中标候选人的推荐情况及评标有关的其他情况。在评标活动中,与评标活动有关的工作人员不得擅离职守,影响评标程序正常进行。

9.5　投诉

投标人和其他利害关系人认为本次招标活动违反法律、法规和规章规定的,有权向有关行政监督部门投诉。

10.需要补充的其他内容

10.1　根据××文件精神,若投标人中标后拟将劳务进行分包,则应在投标文件中提供劳务分包单位的资格文件(企业法人营业执照、资质证书等)的复印件,同时还应该递交劳务分包单位的资格文件原件。

10.2　暂估价的材料设备最终确定的价格为到工地现场的卸货后价格。

以上内容所需格式如下(略)。

第三章　评标办法

评标办法前附表

条款号		评审因素	评审标准
2.1.1	形式评审标准	投标人名称	与营业执照、资质证书、安全生产许可证一致
		投标函签字盖章	有法定代表人或其委托代理人签字或加盖单位章
		投标文件格式	符合第八章"投标文件格式"的要求
		报价唯一	只能有一个有效报价
2.1.2	资格评审标准(已评审)	营业执照	具备有效的营业执照
		安全生产许可证	具备有效的安全生产许可证
		资质等级	符合第二章"投标人须知前附表"第1.4.1项规定
		类似项目业绩	符合第二章"投标人须知前附表"第1.4.1项规定
		信誉	符合第二章"投标人须知前附表"第1.4.1项规定
		项目经理	符合第二章"投标人须知前附表"第1.4.1项规定
		其他要求	符合第二章"投标人须知前附表"第1.4.1项规定
2.1.3	响应性评审标准	投标内容	符合第二章"投标人须知前附表"第1.3.1项规定
		工期	符合第二章"投标人须知前附表"第1.3.2项规定
		工程质量	符合第二章"投标人须知前附表"第1.3.3项规定
		投标有效期	符合第二章"投标人须知前附表"第3.3.1项规定
		投标保证金	符合第二章"投标人须知前附表"第3.4.1项规定
		权利义务	符合第四章"合同条款及格式"规定
		已标价的工程量清单	符合第五章"工程量清单"给出的范围及数量
		技术标准和要求	符合第七章"技术标准和要求"规定
条款号		量化因素	量化标准
2.2.1		分值构成 (总分100分)	施工组织设计:30分 商务标报价:60分 其他评分因素:10分

续表

条款号	量化因素	量化标准
2.2.2	评标基准价计算方法	**本评标标准中所述"投标报价"是指《投标函附录》中不含"安全文明施工措施费、规费、税金、专业暂估价和暂列金额"的投标报价,"安全文明施工措施费、规费、税金、专业暂估价和暂列金额"属不可竞争费用,不参与商务部分的评分;** A 表示招标人报价=招标控制价(不含安全文明施工措施费、规费、税金、专业暂估价和暂列金额)×$(1-F)$。F 为下浮比例系数(6%)。 B 表示投标单位投标报价(不含安全文明施工措施费、规费、税金、专业暂估价和暂列金额)。 C 表示评标基准值=｛A+各有效投标单位 B 值去掉一个最高和一个最低值(5 家及以上时)后的算术平均数[当有效投标报价不足 5 个(不含 5 个)时,则+所有有效投标报价的算术平均值]｝÷2 当有效投标人投报的投标报价低于 $C×(1-F)$ 时,或在评标过程中,评标委员会发现投标人的投标报价明显低于其他投标报价,使其投标报价可能低于其个别成本的,评标委员会应对其进行质询,并要求该投标人作出书面说明和提供相关证明材料;该投标人不能合理说明和提供相关的证明材料的,应按废标处理
2.2.3	偏差率计算公式	偏差率=100%×(投标人投标报价-评标基准价)/评标基准价

条款号		量化因素		量化标准
2.2.4 (1)	施工组织设计评分标准 (30分)	施工方案与技术措施	科学、可靠、可行	3.00
			较科学、可靠、可行	2.5~2.99
			缺项	0
		质量管理体系与措施	科学、可靠、可行	3.00
			较科学、可靠、可行	2.5~2.99
			缺项	0
		安全管理体系与措施	科学、可靠、可行	3.00
			较科学、可靠、可行	2.5~2.99
			缺项	0

条款号		量化因素		量化标准
2.2.4（1）	施工组织设计评分标准（30分）	环境保护管理体系与措施	科学、可靠、可行	3.00
			较科学、可靠、可行	2.5～2.99
			缺项	0
		工程进度计划与措施	科学、可靠、可行	3.00
			较科学、可靠、可行	2.5～2.99
			缺项	0
		资源配备计划	科学、可靠、可行	3.00
			较科学、可靠、可行	2.5～2.99
			缺项	0
		工期网络图	科学、可靠、可行	3.00
			较科学、可靠、可行	2.5～2.99
			缺项	0
		施工总平面布置图	科学、可靠、可行	3.00
			较科学、可靠、可行	2.5～2.99
			缺项	0
		综合协调管理措施（针对分包项目）	科学、可靠、可行	3.00
			较科学、可靠、可行	2.5～2.99
			缺项	0
		农忙季节及冬雨季确保连续施工的措施	科学、可靠、可行	3.00
			较科学、可靠、可行	2.5～2.99
			缺项	0
		以上10项内容,有者得基本分,评委对其内容在规定的分值范围内打分,缺项者得零分		

续表

条款号	量化因素	量化标准
2.2.4 (2)	投标报价评分标准(40分)	投标报价评分	有效投标人投报的投标报价等于 C 值的,得35分;高于 C 值的,每高于 C 值1%的,在35分基础上扣1分,扣减分则以35分扣完为止;低于投标报价评标基准值的,每低于投标报价评标基准值1%的,在35分基础上加1分,最多加5分,即该项最高得分40分
	分部分项工程量清单项目综合单价评分标准(10分)	分部分项工程量清单项目综合单价	分部分项工程量清单项目综合单价随机选择10项清单项目。清单项目综合单价以不高于招标人招标控制价的各投标报价的清单项目综合单价(当有效投标人5名及以上时,去掉1个最高、1个最低值)的算术平均值作为评标基准值。在评标基准值95%~102%范围内(不含95%和102%)每项得1分,在评标基准值90%~95%范围内(含90%和95%)每项得0.5分,满分共计10分。超出该范围的不得分
	主要材料单价评分标准(5分)	主要材料单价	主要材料项目单价选择5项材料,材料的单价以不高于招标人招标控制价的各投标人材料单价(当有效投标人5名及以上时,去掉1个最高、1个最低值)的算术平均值作为评标基准价。在评标基准值95%~102%范围内(不含95%和102%)每项得1分,在评标基准值90%~95%范围内(含90%和95%)每项得0.5分。超出该范围的不得分
	措施项目费评分标准(5分)	措施项目费	评标基准值=各投标人所报措施费(当有效投标人5名及以上时,去掉1个最高、1个最低值)的算术平均值 投标所报措施费与评标基准值相等得基本分3分。当投标报价低于评标基准值时,每低1%在基本分3分的基础上加0.2分;当投标报价低于评标基准值10%(含10%)~15%(含15%)时,为5分;当投标报价低于评标基准值15%(不含15%)时,每低1%在基本分3分的基础上扣0.2分,扣完为止;当高于基准值时,每高于1%时,在基本分3分的基础上扣0.2分,扣完为止
2.2.4(3)	其他因素评分标准(10分)	投标质量、工期	承诺质量达到招标文件要求的得0.5分。 承诺工期达到招标文件要求的得0.5分
		优惠条件及服务承诺	优惠条件的承诺 0~1分 保修期内、外的承诺 0~1分
		业主考察分	2~7分(招标人评标时提供书面得分并当场拆封公布)

1. 评标方法

本次评标采用综合评估法。评标委员会对满足招标文件实质性要求的投标文件,按照本章第2.2款规定的评分标准进行打分,并按得分由高到低顺序推荐中标候选人,但投标报价低于其成本的除外。综合评分相等时,以投标报价低的优先;投标报价也相等的,由招标人自行确定。

2. 评审标准

2.1 初步评审标准

2.1.1 形式评审标准:见评标办法前附表。

2.1.2 资格评审标准:见本标段资格预审文件第三章"资格审查办法"详细审查标准。

2.1.3 响应性评审标准:见评标办法前附表。

2.2 分值构成与评分标准

2.2.1 分值构成

(1)施工组织设计:见评标办法前附表。

(2)投标报价:见评标办法前附表。

(3)其他评分因素:见评标办法前附表。

2.2.2 评标基准价计算

评标基准价计算方法:见评标办法前附表。

2.2.3 投标报价的偏差率计算

投标报价的偏差率计算公式:见评标办法前附表。

2.2.4 评分标准

(1)施工组织设计评分标准:见评标办法前附表;

(2)投标报价评分标准:见评标办法前附表;

(3)其他因素评分标准:见评标办法前附表。

3. 评标程序

3.1 初步评审

3.1.1 评标委员会依据本章第2.1.1项、第2.1.3项规定的评审标准对投标文件进行初步评审。有一项不符合评审标准的,作废标处理。当投标人资格预审申请文件的内容发生重大变化时,评标委员会依据本章第2.1.2项规定的标准对其更新资料进行评审。

3.1.2 投标人有以下情形之一的,其投标作废标处理:

(1)串通投标或弄虚作假或有其他违法行为的。

(2)不按评标委员会要求澄清、说明或补正的。

3.1.3 投标报价有算术错误的,评标委员会按以下原则对投标报价进行修正,修正的价格经投标人书面确认后具有约束力。投标人不接受修正价格的,其投标作废标处理。

(1)投标文件中的大写金额与小写金额不一致的,以大写金额为准。

(2)总价金额与依据单价计算出的结果不一致的,以单价金额为准修正总价,但单价金额小数点有明显错误的除外。

3.2 详细评审

3.2.1 评标委员会按本章第2.2款规定的量化因素和分值进行打分,并计算出综合评估得分。

(1)按本章第2.2.4(1)目规定的评审因素和分值对施工组织设计计算出得分 A。

(2)按本章第2.2.4(2)目规定的评审因素和分值对投标报价计算出得分 B。

(3)按本章第2.2.4(3)目规定的评审因素和分值对其他部分计算出得分 C。

3.2.2 评分分值计算保留小数点后两位,小数点后第三位"四舍五入"。

3.2.3 投标人得分 $=A+B+C$。

3.2.4 评标委员会发现投标人的报价明显低于其他投标报价,或者在设有标底时明显低于标底,使得其投标报价可能低于其个别成本的,应当要求该投标人作出书面说明并提供相应的证明材料。投标人不能合理说明或者不能提供相应证明材料的,由评标委员会认定该投标人以低于成本报价竞标,其投标作废标处理。

3.3 投标文件的澄清和补正

3.3.1 在评标过程中,评标委员会可以书面形式要求投标人对所提交投标文件中不明确的内容进行书面澄清或说明,或者对细微偏差进行补正。评标委员会不接受投标人主动提出的澄清、说明或补正。

3.3.2 澄清、说明和补正不得改变投标文件的实质性内容(算术性错误修正的除外)。投标人的书面澄清、说明和补正属于投标文件的组成部分。

3.3.3 评标委员会对投标人提交的澄清、说明或补正有疑问的,可以要求投标人进一步澄清、说明或补正,直至满足评标委员会的要求。

3.4 评标结果

3.4.1 除第二章"投标人须知"前附表授权直接确定中标人外,评标委员会按照得分由高到低的顺序推荐中标候选人。

3.4.2 评标委员会完成评标后,应当向招标人提交书面评标报告。

第四章　合同条款及格式

第一节　通用合同条款

(该通用合同条款直接选用住房和城乡建设部、国家工商行政总局 2013 年 7 月 1 日开始使用的《建设工程施工合同(示范文本)》(GF—2013—0201)的内容)。具体内容本教材略。

第二节　专用合同条款

(该专用合同条款直接采用住房城乡建设部、国家工商行政总局 2013 年 7 月 1 日开始使用的《建设工程施工合同(示范文本)》(GF—2013—0201)中专用合同条款的格式)。具体内容本教材略。

第三节　合同附件格式

一、合同协议书格式(略)

二、承包人提供的材料和工程设备一览表(略)

三、发包人提供的材料和工程设备一览表(略)

四、预付款担保格式(略)

五、履约担保格式(略)

六、支付担保格式(略)

七、质量保修书格式(略)

八、廉政责任书格式(略)

第五章　工程量清单

1. 工程量清单说明

1.1 本工程量清单是依据中华人民共和国国家标准《建设工程工程量清单计价规范》《房屋建筑与装饰工程工程量计算规范》《通用安装工程工程量计算规范》(以下简称"计价计量规范")及招标文件中包括的图纸等编制。计价计量规范中规定的工程量计算规则中没有的子目,应在本章第 1.4 款约定;计价计量规范中规定的工程量计算规则中没有且本章第 1.4 款也未约定的,双方协商确定;协商不成的,可向省级或行业工程造价管理机构申请裁定或按照有合同约束力的图纸所标示尺寸的理论净量计算。计量单位采用中华人民共和国法定的基本计量单位。

1.2 本工程量清单应与招标文件中的投标人须知、通用合同条款、专用合同条款、技术标准和要求及图纸等章节内容一起阅读和理解。

1.3　本工程量清单仅是投标报价的共同基础,竣工结算的工程量按合同约定确定。合同价格的确定及价款支付应遵循合同条款(包括通用合同条款和专用合同条款)、技术标准和要求及本章的有关约定。

1.4　补充子目的子目特征、计量单位、工程量计算规则及工作内容说明如下:

_____

_____。

1.5　本条第 1.1 款中约定的计量和计价规则适用于合同履约过程中工程量计量与价款支付、工程变更、索赔和工程结算。

1.6　本条与下述第 2 条和第 3 条的说明内容是构成合同文件的已标价工程量清单的组成部分。

2. 投标报价说明

2.1　投标报价应根据招标文件中的有关计价要求,并按照下列依据自主报价。

(1)本招标文件。

(2)《建设工程工程量清单计价规范》及《房屋建筑与装饰工程工程量计算规范》、《通用安装工程工程量计算规范》。

(3)国家或省级、行业建设主管部门颁发的计价办法。

(4)企业定额,国家或省级、行业建设主管部门颁发的计价定额。

(5)招标文件(包括工程量清单)的澄清、补充和修改文件。

(6)建设工程设计文件及相关资料。

(7)施工现场情况、工程特点及拟定的投标施工组织设计或施工方案。

(8)与建设项目相关的标准、规定等技术资料。

(9)市场价格信息或工程造价管理机构发布的工程造价信息。

(10)其他的相关资料。

2.2　工程量清单中的每一子目须填入单价或价格,且只允许有一个报价。

2.3　工程量清单中标价的单价或金额,应包括所需人工费、材料费、施工机械使用费和管理费及利润,以及一定范围内的风险费用。所谓“一定范围内的风险”是指合同约定的风险。

2.4　已标价工程量清单中投标人没有填入单价或价格的子目,其费用视为已分摊在工程量清单中其他已标价的相关子目的单价或价格之中。

2.5　“投标报价汇总表”中的投标总价由分部分项工程费、措施项目费、其他项目费、规费和税金组成,并且“投标报价汇总表”中的投标总价应当与构成已标价工程量清单的分部分项工程费、措施项目费、其他项目费、规费、税金的合计金额一致。

2.6　分部分项工程项目按下列要求报价:

2.6.1　分部分项工程量清单计价应依据计价规范中关于综合单价的组成内容确定报价。

2.6.2　如果分部分项工程量清单中涉及“材料和工程设备暂估单价表”中列出的材料和工程设备,则按照本节第 3.3.2 项的报价原则,将该类材料和工程设备的暂估单价本身及除对应的规费及税金以外的费用计入分部分项工程量清单相应子目的综合单价。

2.6.3　如果分部分项工程量清单中涉及“发包人提供的材料和工程设备一览表”(见第三章合同条款及格式第三节附件三)中列出的材料和工程设备,则该类材料和工程设备供应至现场指定位置的采购供应价本身不计入投标报价,但应将该类材料和工程设备的安装、安装所需要的辅助材料、安装损耗及其他必要的辅助工作及其对应的管理费及利润计入分部分项工程量清单相应子目的综合单价,并入其他项目清单报价中计取与合同约定服务内容相对应的总承包服务费。

2.6.4　“分部分项工程量清单与计价表”所列各子目的综合单价组成中,各子目的人工、材料和机械台班消耗量由投标人按照其自身情况做充分的、竞争性考虑。材料消耗量包括损耗量。

2.6.5 投标人在投标文件中提交并构成合同文件的"主要材料和工程设备选用表"中所列的材料和工程设备的价格是指此类材料和工程设备到达施工现场指定堆放地点的落地价格,即包括采购、包装、运输、装卸、堆放等到达施工现场指定落地或堆放地点之前的全部费用,但不包括落地之后发生的仓储、保管、库损及从堆放地点运至安装地点的二次搬运费用。"主要材料和工程设备选用表"中所列材料和工程设备的价格应与构成综合单价相应材料或工程设备的价格一致。落地之后发生的仓储、保管、库损及从堆放地点运至安装地点的二次搬运等其他费用均应在投标报价中考虑。

2.7 措施项目按下列要求报价:

2.7.1 措施项目清单计价应根据投标人的施工组织设计进行报价。可以计量工程量的措施项目,应按分部分项工程量清单的方式采用综合单价计价;其余的措施项目可以"项"为单位的方式计价。投标人所填报价格应包括除规费、税金外的全部费用。

2.7.2 措施项目清单中的安全文明施工费应按国家、省级或行业建设主管部门的规定计价,不得作为竞争性费用。

2.7.3 招标人提供的措施项目清单中所列项目仅指一般的通用项目,投标人在报价时应充分、全面地阅读和理解招标文件的相关内容和约定,包括第七章"技术标准和要求"的相关约定,详实了解工程场地及其周围环境,充分考虑招标工程特点及拟定的施工方案和施工组织设计,对招标人给出的措施项目清单的内容进行细化或增减。

2.7.4 "措施项目清单与计价表"中所填写的报价金额,应全面涵盖招标文件约定的投标人中标后施工、竣工、交付本工程并维修其任何缺陷所需要履行的责任和义务的全部费用。

2.7.5 对于"措施项目清单与计价表"中所填写的报价金额,应按照"措施项目清单报价分析表"对措施项目报价的组成进行详细的列项和分析。

2.8 其他项目清单费应按下列规定报价:

2.8.1 暂列金额按"暂列金额明细表"中列出的金额报价,此处的暂列金额是招标人在招标文件中统一给定的,并不包括本章第 2.8.3 项的计日工金额。

2.8.2 暂估价分为材料和工程设备暂估单价和专业工程暂估价两类。其中的材料和工程设备暂估单价按本节第 3.3.2 项的报价原则进入分部分项工程量清单之综合单价,不在其他项目清单中汇总;专业工程暂估价直接按"专业工程暂估价表"中列出的金额和本节第 3.3.3 项的报价原则计入其他项目清单报价。

2.8.3 计日工按"计日工表"中列出的子目和估算数量,自主确定综合单价并计算计日工金额。计日工综合单价均不包括规费和税金,其中:

(1) 劳务单价应当包括工人工资、交通费用、各种补贴、劳动安全保护、社保费用、手提手动和电动工器具、施工场地内已经搭设的脚手架、水电和低值易耗品费用、现场管理费用、企业管理费和利润。

(2) 材料价格包括材料运到现场的价格及现场搬运、仓储、二次搬运、损耗、保险、企业管理费和利润。

(3) 施工机械限于在施工场地(现场)的机械设备,其价格包括租赁或折旧、维修、维护和燃油等消耗品及操作人员费用,包括承包人企业管理费和利润,但不包括规费和税金。辅助人员按劳务价格另计。

2.8.4 总承包服务费根据招标文件中列出的内容和要求,按"总承包服务费计价表"所列格式自主报价。

2.9 规费和税金应按"规费、税金项目清单与计价表"所列项目并根据国家、省级或行业建设主管部门的有关规定列项和计算,不得作为竞争性费用。

2.10 除招标文件有强制性规定及不可竞争部分以外,投标报价由投标人自主确定,但不得低于其成本。

2.11　工程量清单计价所涉及的生产资源(包括各类人工、材料、工程设备、施工设备、临时设施、临时用水、临时用电等)的投标价格,应根据自身的信息渠道和采购渠道,分析其市场价格水平并判断其整个施工周期内的变化趋势,体现投标人自身的管理水平、技术水平和综合实力。

2.12　管理费应由投标人在保证不低于其成本的基础上做竞争性考虑;利润由投标人根据自身情况和综合实力做竞争性考虑。

2.13　投标报价中应考虑招标文件中要求投标人承担的风险范围及相关的费用。

2.14　投标总价为投标人在投标文件中提出的各项支付金额的总和,为实施、完成招标工程并修补缺陷及履行招标文件中约定的风险范围内的所有责任和义务所发生的全部费用。

2.15　有关投标报价的其他说明:

_____

3. 其他说明

3.1　词语和定义

3.1.1　工程量清单

是表现本工程分部分项工程项目、措施项目、其他项目、规费项目和税金的名称和相应数量等的明细清单。

3.1.2　总价子目

工程量清单中以总价计价,以"项"为计量单位,工程量为整数1的子目,除专用合同条款另有约定外,总价固定包干。采用总价合同形式时,合同订立后,已标价工程量清单中的工程量均没有合同约束力,所有子目均是总价子目,视同按项计量(合同条款第15条约定的变更除外)。

3.1.3　单价子目

工程量清单中以单价计价,根据有合同约束力的图纸和工程量计算规则进行计量,以实际完成数量乘以相应单价进行结算的子目。

3.1.4　子目编码

分部分项工程项目清单中所列的子目名称的数字标识和代码,子目编码与项目编码同义。

3.1.5　子目特征

构成分部分项工程项目清单子目、措施项目的实质内容、决定其自身价值的本质特征,子目特征与项目特征同义。

3.1.6　规费

承包人根据省级政府或省级有关权力部门规定必须缴纳的,应计入建筑安装工程造价的费用。

3.1.7　税金

国家税法规定的应计入建筑安装工程造价内的营业税、城市维护建设税及教育费附加等。

3.1.8　总承包服务费

总承包人为配合协调发包人发包的专业工程及发包人采购的材料和工程设备等进行管理、服务及施工现场管理、竣工资料汇总整理等所需的费用。

3.1.9　同义词语

本章中使用的词语"招标人"和"投标人"分别与合同条款中定义的"发包人"和"承包人"同义;就工程量清单而言,"子目"与"项目"同义。

3.2　工程量差异调整

3.2.1　工程量清单中的工作内容分类、子目列项、特征描述及"分部分项工程量清单与计价表"中附带的工程量都不应理解为是对承包(招标)范围及合同工作内容的唯一的、最终的或全部的定义。

3.2.2　投标人应对招标人提供的工程量清单进行认真细致的复核。这种复核包括对招标人提供的工程量清单中的子目编码、子目名称、子目特征描述、计量单位、工程量的准确性,以及可能存在的任何书写、打印错误进行检查和复核,特别是对"分部分项工程量清单与计价表"中每个工作子目的工程量进行重新计算和校核。如果投标人经过检查和复核以后认为招标人提供的工程量清单存在差异,则投标人应将此类差异的详细情况连同按投标人须知规定提交的要求招标人澄清的其他问题一起提交给招标人,招标人将根据实际情况决定是否颁发工程量清单的补充和(或)修改文件。

3.2.3　如果招标人在检查投标人根据上文第 3.2.2 项提交的工程量差异问题后认为没有必要对工程量清单进行补充和(或)修改,或者招标人根据上文第 3.2.2 项对工程量清单进行了补充和(或)修改,但投标人认为工程量清单中的工程量依然存在差异,则此类差异不再提交招标人答疑和修正,而是直接按招标人提供的工程量清单[包括招标人可能的补充和(或)修改]进行投标报价。投标人在按照工程量清单进行报价时,除按本节 2.7.3 项要求对招标人提供的措施项目清单的内容进行细化或增减外,不得改变(包括对工程量清单子目的子目名称、子目特征描述、计量单位及工程量的任何修改、增加或减少)招标人提供的分部分项工程量清单和其他项目清单。即使按照图纸和招标范围的约定并不存在的子目,只要在招标人提供的分部分项工程量清单中已经列明,投标人都需要对其报价,并纳入投标总价的计算。

3.3　暂列金额和暂估价

3.3.1　"暂列金额明细表"中所列暂列金额(不包括计日工金额)中已经包含与其对应的管理费、利润和规费,但不含税金。投标人应按本招标文件规定将此类暂列金额直接纳入其他项目清单的投标价格并计取相应的税金,不需要考虑除税金以外的其他任何费用。

3.3.2　"材料和工程设备暂估价表"中所列的材料和工程设备暂估价是此类材料、工程设备本身运至施工现场内的工地地面价,不包括其本身所对应的管理费、利润、规费、税金及这些材料和工程设备的安装、安装所需要的辅助材料、安装损耗、驻厂监造以及发生在现场内的验收、存储、保管、开箱、二次倒运、从存放地点运至安装地点以及其他任何必要的辅助工作(以下简称"暂估价材料和工程设备的安装及辅助工作")所发生的费用及其对应的管理费、利润、规费和税金。除应按本招标文件规定将此类暂估价本身纳入分部分项工程量清单相应子目的综合单价以外,投标人还将上述材料和工程设备的安装及辅助工作所发生的费用及与此类费用有关的管理费和利润包含在分部分项工程量清单相应子目的综合单价中,并计取相应的规费和税金。

3.3.3　专业工程暂估价表中所列的专业工程暂估价已经包含与其对应的管理费、利润和规费,但不含税金。投标人应按本招标文件规定将此类暂估价直接纳入其他项目清单的投标价格并计取相应的税金。除按本招标文件规定将此类暂估价纳入其他项目清单的投标价格并计取相应的税金以外,投标人还需要根据招标文件规定的内容考虑相应的总承包服务费及与总承包服务费有关的规费和税金。

3.4　其他补充说明(具体详见已发放的工程量清单)

本工程量清单未尽事宜,详见施工图、招标文件、设计变更、清单答疑及招标答疑。

4. 工程量清单与计价表(略)

第二卷

第六章　图　　纸

1. 图纸(另册)。
2. 图纸解释(另册)。

第三卷

第七章　技术标准和要求

施工及验收规范、质量检验评定标准:

1.《建筑工程质量验收统一标准》（GB 50300—2013）

2.《建筑地基基础工程质量验收规范》（GB 50202—2012）

3.《砌体工程施工质量验收规范》（GB 50203—2011）

4.《混凝土工程施工质量验收规范》（GB 50204—2002）

5.《钢结构工程施工质量验收规范》（GB 50205—2001）

6.《木结构工程施工质量验收规范》（GB 50206—2012）

7.《屋面工程质量验收规范》（GB 50207—2012）

8.《地下防水工程质量验收规范》（GB 50208—2011）

9.《建筑地面工程施工质量验收规范》（GB 50209—2010）

10.《建筑装饰装修工程质量验收规范》（GB 50210—2001）

11.《建筑给水排水及采暖工程施工质量验收规范》（GB 50242—2002）

12.《通风与空调工程施工质量验收规范》（GB 50243—2002）

13.《建筑电气工程质量验收规范》（GB 50303—2002）

14.《电梯工程施工质量验收规范》（GB 50310—2002）

15. 其他与本工程有关的现行工程技术、质量评定标准、施工验收标准及规范。

第八章　投标文件格式

一、投标函及投标函附录（略）。

二、法定代表人身份证明（略）。

三、授权委托书（略）。

四、投标保证金（略）。

五、已标价工程量清单（略）。

六、施工组织设计（略）。

七、项目管理机构（略）。

八、拟分包项目情况表（略）。

九、资格审查资料（略）。

十、其他材料（略）。

本章小结

　　本章主要从建设工程招标的角度,详细讲述了建设工程招标过程中招标可以选择的方式,招标的具体运作程序及内容,建设工程编制招标文件时应包含的内容,建设工程标底的概念、编制步骤及要求,建设工程招标评标的方法等内容。

思考题

　　1. 了解你所在地具体的建设工程的招标范围。

　　2. 国内目前招标有哪两种法定招标方式?

3. 建设工程施工招标前应具备什么样的前提条件？

4. 建设工程招标应按什么程序进行？

5. 建设工程公开招标怎样进行资格预审？

6. 建设工程招标公告的发布有何要求？

7. 建设工程招标开标有何要求？

8. 建设工程招标文件由哪些内容组成？

9. 建设工程招标文件的解答、修改、补充有何要求？

10. 何为招标控制价？招标控制价编制应遵循什么原则？

11. 建设工程招标控制价应由哪些内容构成？

12. 何为标底？标底有什么作用？

13. 评标委员会的人员组成有何要求？

14. 评标过程应遵循什么样的原则？

15. 评标委员会如何对投标文件进行评定？

16. 评标常用的具体方法有哪几种？

17. 何为电子招投标？

4

建设工程投标

学习要求：

通过本章的学习,要求了解建设工程投标决策的内容,投标中应采取的基本策略和技巧,投标报价审核方法;熟悉建设工程投标的程序,建设工程投标报价的构成和编制方法;掌握建设工程投标文件的内容,投标文件的编制步骤,投标文件的提交。

4.1 建设工程投标的一般程序

微课
工程投标
的程序

建设工程投标是建设工程招标投标活动中投标人的一项重要活动,也是建筑企业取得承包合同的主要途径,建设工程的投标工作程序如图 4-1 所示。

4.1.1 投标的前期工作

投标的前期工作包括获取招标信息和前期投标决策两项内容。

1. 获取招标信息

目前投标人获得招标信息的渠道很多,最普遍的是通过大众媒体所发布的招标公告获取招标信息。投标人必须认真分析验证所获信息的真实可靠性,并证实其招标项目确实已立项批准和资金确实已落实等。

2. 前期投标决策

投标人在证实招标信息真实可靠后,同时还要对招标人的信誉、实力等方面进行了解,根据了解到的情况,正确做出投标决策,以减少工程实施过程中承包方的风险。

4.1.2 参加资格预审

资格预审是承包人投标过程中要通过的第一关。资格预审一般按招标人所编制的资格预审文件内容进行审查,一般要求被审查的投标申请人提供如下资料：

① 投标企业概况。

② 近年财务状况。

③ 拟投入的主要管理人员情况。

④ 正在施工和新承接的项目情况。

⑤ 近年完成的类似项目情况。

⑥ 目前正在承建的工程情况。

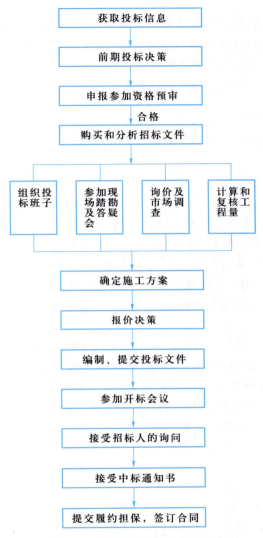

图 4-1　建设工程投标的一般程序

⑦ 近年来涉及的诉讼案件情况。

⑧ 其他资料(如各种奖励和处罚等)。

招标人根据投标申请人所提供的资料,对投标申请人进行资格审查。在这个过程中,投标申请人应根据资格预审文件,积极准备和提供有关资料,并做好信息跟踪工作,发现不足部分,应及时补送,争取通过资格预审。经审查合格的投标申请人具备参加投标的资格。

4.1.3　购买和分析招标文件

1. 购买招标文件

投标人在通过资格预审后,就可以在规定的时间内向招标人购买招标文件。购买招标文件时,投标人应按招标文件的要求提供投标担保、图纸押金等。

2. 分析招标文件

购买到招标文件之后,投标人应认真阅读招标文件中的所有条款。注意投标过程中各项活动的时间安排,明确招标文件中对投标报价、工期、质量等的要求。同时对招标文件中的合同条款、无效标书的条件等主要内容进行认真分析,理解招标文件隐含的涵义。对可能发生疑义或不清楚的地方,应向招标人书面提出。

4.1.4　收集资料、准备投标

招标文件购买后,投标人应进行具体的投标准备工作。投标准备工作包括组建投标班子,进行现场踏勘,计算和复核招标文件中提供的工程量,参加答疑会,询问了解市场情况等内容。

一、组建投标班子

为了确保在投标竞争中获得胜利,投标人在投标前应建立专门的投标班子,负责投标事宜。投标班子中的人员应包括施工管理、技术、经济、财务、法律法规等方面的人员。投标班子中的人员业务上应精干、富有经验,且受过良好培训,有娴熟的投标技巧;素质上应工作认真,对企业忠诚,对报价保密。投标报价是技术性很强的一项工作,投标人在投标时如果认为必要,也可以请某些具有资质的投标代理机构代理投标或策划,以提高中标概率。

二、参加现场踏勘

投标人在领到投标文件后,除对招标文件进行认真研读分析之外,还应按照招标文件规定的时间,对拟施工的现场进行考察。实行工程量清单报价模式后,投标人所投报的单价一般被认为是在经过现场踏勘的基础上编制而成的。报价单报出后,投标者就无权以现场踏勘不周、情况了解不细或因素考虑不全为理由提出修改标价或提出索赔等要求。现场踏勘应由招标人组织,投标人自费自愿参加。

现场踏勘时应从以下五个方面详细了解工程的有关情况,为投标工作提供第一手的资料。

① 工程的性质及与其他工程之间的关系。
② 投标人投标的那一部分工程与其他承包人之间的关系。
③ 工地地貌、地质、气候、交通、电力、水源、障碍物等情况。
④ 工地附近的住宿条件、料场开采条件、其他加工条件、设备维修条件等。
⑤ 工地附近的治安情况。

三、参加答疑会

答疑会又称投标预备会或标前会议,一般在现场踏勘之后的1~2天内举行。答疑会的目的是解答投标人对招标文件及现场踏勘中所提出的问题,并对图纸进行交底和解释。投标人在对招标文件进行认真分析和对现场进行踏勘之后,应尽可能多地将投标过程中可能遇到的问题向招标人提出疑问,争取得到招标人的解答,为下一步投标工作的顺利进行打下基础。

四、计算或复核工程量

现阶段我国进行工程施工投标时,工程量有两种情况。一种情况是招标文件编制时,招标人给出具体的招标工程量清单,供投标人报价时使用。这种情况下,投标人在进行投标时,应根据图纸等资料对给定工程量的准确性进行复核,为投标报价提供依据。在工程量复核过程中,如果发现某些工程量有较大的出入或遗漏,应向招标人提出,要求招标人更正或补充。如果招标人不做更正或补充,投标人投标时应注意调整单价以减少实际实施过程中由于工程量调整带来的风险。另一种情况是,招标人不给出具体的工程量清单,只给相应工程的施工图纸。这时,投标报价应根据给定的施工图纸,结合工程量计算规则自行计算工程量。自行计算工程量时,应严格按照工程量计算规则的规定进行,不能漏项,不能少算或多算。

五、询价及市场调查

编制投标文件时,投标报价是一个很重要的环节。为了能够准确确定投标报价,投标时应认真调查了解工程所在地的工资标准,材料来源、价格、运输方式,机械设备租赁价格等和报价有关的市场信息,为准确报价提供依据。

六、确定施工组织设计

施工组织设计是投标内容中很重要的部分,是招标人了解投标人的施工技术、管理水平、机械装备、人员配备等的途径。编制施工组织设计的主要内容如下:

① 选择和确定施工方法,确定施工方案和技术措施。对大型复杂工程则要考虑几种方案,进行综合对比。

② 选择施工设备和施工设施。

③ 编制施工进度计划等。

4.1.5   编制和提交投标文件

经过前期准备工作之后,投标人开始进行投标文件的编制工作。投标人编制投标文件时,应按照招标文件的内容、格式和顺序要求进行。投标文件编写完成后,应按招标文件中规定的时间、地点提交投标文件。

4.1.6   出席开标会议并接受评标期间的澄清询问

投标人在编制和提交完投标文件后,应按时参加开标会议。开标会议由投标人的法定代表人或其授权代理人参加。如果法定代表人参加开标会议,一般应持有法定代表人资格证明书;如果是委托代理人参加开标会议,一般应持有授权委托书。一般规定,不参加开标会议的投标人,其投标文件将不予启封,视为投标人自动放弃本次投标。

在评标过程中,评标组织根据情况可以要求投标人对投标文件中含义不明确的内容作必要的澄清或者说明。这时投标人应积极地予以澄清或者说明,但投标人的澄清或者说明,不得超出投标文件的范围或者改变投标文件中的工期、报价、质量、优惠条件等实质性内容。

4.1.7   接受中标通知书、签订合同、提供履约担保

经过评标,投标人被确定为中标人后,应接受招标人发出的中标通知书。中标人在收到中标通知书后,应在规定的时间和地点与招标人签订合同。我国规定招标人和中标人应当自中标通知书发出之日起 30 日内订立书面合同,合同内容应依据招标文件、投标文件的要求和中标的条件签订。招标文件要求中标人提交履约担保的,中标人应按招标人的要求提供。依法必须进行招标的项目,招标人应当自确定中标人之日起十五日内,向有关行政监督部门提交招标投标情况的书面报告。

4.2　建设工程投标决策

微课
工程投标
决策

投标决策是投标活动中的重要环节,它关系到投标人能否中标及中标后的经济效益,所以应该引起高度重视。

4.2.1　建设工程投标决策的内容和分类

建设工程投标决策的内容一般来说主要包括两个方面:一方面是为是否参加投标进行决策,另一方面是为如何进行投标进行决策。

在获取招标信息之后,承包人决定是否投标,应综合考虑以下几方面的情况。

① 承包招标项目的可能性与可行性。即是否有能力承包该项目,能否抽调出管理力量、技术力量参加项目实施,竞争对手是否有明显优势等。

② 招标项目的可靠性。例如,项目审批是否已经完成,资金是否已经落实等。

③ 招标项目的承包条件。

④ 影响中标机会的内部、外部因素等。

一般来说,下列招标项目承包人应该放弃投标。

① 工程规模、技术要求超过本企业技术等级的项目。

② 本企业业务范围和经营能力之外的项目。

③ 本企业已承包任务比较饱满,而招标工程的风险较大的项目。

④ 本企业技术等级、经营、施工水平明显不如竞争对手的项目。

如果确定投标,则应根据工程的具体情况确定投标策略。

4.2.2　建设工程投标决策的依据

在建设工程投标过程中,有多种因素影响投标决策,只有认真分析各种因素,对多方面因素进行综合考虑,才能做出正确的投标决策。一般来说,进行投标决策时应考虑以下两个方面的因素:

① 投标人自身方面的因素。自身方面的因素包括技术方面的实力、经济方面的实力、管理方面的实力,以及信誉方面的实力等。

② 外部因素。外部因素包括业主和监理工程师的情况、竞争对手实力和竞争形势情况、法律法规情况、工程风险情况等。

4.3　建设工程投标策略与技巧

建设工程投标策略和技巧,是建设工程投标活动中的另一个重要方面。采用一定的策略和技巧,可以增加投标的中标率,又可以获得较大的期望利润。它是投标活动的关键环节。

4.3.1　建设工程投标策略

建设工程投标策略,是指建设工程承包人为了达到中标目的而在投标过程中所采用的手段和方法。

① 知彼知己,把握情势。当今世界正处于信息时代,广泛、全面、准确地收集和正确开发利用投标信息,对投标活动具有举足轻重的作用。投标人要通过广播、电视、报纸、杂志等

媒体和政府部门、中介机构等各种渠道,广泛、全面地收集招标人情况、市场动态、建筑材料行情、工程背景和条件、竞争对手情况等各种与投标密切相关的信息,并对各种投标信息进行深入调查,综合分析,去伪存真,准确把握情势,做到知彼知己,百战不殆。

② 以长制短,以优胜劣。人总是有长处有短处,即使一个优秀的企业也是这样。建设工程承包人也有自己的短处。因此在投标竞争中,必须学会和掌握以长处胜过短处,以优势胜过劣势。

③ 随机应变,争取主动。建筑市场属于买方市场,竞争非常激烈。承包人要对自己的实力、信誉、技术、管理、质量水平等各个方面作出正确的估价,过高或过低估价自己,都不利于市场竞争。在竞争中,面对复杂的形势,要准备多种方案和措施,善于随机应变,掌握主动权,真正做投标活动的主人。

4.3.2 建设工程投标技巧

在投标过程中,投标技巧主要表现为通过各种操作技能和诀窍,确定一个好的报价。常见的投标报价技巧有以下几种。

微课
工程投标
技巧

一、扩大标价法

扩大标价法是指除按正常的已知条件编制标价外,对工程中变化较大或没有把握的工作项目,采用增加不可预见费的方法,扩大标价,减少风险。这种做法的优点是中标价即为结算价,减少了价格调整等麻烦,缺点是总价过高。

二、不平衡报价法

不平衡报价法又称前重后轻法,是指在总报价基本确定的前提下,调整内部各个子项的报价,以期既不影响总报价,又在中标后满足资金周转的需要,获得较理想的经济效益。不平衡报价法通常的做法如下。

① 对能早日结账收回工程款的土方、基础等前期工程项目,单价可适当报高些;对机电设备安装、装饰等后期工程项目,单价可适当报低些。

② 对预计今后工程量可能会增加的项目,单价可适当报高些;而对工程量可能减少的项目,单价可适当报低些。

③ 对设计图纸内容不明确或有错误,估计修改后工程量要增加的项目,单价可适当报高些;而对工程内容明确的项目,单价可适当报低些。

④ 对没有工程量只填报单价的项目,或招标人要求采用包干报价的项目,单价宜报高些;对其余的项目,单价可适当报低些。

⑤ 对暂定项目(任意项目或选择项目)中实施的可能性大的项目,单价可报高些;预计不一定实施的项目,单价可适当报低些。

采用不平衡报价法,优点是有助于对工程量表进行仔细校核和统筹分析,总价相对稳定,不会过高;缺点是单价报高报低的合理幅度难以掌握,单价报得过低会因执行中工程量增多而造成承包人损失,报得过高会因招标人要求压价而使承包人得不偿失。因此,在运用不平衡报价法时,要特别注意工程量有无错误,具体问题具体分析,避免单价盲目报高或报低。

三、多方案报价法

多方案报价法即对同一个招标项目除了按招标文件的要求编制一个投标报价以外,还要编制一个或几个建议方案。多方案报价法有时是招标文件中规定采用的,有时是承包人根据需要决定采用的。承包人决定采用多方案报价法,通常主要有以下两种情况。

① 如果发现招标文件中的工程范围很不具体、不明确,或条款内容很不清楚、不公正,或对技术规范的要求过于苛刻,可先按招标文件中的要求报一个价,然后再说明假如招标人对合同要求作某些修改,报价可降低多少。

② 如发现设计图纸中存在某些不合理并可以改进的地方或可以利用某项新技术、新工艺、新材料替代的地方,或者发现自己的技术和设备满足不了招标文件中设计图纸的要求,可以先按设计图纸的要求报一个价,然后再另附上一个修改设计的比较方案,或说明在修改设计的情况下,报价可降低多少。这种情况,通常也称为修改设计法。

四、突然降价法

突然降价法是指为迷惑竞争对手而采用的一种竞争方法。这种方法通常的做法是,在准备投标报价的过程中预先考虑好降价的幅度,然后有意散布一些假情报,如打算弃标,按一般情况报价或准备报高价等,临近投标截止日期前,突然前往投标,并降低报价,以期战胜竞争对手。

五、先亏后盈法

在实际工作中,有的承包人为了打入某一地区或某一领域,依靠自身实力,采取不惜代价、只求中标的低报价投标方案。一旦中标之后,可以承揽这一地区或这一领域更多的工程任务,达到总体赢利的目的。

建设工程承包人对招标工程进行投标时,除了应在投标报价上下功夫外,还应注意掌握其他方面的技巧。其他方面的投标技巧主要有以下几个。

① 聘请投标代理人。投标人在招标工程所在地聘请代理人为自己出谋划策,以利争取中标。

② 寻求联合投标。一家承包人实力不足,可以联合其他企业,特别是联合工程所在地的公司或技术装备先进的著名公司投标,这是争取中标的一种有效方法。

③ 许诺优惠条件。我国不允许投标人在开标后提出优惠条件。投标人若有降低价格或支付条件要求、提高工程质量、缩短工期、提出新技术和新设计方案,以及免费提供补充物资和设备、免费代为培训人员等方面优惠条件的,应当在投标文件中提出。招标人组织评标时,一般要考虑报价、技术方案、工期、支付条件等方面的因素。因此,投标人在投标文件中附带优惠条件,是有利于争取中标的。

④ 开展公关活动。公关活动是投标人宣传和推销自我,沟通和联络感情,树立良好形象的重要活动。积极开展公关活动,是投标人争取中标的一个重要手段。

4.4 建设工程投标报价

建设工程投标报价是建设工程投标内容中的重要部分,是整个建设工程投标活动的核心环节,报价的高低直接影响着能否中标和中标后是否能够获利。

4.4.1 建设工程投标报价的组成和编制方法

一、投标报价的组成

建设工程投标报价主要由工程成本(直接费、间接费)、利润、税金组成。直接费是指工程施工中直接用于工程实体的人工、材料、设备和施工机械等费用的总和。间接费是指组织和管理施工所需的各项费用。直接费和间接费共同构成工程成本。利润是指建筑施工企业承担施工任务时应计取的合理报酬。税金是指按国家有关规定,计入建筑安装工程造价内的增值税。

二、投标报价的编制方法

建设工程投标报价应该按照招标文件的要求及报价费用的构成,结合施工现场和企业自身情况自主报价。现阶段,我国规定的编制投标报价的方法有两种:一种是工料单价法,另一种是综合单价法,最常用的是综合单价法。工料单价法是我国长期以来采用的一种报价方法,它是以政府定额或企业定额为依据进行编制的;综合单价法是一种国际惯例计算报价模式,每一项单价中已综合了各种费用。

1. 工料单价法

工料单价法是指根据工程量,按照现行预算定额的分部分项工程量的单价计算出直接工程费,再按照有关规定另行计算措施费、间接费、利润和税金的计价方法。

工料单价法编制投标报价的步骤如下:

① 根据招标文件的要求,选定预算定额、费用定额。

② 根据图纸及说明计算出工程量(如果招标文件中已给出工程量清单,校核即可)。

③ 查套预算定额计算出直接工程费,查套费用定额及有关规定计算出措施费、间接费、利润、税金等。

④ 汇总合计计算完整标价。

工料单价法计算程序及内容如表4-1所示。

微课
工程投标
报价的编
制方法

表4-1　工料单价法计算程序及内容

序号	费用项目	计算方法
1	直接工程费	∑工程量×定额单价
2	措施费(含技术措施、组织措施)	由施工企业自主报价
3	差价(人工、材料、机械)	参考管理部门的价格信息及市场情况
4	规费(工程排污费、社会保险费、住房公积金)	按规定计算
5	企业管理费	按规定计算
6	工程成本	"1"+"2"+"3"+"4"+"5"
7	利润	("6"−"3")×利润率
8	税金	("6"+"7")×税率
9	报价合计	"6"+"7"+"8"

2. 综合单价法

所谓综合单价法是指以分部分项工程量的单价为全费用单价。全费用单价包括完成分部分项工程所发生的直接费、间接费、利润、税金。

综合单价法编制投标报价的步骤如下:

① 根据企业定额或参照预算定额及市场材料价格确定各分部分项工程量清单的综合

单价,该单价包含完成清单所列分部分项工程的成本、利润和税金。

② 以给定的各分部分项工程的工程量及综合单价确定工程费。

③ 结合投标企业自身的情况及工程的规模、质量、工期要求等确定其他和工程有关的费用。其格式同第 3 章工程量清单报价表。

不论是采用哪一种方法编制投标报价,都应按招标文件给定的格式进行。

微课
工程量清单报价

三、工程量清单报价

工程量清单报价是指投标人完成由招标人提供的工程量清单所需的全部费用,包括分部分项工程费、措施项目费、其他项目费和规费、税金。

工程量清单报价采用综合单价计价。综合单价是指完成工程量清单中一个规定计量单位项目所需的人工费、材料费、机械使用费、管理费和利润,并考虑风险因素。

投标人以招标人提供的招标工程量清单为平台,根据自身的技术、财务、管理能力进行投标报价,招标人根据具体的评标细则进行优选,这种计价方式是市场定价体系的具体表现形式。因此,在市场经济比较发达的国家,工程量清单计价方法是非常流行的,随着我国建设市场的不断成熟和发展,工程量清单计价方法越来越成熟和规范。

工程量清单报价由分部分项工程费、措施项目费、其他项目费、规费和税金组成。

1. 分部分项工程费

分部分项工程费应依据综合单价的组成内容,按招标文件中分部分项工程量清单项目的特征描述确定的综合单价计算。综合单价中应包括招标文件中划分的由投标人承担的风险范围及费用,招标文件中没有明确的,应提请招标人明确。材料、工程设备暂估价应按招标工程量清单中列出的单价计入综合单价。

2. 措施项目费

措施项目费应根据招标文件中的措施项目清单,根据施工现场情况、工程特点及投标时拟定的施工组织设计或施工方案按相关要求进行计算。属单价项目的,应根据拟定的招标文件和招标工程量清单项目中的特征描述及有关要求确定综合单价;属总价项目的,应根据招标文件及投标时拟定的施工组织设计或施工方案,依据工程量清单计价规范的相应要求计算。措施项目中的安全文明施工费按规定计取,不得作为竞争性费用。

投标人可根据工程实际情况结合施工组织设计,对招标人所列的措施项目进行增补。

3. 其他项目费

其他项目费应按下列规定报价:

① 暂列金额应按招标工程量清单中列出的金额填写。

② 材料、工程设备暂估价应按招标工程量清单中列出的单价计入综合单价。

③ 专业工程暂估价应按招标工程量清单中列出的金额填写。

④ 计日工应按招标工程量清单中列出的项目和数量,自主确定综合单价并计算计日工总额。

⑤ 总承包服务费应根据招标工程量清单中列出的内容和提出的要求自主确定。

4. 规费和税金

规费和税金应按国家或省级、行业建设主管部门的规定计算,不得作为竞争性费用。

招标工程量清单与计价表中列明的所有需要填写的单价和合价的项目,投标人均应填写且只允许有一个报价。未填写单价和合价的项目,视为此项费用已包含在已标价工程量清单中其他项目的单价和合价之中。竣工结算时,此项目不得重新组价予以调整。投标人填写的项目编码、项目名称、项目特征、计量单位、工程量必须与招标工程量清单一致。投标总价应当与分部分项工程费、措施项目费、其他项目费和规费、税金的合计金额一致。投标报价不得低于成本。

工程量清单报价应采用统一格式。工程量清单报价格式应随招标文件发至投标人,由投标人填写。工程量清单报价格式应由下列内容组成。

① 投标总价封面。如表 4-2 所示,由投标人按规定的内容填写、签字、盖章。

表 4-2 投标总价封面

_____工程

投 标 总 价

投标人_____
（单位盖章）

年　月　日

② 投标总价扉页。如表 4-3 所示,由投标人按规定的内容填写、签字、盖章。

表 4-3 投标总价扉页

投 标 总 价

招　　　标　　　人：_____
工　程　名　称：_____
投标总价(小写)：_____
　　　　(大写)：_____
投　　　标　　　人：_____
　　　　　(单位盖章)
法 定 代 表 人
或 其 授 权 人：_____
　　　　　(签字或盖章)

编　　　制　　　人：_____
　　　　(造价人员签字盖专用章)

时　　　间：　　　年　　月　　日

③ 投标报价总说明。如表4-4所示。

表4-4   总   说   明

工程名称：   第   页   共   页

（主要内容）

1. 工程概况：

2. 投标价编制依据：

3. 其他需要说明的问题：

④ 建设项目投标报价汇总表。如表4-5所示。

表4-5   建设项目投标报价汇总表

工程名称：   第   页   共   页

序号	单项工程名称	金额/元	其中/元		
			暂估价	安全文明施工费	规费
合 计					

⑤ 单项工程投标报价汇总表。如表4-6所示。

表4-6   单项工程投标报价汇总表

工程名称：   第   页   共   页

序号	单项工程名称	金额/元	其中/元		
			暂估价	安全文明施工费	规费
合 计					

⑥ 单位工程投标报价汇总表。如表4-7所示。

表4-7   单位工程投标报价汇总表

工程名称：   第   页   共   页

序号	汇总内容	金额/元	其中:暂估价/元
1	分部分项工程费		
1.1			
1.2			
1.3			
1.4			
1.5			
...			

续表

序号	汇总内容	金额/元	其中:暂估价/元
2	措施项目费		
2.1	其中:安全文明施工费		
3	其他项目费		
3.1	其中:暂列金额		
3.2	其中:专业工程暂估价		
3.3	其中:计日工		
3.4	其中:总承包服务费		
4	规费		
5	税金		

投标报价合计 = "1" + "2" + "3" + "4" + "5"

⑦ 分部分项工程和单价措施项目清单与计价表如表 3-4 所示。

⑧ 综合单价分析表。如表 4-8 所示。

表 4-8　综合单价分析表

工程名称：　　　　　　　　标段：　　　　　　　　　　第　页　共　页

项目编码		项目名称		计量单位		工程量	

清单综合单价组成明细

定额编号	定额项目名称	定额单位	数量	单价/元				合价/元			
				人工费	材料费	机械费	管理费利润	人工费	材料费	机械费	管理费利润

人工单价		小　　计	
元/工日		未计价材料费	

清单项目综合单价

材料费明细	主要材料名称、规格、型号	单位	数量	单价/元	合价/元	暂估单价/元	暂估合价/元
	其他材料费			—		—	
	材料费小计			—		—	

⑨ 总价措施项目清单与计价表见表 3-5 所示。

⑩ 其他项目清单与计价汇总表见 3-6 所示。

⑪ 暂列金额明细表。如表 4-9 所示。

表 4-9 暂列金额明细表

工程名称：　　　　　　　标段：　　　　　　　　　　第　页　共　页

序号	项 目 名 称	计量单位	暂定金额/元	备注
1				
...				
合计				

⑫ 材料（工程设备）暂估单价及调整表。如表 4-10 所示。

表 4-10 材料（工程设备）暂估单价及调整表

工程名称：　　　　　　　标段：　　　　　　　　　　第　页　共　页

序号	材料（工程设备）名称、规格、型号	计量单位	数量		暂估/元		合价/元		差额(±)/元		备注
			暂估	确认	单价	合价	单价	合价	单价	合计	
1											
...											
小计											

⑬ 专业工程暂估价及结算价表。如表 4-11 所示。

表 4-11 专业工程暂估价及结算价表

工程名称：　　　　　　　标段：　　　　　　　　　　第　页　共　页

序号	工程名称	工 程 内 容	暂估金额/元	结算金额/元	差额(±)/元	备注
1						
...						
小计						

⑭ 计日工表。如表 4-12 所示。

表 4-12 计 日 工 表

工程名称：　　　　　　　标段：　　　　　　　　　　第　页　共　页

编号	项目名称	单 位	暂定数量	实际数量	综合单价/元	合价/元	
						暂定	实际
一	人工						
1	...						

续表

编号	项目名称	单 位	暂定数量	实际数量	综合单价/元	合价/元	
						暂定	实际
2	…						
人工小计							
二	材料						
1	…						
2	…						
材料小计							
三	施工机械						
1	…						
2	…						
施工机械小计							
四	企业管理费和利润						
合价							

⑮ 总承包服务费计价表。如表4-13所示。

表 4-13 总承包服务费计价表

工程名称：　　　　　　　　　　标段：　　　　　　　　　　　　第　页　共　页

序号	项目名称	项目价值/元	服务内容	计算基础	费率/%	金额/元
1	发包人发包专业工程					
2	发包人供应材料					
…						
合计						

⑯ 规费、税金项目计价表。如表3-7所示。

4.4.2 工程量清单报价的编制依据

① 现行的《建设工程工程量清单计价规范》。

② 国家或省级、行业建设主管部门颁发的计价办法。

③ 企业定额,国家或省级、行业建设主管部门颁发的计价定额和计价办法。

④ 招标文件、招标工程量清单及其补充通知、答疑纪要。

⑤ 建设工程设计文件及相关资料。

⑥ 施工现场情况、工程特点及投标时拟定的施工组织设计或施工方案。

⑦ 与建设项目相关的标准、规范等技术资料。

⑧ 市场价格信息或工程造价管理机构发布的工程造价信息。

⑨ 其他的相关资料。

4.4.3　编制工程量清单报价的注意事项

（1）招标人发布的招标工程量清单，投标人必须逐项填报。对于没有填报单价和合价的项目，没有计算或少计算的费用，均视为已包括在报价表的其他项目或合价中。同时该费用除招标文件或合同约定外，结算时不得调整。这是国际通用的方法，业主承担量的风险，承包商承担价的风险。综合单价要把各个方面的因素考虑进去，包括市场价格变动的风险，施工措施费亦是如此。即使投标人没有计算或少计算费用，均视为此费用已包括在投标报价之内。规费不列入竞争范围，按有关计价办法的规定计取并上交或统筹，税金亦是如此。

（2）发包人提供的招标工程量清单中出现漏项、工程量计算偏差，以及工程变更引起工程量的增减，应按承包人在履行合同义务过程中实际完成的工程量计算。

（3）发包人要求投标人提供投标报价中主要材料、工程设备价格时，应在招标文件中明确。报价单价指材料、工程设备在施工期运至施工现场的价格。由发包人供应的材料和设备，发包人应在招标文件中明确品种、规格和价格。

（4）工程竣工结算时，因非承包人原因引起的工程量增减，该项工程量变化在合同约定幅度以内的，应执行原有的综合单价；该项工程量变化在合同约定幅度以外的，其综合单价及措施费应予以调整。具体调整办法应在招标文件或合同中明确。

（5）因工程变更引起已标价工程量清单项目或其工程数量发生变化时，其对应的综合单价按下列方法确定：

① 已标价工程量清单中有适用于变更工程项目的，采用该项目的单价；但当工程变更导致该清单项目的工程数量发生变化，且工程量偏差超过 15%，其调整的原则为：当工程量增加 15% 以上时，其增加部分的工程量的综合单价应予调低；当工程量减少 15% 以上时，减少后剩余部分的工程量的综合单价应予调高。

② 已标价工程量清单中没有适用但有类似于变更工程项目的，可在合理范围内参照类似项目的单价。

③ 已标价工程量清单中没有适用也没有类似于变更工程项目的，由承包人根据变更工程资料、计量规则和计价办法、工程造价管理机构发布的信息价格和承包人报价浮动率提出变更工程项目的单价，报发包人确认后调整。承包人报价浮动率可按下列公式计算：

招标工程：

$$承包人报价浮动率 L = (1 - 中标价/招标控制价) \times 100\%$$

非招标工程：

$$承包人报价浮动率 L = (1 - 报价值/施工图预算) \times 100\%$$

（6）若施工期内市场价格波动超出一定幅度时，应按合同约定调整工程价款；合同没有约定或约定不明确的，应按省级或行业建设主管部门或其授权的工程造价管理机构的规定调整。

4.5 建设工程施工投标文件的编制和提交

建设工程投标文件是招标人判断投标人是否愿意参加投标的依据，也是评标委员会进行评审和比较的对象。中标的投标文件和招标文件一起成为招标人和中标人订立合同的法定依据。因此，投标人必须高度重视建设工程投标文件的编制和提交工作。

4.5.1 建设工程施工投标文件的组成

建设工程投标人应按照招标文件的要求编制投标文件。从合同订立过程来分析，招标文件属于要约邀请，投标文件属于要约，其目的在于向招标人提出订立合同的意愿。投标文件作为一种要约，必须符合以下的条件。

① 必须明确向招标人表示愿以招标文件的内容订立合同的意思。

② 必须对招标文件提出的实质性要求和条件作出响应（包括技术要求、投标报价要求、评标标准等）。

③ 必须按照规定的时间、地点提交给招标人。

投标文件是由一系列有关投标方面的书面资料组成的。一般来说，投标文件由以下几个部分组成。

① 投标函及投标函附录。

② 法定代表人身份证明。

③ 法定代表人的授权委托书。

④ 联合体协议书（如果有）。

⑤ 投标保证金。

⑥ 报价工程量清单。

⑦ 施工组织设计。

⑧ 项目管理机构。

⑨ 拟分包项目情况表。

⑩ 资格审查资料。

⑪ 其他资料。

投标人必须使用招标文件提供的投标文件表格格式，但表格可以按同样格式扩展。

4.5.2 编制建设工程施工投标文件的步骤

一、编制施工投标文件的步骤

微课
工程施工
投标文件
的编制

投标人在领取招标文件以后，就要进行投标文件的编制工作。编制投标文件的一般步骤如下。

（1）编制投标文件的准备工作。投标文件的准备工作包括以下几点：

① 熟悉招标文件、图纸、资料，对图纸、资料有不清楚、不理解的地方，可以用书面形式向招标人询问、澄清。

② 参加招标人组织的施工现场踏勘和答疑会。

③ 调查当地材料供应和价格情况。

④ 了解交通运输条件和有关事项。

（2）实质性响应条款的编制。实质性响应条款包括对合同主要条款的响应，对提供资质证明的响应,对采用的技术规范的响应等。

（3）复核、计算工程量。

（4）编制施工组织设计。

（5）计算投标报价。

（6）装订成册。

二、编制施工投标文件的注意事项

编制投标文件的注意事项如下：

① 投标人编制投标文件时必须使用招标文件提供的投标文件表格格式。填写表格时,凡要求填写的空格都必须填写,否则,即被视为放弃该项要求。重要的项目或数字（如工期、质量等级、价格等）未填写的,将被作为无效或作废的投标文件处理。

② 编制的投标文件正本仅一份,副本则按招标文件中要求的份数提供,同时要明确标明"投标文件正本"和"投标文件副本"字样。投标文件正本和副本如有不一致之处,以正本为准。

③ 投标文件正本与副本均应使用不能擦去的墨水打印或书写。投标文件的书写要字迹清晰、整洁、美观。

④ 所有投标文件均由投标人的法定代表人签署、加盖印鉴,并加盖法人单位公章。

⑤ 填报的投标文件应反复校核,保证分项和汇总计算均无错误。全套投标文件均应无涂改和行间插字,除非这些删改是根据招标人的要求进行的,或者是投标人造成的必须修改的错误。修改处应由投标文件签字人签字证明并加盖印鉴。

⑥ 如招标文件规定投标保证金为合同总价的某百分比时,开具投标保函不要太早,以防泄漏报价。但有的投标人提前开出并故意加大保函金额,以麻痹竞争对手的情况也是存在的。

⑦ 投标文件应严格按照招标文件的要求进行包封,避免由于包封不合格造成废标。

⑧ 认真对待招标文件中关于废标的条件,以免被判为无效标而前功尽弃。

4.5.3 建设工程施工投标文件的提交

微课
工程施工
投标文件
的提交

投标人应在招标文件规定的投标截止时间以前将投标文件提交给招标人。当招标人延长了递交投标文件的截止时间,招标人与投标人以前在投标截止期方面的全部权利、责任和义务,将适用于延长后新的投标截止期。在投标截止时间以后送达的投标文件,招标人将拒收。

投标人可以在提交投标文件以后,在规定的投标截止时间之前,采用书面形式向招标人递交补充、修改或撤回其投标文件的通知。在投标截止时间以后,不能更改投标文件。投标人的补充、修改或撤回通知,应按招标文件中投标须知的规定编制、密封、加写标志和提交,补充、修改的内容为投标文件的组成部分。根据招标文件的规定,在投标截止时间与招标文件中规定的投标有效期终止日之间的这段时间内,投标人不能撤回投标文件,否则其投标保证金将不予退还。

4.5.4 工程施工投标文件示例

在建设工程施工投标过程中,投标文件应结合招标文件要求和工程实际情况进行编制,下面是×××学院研究生公寓楼工程施工投标文件,供学习时参考。

工程施工投标文件封面

（略）

工程施工投标文件目录

（略）

第一章　商务标部分

一、投标函及投标函附录

（一）投标函

致：×××学院

在考察现场并充分研究 YJSG-2013-010（项目名称）研究生公寓楼标段（以下简称"本工程"）施工招标文件的全部内容后，我方兹以：

人民币（大写）：＿＿＿×××××××＿＿＿＿元

RMB￥：＿＿＿＿×××××××＿＿＿＿元

的投标价格和按合同约定有权得到的其他金额，并严格按照合同约定，施工、竣工和交付本工程并维修其中的任何缺陷。

在我方的上述投标报价中，包括：

安全文明施工费 RMB￥:×××××元

暂列金额（不包括计日工部分）RMB￥:×××××元

专业工程暂估价 RMB￥:　×××××　元

如果我方中标，我方保证在××××年××月××日或按照合同约定的开工日期开始本工程的施工，850天（日历日）内竣工，并确保工程质量达到合格标准。我方同意本投标函在招标文件规定的提交投标文件截止时间后，在招标文件规定的投标有效期期满前对我方具有约束力，且随时准备接受你方发出的中标通知书。

随本投标函递交的投标函附录是本投标函的组成部分，对我方构成约束力。

随本投标函递交投标保证金一份，金额为人民币（大写）：××××元。

在签署协议书之前，你方的中标通知书连同本投标函，包括投标函附录，对双方具有约束力。

投标人（盖章）：

法人代表或委托代理人（签字或盖章）：

日期：××××年××月××日

（二）投标函附录

工程名称：×××学院研究生公寓楼标段

序号	条款内容	合同条款号	约定内容	备注
1	项目经理	1.1.2.4	姓名：×××	
2	工期	1.1.4.3	850 日历天	
3	缺陷责任期	1.1.4.5		
4	承包人履约担保金额	4.2		
5	分包	4.3.4	见分包项目情况表	
6	逾期竣工违约金	11.5	××××元/天	

续表

序号	条款内容	合同条款号	约定内容	备注
7	逾期竣工违约金最高限额	11.5	＿＿×××××元	
8	质量标准	13.1	合格	
9	价格调整的差额计算	16.1.1		
10	预付款额度	17.2.1		
11	预付款保函金额	17.2.2		
12	质量保证金扣留百分比	17.4.1		
	质量保证金额度	17.4.1		
……	……			

投标人（盖章）：

法人代表或委托代理人（签字或盖章）：

日期：××××年××月××日

（三）承诺书

×××学院：我公司响应本工程招标文件中主要内容的要求，郑重承诺如下。

1. 如果我公司中标，其施工图范围为招标文件中投标人须知 1.3.1 中施工范围的全部内容。

2. 我公司保证按招标人要求的工期 850 日历天完成工程。具体开竣工日期在合同签订后另定。

3. 我公司保证工程质量达到合格标准。

4. 我公司保证在投标人须知前附表规定的投标有效期内，不撤销或修改其投标文件。如我公司在规定的投标有效期内，撤销或修改投标文件，投标人可没收投标保证金。

5. 我公司按照投标人须知前附表规定的金额、担保形式和第八章"投标文件格式"规定的投标保证金格式递交投标保证金，如我公司没有按照要求提交投标保证金的，其投标文件可作废标处理。

6. 我公司承诺承担招标文件第四章"合同条款及格式"中的权利和义务。

7. 我公司承诺完全按照招标文件第五章"工程量清单"中的要求计算已标价工程量清单。

（1）我公司的投标报价采用工程量清单报价方式，即以招标文件发布的工程量为基础，进行综合单价报价。我公司投报的投标价即为中标合同总价，其投标报价是完成所列招标工程范围及工期的全部。**除发生施工图设计变更、签证按合同约定调整合同价、材料价格及工程量发生变化按招标文件相应规定执行外，其他不再调整。**

（2）我公司的投标报价已包括完成招标文件规定的工程量清单项目所需的全部费用。其内容：① 完成该工程项目的人工费、机械费、材料费、管理费、利润、风险费；② 措施项目费、其他项目费；③ 规费（专项费用）；④ 税金；⑤ 工程量清单中没有体现的，施工中又必须发生的工程内容所需的费用。其报价因我公司的原因产生的漏项或填写错误造成的损失均由我公司自行承担。

8. 履约担保、农民工工资保障金

（1）农民工工资保障金：如果我公司中标，在中标后按中标价的 2% 向有关部门足额缴纳农民工工资保障金。

（2）如果我公司在该承包的工程项目中出现拖欠农民工工资的情况，可由建设行政主管部门从该工资保障金中划支。

9. 我公司接到中标通知书后，保证在 7 个工作日内向招标人交纳合同总价 5% 的履约保证金，作为我公司在合同期内履行约定义务的担保，招标人同时向我公司提供相应的支付担保。若不能按时足额交纳履约保证金,其投标保证金将被没收,且招标人有权另选中标人。

二、法定代表人身份证明及授权委托书(略)

三、投标保证金

保函编号:××××

××ׯ学院 :

鉴于 ××××公司(以下简称"投标人")参加你方研究生公寓楼标段的施工投标, _____

_____××××担保公司(以下简称"我方")受该投标人委托,在此无条件地、不可撤销地保证:一旦收到你方提出的下述任何一种事实的书面通知,在 7 日内无条件地向你方支付总额不超过××××元的任何你方要求的金额:

1. 投标人在规定的投标有效期内撤销或者修改其投标文件。

2. 投标人在收到中标通知书后无正当理由而未在规定期限内与贵方签署合同。

3. 投标人在收到中标通知书后未能在招标文件规定期限内向贵方提交招标文件所要求的履约担保。

本保函在投标有效期内保持有效,除非你方提前终止或解除本保函。要求我方承担保证责任的通知应在投标有效期内送达我方。保函失效后请将本保函交投标人退回我方注销。

本保函项下所有权利和义务均受中华人民共和国法律管辖和制约。

担保人名称: ××××担保公司(盖单位章)

法定代表人或其委托代理人:×××(签字)

地　　址: _____

邮政编码: _____

电　　话: _____

传　　真: _____

××××年××月××日

四、已标价工程量清单(略)

说明:已标价工程量清单应按本教材第 3 章"工程量清单报价"中的相关表格式填写。

五、施工组织设计

1. 施工方案及技术措施(略)

2. 质量保证措施和创优计划(略)

3. 施工总进度计划及保证措施(包括网络进度计划、主要施工机械设备、劳动力需求计划及保证措施、材料设备进场计划及其他保证措施等)(略)

4. 确保施工安全措施计划(略)

5. 确保文明施工措施计划(略)

6. 施工场地治安保卫管理计划(略)

7. 施工环保措施计划(略)

8. 冬季和雨季施工方案(略)

9. 施工现场总平面布置(现场临时设施布置图表及文字说明)(略)

10. 项目组织管理机构(略)

11. 成品保护和工程保修工作的管理措施和承诺(略)

12. 任何可能的紧急情况的处理措施、预案及抵抗风险(包括工程施工过程中可能遇到的各种风险)的措施(略)

13. 对总包管理的认识及对专业分包工程的配合、协调、管理、服务方案(略)

14. 与发包人、监理及设计人的配合(略)

六、项目管理机构

1. 项目管理机构组成表(略)

2. 主要人员简历表

(1) 项目经理简历表(略)

(2) 主要项目管理人员简历表(略)

(3) 承诺书

承　诺　书

<u>×××学院</u>:

　　我方在此声明,我方拟派往<u>研究生公寓楼</u>标段(以下简称"本工程")的项目经理<u>×××</u>现阶段没有担任任何在施建设工程项目的项目经理。

　　我方保证上述信息的真实和准确,并愿意承担因我方就此弄虚作假所引起的一切法律后果。

　　特此承诺

投标人:　<u>××××公司</u>(盖单位章)

法定代表人或其委托代理人:　<u>×××</u>　(签字)

<u>××××</u>年<u>××</u>月<u>××</u>日

七、资格审查资料

(一) 投标人基本情况表(略)

(二) 近年财务状况表(略)

(三) 近年完成的类似项目情况表(略)

(四) 正在施工的和新承接的项目情况表(略)

(五) 近年发生的诉讼和仲裁情况(略)

(六) 企业其他信誉情况表(略)

第二章　技术部分

(目录略)

一、各分部分项工程的主要施工方法(具体内容略)

二、工程拟投入的主要施工机械计划(具体内容略)

三、劳动力安排计划(具体内容略)

四、确保工程质量的技术组织措施(具体内容略)

五、确保安全生产的技术组织措施(具体内容略)

六、确保工期的技术组织措施(具体内容略)

七、确保文明施工的技术组织措施(具体内容略)

八、施工总进度表或施工网络图(具体内容略)

九、施工总平面布置图(具体内容略)

第三章　综合部分

(目录略)

一、项目管理机构配备情况(具体内容略)

二、建筑企业在建筑市场活动中行为规范(主要指质量、安全、招标、投标活动)无不良行为;对不良行为的认定以建设行政主管部门通报为准(具体内容略)

三、企业综合实力、信誉、综合施工能力、近三年以来类似工程业绩(具体内容略)

本章小结

　　本章主要从建设工程投标的角度,重点讲述了建设工程投标的程序、投标报价的组成、编制方法、投标报价的审核、投标文件的组成及投标文件的编制步骤和投标文件的提送;讲述了投标决策的内容、投标策略和技巧。

思考题

1. 什么是投标程序?
2. 投标时决策的依据是什么?
3. 常用的投标技巧有哪几种?
4. 投标报价的编制方法有哪几种?
5. 投标报价由哪些内容组成?
6. 如何对投标报价进行审核?
7. 建设工程投标文件由哪些内容构成?
8. 建设工程投标文件编制时应注意什么事项?

5

国际工程招标投标概述

学习要求：

通过本章的学习，要求学生了解国际工程招标投标的产生及发展，国内与国际工程招标投标之间的区别和联系，国际工程投标策略；熟悉国际工程招标投标程序及招标文件的内容；掌握国际工程招标投标的内容、特点及招标方式。

5.1 国际工程招标投标简介

5.1.1 国际工程招标投标的产生及发展

国际工程通常是指允许有外国公司来承包建造的工程项目，即面向国际进行招标承包建设的工程。在许多发展中国家，根据项目建设资金的来源（如外国政府贷款、国际金融机构贷款等）和技术复杂程度，以及本国公司的能力局限等情况，允许外国公司承包某些工程。有世界银行或者地区性发展银行（如亚洲开发银行、非洲开发银行和多国合作基金等）贷款的项目，必须按贷款银行的规定允许一定范围的外国公司投标。这都属于国际工程。在我国，对于外商投资项目或者引进技术的特殊复杂项目，允许外国公司参加投标承包建设，或者与中国公司联合投标承包，这也视为国际工程。

国际工程招标投标是国际建筑工程承包的产物，前者是随着后者的产生和发展而产生和发展的。最早进入国际承包市场的发达资本主义国家的建筑企业，利用当地的廉价劳动力承包建筑工程、牟取盈利，当然也带来了现代机具设备、施工技术和以竞争为核心的工程承包的管理体制。第二次世界大战后到 20 世纪 50 年代的中后期，一些发达国家在战后恢复时膨胀发展起来的建筑公司，因其国内建设任务的减少而不得不转向国际市场，促进了国际工程市场的竞争。20 世纪 70~90 年代，中东、东南亚地区一些发展中国家大兴土木，大规模地进行国内各项经济建设，加剧了国际工程承包的竞争。由于国际工程项目建设周期长、占用资金量大、施工技术复杂、管理水平要求高、不可预测的技术经济风险大，所以业主希望选择施工技术水平高、能力强、经验丰富、质量好、效率高，而且工程价款合理的承包商；而承包商则希望承揽盈利丰厚，且自己在技术和管理上又较擅长的投资项目。于是，国际工程承发包双方本着商品经济的竞争原则互相选择对方，这种选择的重要手段就是招标投标。

5.1.2 国际工程招标的分类

根据招标的目的和要求完成的工程任务范围的不同，国际工程招标可分为以下几种。

1. 全过程招标

这种方式通常是指交钥匙工程招标。招标范围包括整个工程项目实施的全过程,如勘察设计、材料与设备采购、工程施工、生产准备、竣工、试车、交付使用与工程维修。

2. 勘察设计招标

招标范围是要求完成勘察设计任务。

3. 材料、设备采购招标

招标范围是要求完成材料、设备供应及设备安装调试等工作任务。

4. 工程施工招标

招标范围是要求完成工程建设施工任务。可以根据工程施工范围的大小及专业不同实行全部工程招标、单项工程招标、单位工程招标和专业工程招标。

5. 管理招标

招标人在承包商之外,雇用一家独立的工程管理公司承担工程施工阶段或者设计和施工阶段的合同管理和协调工作。

5.1.3　国际工程招标投标的内容和特点

一、国际工程招标投标的内容

招标和投标是业主和承包商就投资项目进行商业交易的同一商务活动的两个不同表现方面,双方虽是对立统一的有机整体,却有着不同的内容和表现形式。

1. 国际工程招标的内容

国际工程招标的内容,包括确定招标方式、招标的基本程序、招标前的准备工作、进行开标和评标,最后进行决标和授标。

① 确定招标方式。当前国际工程中采用的招标方式很多,归纳起来有四种类型:竞争性招标(也称国际竞争性招标、国际公开招标)、国际有限招标(又称有限竞争招标、邀请招标)、两阶段招标和议标。业主(或贷款银行)根据自己和对承包商技术、财务、经济、管理水平等多方面的要求,进行综合平衡之后,决定招标方式。例如,世界银行支持的工程项目一般采用国际竞争性招标,英联邦地区所实行的主要招标方式是国际有限招标。

② 按国际招标基本程序进行招标。程序是一定的技术经济规律的具体表现,是对一定技术经济活动的规范。国际工程通常采用的招标程序一般分为六个阶段:确定项目策略,投标人资格预审,招标,开标,评标,授予合同。招标工作必须遵循这一基本程序。

③ 招标前的准备工作。主要内容有成立招标机构、发布招公告、进行投标人资格预审、邀请投标人到工程现场实地勘察、编制招标文件等。一项成功的、理想的国际招标,其成功的关键往往取决于招标前充分的准备工作。在国际招标实践中,因事先考虑不周而导致招标失败的事屡见不鲜。因此,必须充分重视招标前的准备工作。

④ 开标。报送标书的截止日期和规定时间一过,招标机构根据招标文件规定的正式开标日期和时间进行开标。开标可以是当众公开的或非当众公开的,也可以是在一定的限制范围内进行公开。开标方式的选定,要视当初公告宣布的程序而定。

⑤ 评标。开标以后,业主及其招标机构相继转入幕后评标阶段。评标时,必须考虑众多因素,如标价的比较、承包商的合同与行政管理方面的评估、技术力量的比较,商务能力的比较,工程风险的分析。参加的评审人员要富有经验和判断力,了解合同条款并了解各承包

微课
国际工程
招标投标
的内容和
特点

商的能力。

⑥ 决标和授标。决标即最后决定中标人。授标是指向最后决定的中标人发出通知,接受其投标书,并由业主与中标人签订工程承包合同。决标和授标是工程招标阶段的最后一项重要的工作。评审人员经过深入分析和比较投标文件的评标阶段后,向业主提交一份详细的综合比较的评标报告,作为业主决标和授标的重要依据。业主在决定中标者的过程中,除了依据评标报告的有力论证外,同时也可以出于某种特殊原因,甚至是对经济、政治方面的特殊考虑,选择中标人。在决定中标人后,业主向中标人发出中标函,招标机构即可根据业主意向,具体办理授标事宜,并邀中标者前来商签合同。

2. 国际投标的内容

国际投标的内容包括投标决策,成立投标班子,遵循一定的投标程序进行投标前的准备工作,计算标价,确定投标策略,编制投标书,递交投标书等。

① 投标决策。面对众多的工程招标项目,究竟应该如何确定投标对象呢?是独立投标还是联合投标,是作为总承包商投标还是作为分包商参与投标,承包商可以根据自己技术、财务、管理等方面的能力,根据自己与业主和其他承包商之间的关系,权衡比较后进行投标决策。

② 在实施投标之前必须搞清投标程序,严格按照投标程序行事。

③ 投标前的准备工作。进行投标前,承包商必须选择好项目,对工程项目的情况进行调查,物色好代理人,熟悉与投标有关的技术规范、商业条款和政府的政策规定,做好接受资格预审的准备工作。进行投标是一个竞争的过程,是一个比实力、比技术、比信誉、比能力、比技巧、比策略的竞争。要想中标必须做充分的前期准备工作。

④ 计算标价。报价是整个投标工作的中心环节,是投标成败的关键。因此,要合理地采用报价的计算程序和方法,做到既能在报价上击败竞争对手、成功中标,又能保证项目执行之后取得合理盈利或达到计划目标。

⑤ 确定投标策略。标价计算完之后,不能将此价拿去投标,应根据公司的近期和长远目标,考虑公司的优势和劣势,并根据工程项目的特点,对标价进行分析、调整,最后确定投标标价。

⑥ 编制投标书。投标书的编制包括内部标书编制和标书的编制两部分。编制内部标书的目的,是为了最后决定投标价。因此,标价审定后,就可在内部标价的基础上,按投标书的格式、项目和审定的价格编制投标书。

⑦ 在投标过程中,不可忽视细节性的工作。一些细节性的工作,如致函的措辞、填标,也很重要,弄不好会导致整个投标工作前功尽弃。因此要充分重视书写投标致函,核对计算和填标,装订标书,按时送标,准备保函等具体的细节性工作。

⑧ 承包商在收到授标函件后,与业主商签合同。

二、国际工程招标投标的特点

国际建设工程招标投标的情况比较复杂,从总体上看主要有以下几个特点。

1. 具有明显的商业性

国际工程招标投标是以建设工程作为商品生产和交换的过程。工程公司进行投标的目的是为了取得受工程市场承包利润率制约的尽可能高的利润,同时赢得有利于今后承包的良好信誉。由于其经营目的是盈利,所以经营业务也具有显著的商业性特点,如材料、施工机具的供应都是通过商业渠道取得的。价格随时波动,付款条件多种多样。劳动力也是自由雇佣,并有市场价格。在资金筹集方面,由于一般是通过银行贷款,其利率受国际银行贷款利率的制约。

2. 综合性强、对承包商要求较高

承包工程包括设计、设备采购、施工安装、人员培训、资金融通等内容,要牵涉工程、技术、经济、金融、贸易、管理、法律等各方面,表现出极显著的综合性。由于工程项目包含的行业和门类众多,综合性强,要求承包工程时要成龙配套,坚持完整性并保证质量。另外,业主对工程的费用、工期、技术都有所要求,使得承包商必须有较高的组织管理水平和技术水平才能胜任。

3. 营建时间长、风险大

承包工程从投标、成交到竣工,短则二三年,多则十几年,所以工程款的回收期一般都很长。在此期间内难免会发生各种事故,如动乱、政变、罢工等不可抗力因素。物价上涨、货币贬值、工程自然地理及气候发生变化等都可能影响工程的进行,使承包商遭受损失。因此,承包商要善于调查研究,正确进行市场预测,正确估计形势,因势利导,及时解决各种问题才能免遭损失。

4. 强烈的国际竞争

由于工程项目交易金额大,少则数十万美元,多则上亿美元,有的甚至高达十亿美元以上。因此,若能通过投标取胜,就会获得高额利润,这本身就造成了国际竞争的激烈和复杂。而从商品、技术到劳动力各国各地区的成本与价格都有较大差异。工程承包公司必须利用各自优势,想方设法在竞争中取胜。另外,由于这种激烈竞争的情况使业主有可能对工程削价或提高条件,加剧了竞争的激烈程度,也加大了承包工作的困难。

5. 招标投标的法制性

工程招标投标是在所在国法律、法令的制约下进行的,并且承包双方签订的合同、协议等都受法律保护,正式业务书信经签名后即具有法律效力。若出现争端和争执,必要时必须诉诸法律裁决。因此,国际招投标的进行具有显而易见的法制性。

6. 受工程所在国的制约

工程所在国政府为保护本国本行业的利益,一般实行保护主义限制外国工程公司的经营活动。例如,对外国公司在经营资格和经营范围上加以限制,规定本国劳工和技术人员享有就业优先权,对外国公司规定较高的税率等。另外,不少发达国家限制外汇流出国外,规定了外汇管制法,并限制外国劳工入境。这些措施和法令都起到了保护本国利益,制约外国承包公司的作用。

7. 必须接受业主的监督

国际工程承包采用业主监督制,业主委派的工程师具有对承包商监督、命令、指导、核准、仲裁、撤职的权利,并有工程款、工程索赔的核准支付权,负责仲裁各种纠纷和争执。

5.2 国内和国际工程招标投标的区别和联系

招标投标是商品经济的必然产物,是建筑承包市场商品交易行为的重要手段,因此,国内国际招标投标必然地存在着较为密切的联系。招标投标是一种不仅涉及一定的科学技术、经济制度,还涉及一定的政治法律制度、社会风俗习惯的复杂商务活动。由于各国间政治经济制度的差异,经济发展时期的变化,经济体制、政策法规、风俗习惯的不同,国内国际招标投标在内容和形式上也就必然存在着差异。

5.2.1　国内和国际工程招标投标的联系

首先,应该说招投标制度是适应于一定的社会生产力水平而发展起来的社会化生产经营管理方式,它反映了一定的生产关系和上层建筑,但更主要的是它是与社会生产力水平密切相关的。因此,单纯地从社会生产力水平和社会管理角度考察,国内和国际招标投标制度必然具有较密切的联系。

① 二者都受时间序列自然规律的约束。国内招标投标必须服从从规划、设计、施工到投产的一系列既定的基本建设程序,国际招标投标也必须服从国际上普遍通行的建设程序。从招标投标自身的程序看,从进行招标准备、发出投标邀请函、资格审查、投标、开标、评标直至授标,无论国内还是国外,都严格地遵循了自然因素所决定的时间序列。

② 二者都是商品经济的产物。国外的招标投标是商品经济发展到一定阶段的产物,在资本主义发展的最初阶段,大规模的工程建设没有商品化,招标投标也就不可能形成和发展。随着商品经济的逐步发展,资本主义法律制度的进一步完善,社会化大生产的进一步发展,社会管理水平的大幅度提高,招标投标制度也就应运而生了,经过长期在实践中的广泛运用,招标投标制度已趋成熟完善。

我国的工程招标投标制度是社会主义商品经济的产物。招标投标制度的试行和推广是以承认商品经济的必要条件为基础的,即承认社会主义制度下的各企业之间存在着独立的利益,企业之间在利益追求上是公平平等的,承认社会化大生产大规模分工协作的客观存在,要求社会主义企业在平等互利的原则上加强社会协作。因此,只有承认了商品经济等价交换的价值规律和公平竞争的原则,工程招标投标制度才能推行和完善。

5.2.2　国内和国际工程招标投标的区别

由于国内、国外商品经济发展历史存在差异,政治经济制度、法律制度、民俗习惯不同,因此工程招标投标存在着一定的区别。

① 国内、国外招标投标制度的完善成熟程度不同。国外的资本主义商品经济发展了数百年,招标投标制度也已经过长期的反复实践,形成了较为完善的体系和机构。英国是最早实行工程招投标的资本主义国家,拥有从事招投标研究和组织的专门机构,有一套相当严密的关于招标投标的规范。我国的招标投标制度是从 20 世纪 80 年代才建立起来的,无论是从体制还是机构建设上都还需继续完善。

② 所处的政治、经济制度不同。我国是以公有制为主体的社会主义国家,而国外参与工程承包的绝大多数承包商都来自实行私有制的资本主义国家。公有制条件下的企业与企业之间的权责利(指责任、权利、利益)关系的界限和约束不可能像私有制条件下的企业之间那样分明。因此,国内的招标投标的公平竞争性表现不够充分。即便在国际招标投标中,这种弱势有时也能显示出来。由于国有企业资产为国家所有,国家拥有任意处置权,在国际招标投标中,业主往往以资产可以任意逃避转移为借口,拒绝国内公司以公司资产抵押作为担保的保函。

国内招标投标面临的是同样的政治经济环境,而国际的招标投标由于涉及的范围广,各个项目所在国的政治经济环境会有明显差异。为了确保项目盈利,必须充分地了解项目所在国的政治经济稳定程度,防止政治经济风险。

③ 所涉及的技术规范、政策法规、金融制度、经济法规等有较大的差异。国内招标投标,按照政府有关部门的规定,使用统一的技术规范,套用规定的定额,遵循一定的政策法规、经济法规。在国际招标投标过程中,虽然大多数项目采用国际通用的规范,但项目所在国有权使用自己特定的技术规范,这就会导致各国间的较大差异,投标者不得不谨慎从事,以免造成失误。各国间政策法规、金融制度、经济法规甚至风俗习惯的差异令投标者不得不加倍慎重。例如,某些国家进行外汇管制,某些国家银行存款不付利息,某些国家对国外劳工入境有明确限制等。

④ 国内工程招标投标的做法及规定不同于国际上通行的惯例。国内工程招标投标的做法及规定与国际上通行的工程招标投标的惯例做法有不同的地方。在费用计算方法上,国际工程采用的是按市场情况确定的综合单价,而国内投标报价还有用工料单价加取费的做法。在合同范本采用上,国内采用一些国内范本,而国际工程大多采用国际流行的合同文本,如 FIDIC 合同条件等。

5.3 国际工程招标投标程序

5.3.1 国际工程招标方式

国际工程招标的方式,通常有国际竞争性招标、国际有限招标、两阶段招标和议标。

一、国际竞争性招标

国际竞争性招标,又称国际公开招标、国际无限竞争性招标,是指在国际范围内,对一切有能力的承包商一视同仁,凡有兴趣的均可报名参加投标,通过公开、公平、无限竞争,择优选定中标人。这种方式主要适用于国际性金融组织(如世界银行等)、地区性金融组织(如亚洲开发银行等)和联合国多边援助机构(如国际工业发展组织等)提供优惠或援助性贷款的工程项目;国家间合资或政府、国家性基金会提供资助的工程项目;国际财团或多家金融组织投资的工程项目;需承包商带资、垫资承包或业主需延期付款或以实物(如石油、矿产或其他实物等)偿付的工程项目等。这些项目包括高速公路、电站、水坝等大型土木工程,海底工程、工业综合设施,跨越国境的工程,以及发包国在技术或人员方面无能力实施的工程等。

二、国际有限招标

国际有限招标,又称国际有限竞争性招标、国际邀请招标。较之国际竞争性招标,它有其局限性,即对投标人选有一定的限制,不是任何对发包项目有兴趣的承包商都有资格投标。国际有限招标具体做法通常有两种:一种是一般性限制。这种做法与国际竞争性招标一样,要在国内外主要报刊上刊登广告,但对投标人的范围(主要是资信)作了更严格的限制,不是任何对发包项目感兴趣的承包商都有资格参加投标;另一种是特邀招标。这种做法一般不在报刊上刊登广告,而是由业主根据自己的经验和资料或咨询公司提供的名单,在征得招标项目资助机构的同意后,对一些承包商(一般为 5~10 家,最低不能少于 3 家)发出邀请,经过资格预审,允许其参加投标。国际有限招标通常适用于以下项目:不宜采用国际竞争性招标(如准备招标的成本过高等)或采用国际竞争性招标未获成功(如无人投标或投标人数不足法定人数等)的工程项目;能胜任的潜在的承包商过少或有意投标的承包商很少的工程项目;工程量不大或规模太大的工程项目;专业性很强或对技术、设备、人员有某些特殊性要求的工程项目;有保密性要求或工期紧迫的工程项目。

三、两阶段招标

两阶段招标是在国际范围内实行无限竞争与有限竞争相结合的招标方式。具体做法通常是:第一阶段按国际竞争性招标方式组织招标、投标,经开标、评标确定出 3~4 家报价较低或各方面条件均较优秀的承包商;第二阶段按国际有限招标方式邀请第一阶段选出的数家承包商再次进行报价,从中选择最终的中标人。两阶段招标方式主要适用于一些大型复杂项目、新型项目、工程内容不十分明确的项目。

四、议标

议标又称谈判招标、指定招标、邀请协商,是一种非竞争性招标方式。其本意和习惯做法是由发包人寻找一家承包商直接进行合同谈判,一般不公开发布通告。严格来说,议标不是一种招标方式,只是一种谈判合同。但随着国际工程承包活动的发展,议标的含义和做法也发生了一些变化。如发包人不再只同一家承包商谈判,而同时物色几家承包商与之进行谈判,然后不受约束地将合同授予其中任何一家(不一定是报价最优惠者)。

议标给承包商带来较大好处,因竞争对手不多,缔约的可能性较大。议标对于发包单位也有好处,发包单位不受任何约束按其要求选择合作对象。当然,议标毕竟不是招标,竞争对手少,无法获得有竞争力的报价。议标通常适用于以下工程项目:公法(如行政法等)管辖的以行政合同或政府协议等特殊名义订立合同的工程项目;因技术设备或投资渠道上的需要必须发包给特定承包商(单向议标)的工程项目;属于进行科研、实验、试验、调查、开发工作的工程项目;业主对详细内容说不清楚、定不下来,需要进一步完善的工程项目;出于紧急情况或急迫需要(此种紧迫性应系非招标人所能预见,亦非招标人办事拖拉所致),采用公开招标或有限招标程序不切实际(如耗时太久而不可行等)的工程项目;涉及军事、国防、国家安全或有保密性要求的工程项目;以临时价订立合同且在业主监督下执行合同的工程;已为业主实施过项目且为业主所信任的承包商再承担新的基本技术要求相同的工程项目;已采用公开招标或有限招标程序,但无人投标,或招标人依法拒绝了全部投标,而且招标人认为再进行新的招标程序也不太可能产生合同的(即采用竞争性招标方式失败的)工程项目。

在招标的方式上,各国和国际组织通常允许业主自由选择招标方式,但强调要优先采用竞争性强的招标方式,以确保最佳效益。

5.3.2 国际工程招标投标的程序

一、国际工程招标的程序

1. 国际工程招标的一般程序

各国和国际组织规定的招标程序不尽相同,但其主要步骤和环节一般来说是大同小异。国际咨询工程师联合会(FIDIC)制定的招标程序,是世界上比较有代表性的招标程序,主要程序如图 5-1 所示。

2. 确定项目策略

项目策略的确定包括确定招标方式和排定招标日程表。招标方式可根据资金来源情况、工程情况、市场竞争情况等来确定。

3. 发布招标公告、投标邀请书

国际竞争性招标公告的发布方式通常有以下 3 种。

① 在官方或有权威的报刊(如国际著名的《华尔街日报》《承包商》《建筑导报》《工程新

闻》《开发论坛》等)上登载。

② 由招标机构通知使领馆,再由使领馆向本国或当地报告或公布。

③ 由招标机构在其办公场所张贴布告。国际竞争性招标公告的格式一般为告示或信函,发出时间通常为开标前 1~3 个月,也有为开标前 6 个月的。

国际竞争性招标公告的内容,一般至少必须写清楚以下事项。

① 业主名称和项目名称。

② 招标工程项目位置。

③ 中标人应承担的工程范围的简要说明。

④ 招标项目资金的来源。

⑤ 招标项目主要部分的预定进展日期。

⑥ 申请资格预审须知。

⑦ 招标文件的价格,购领招标文件(包括招标细则和投标格式书)的时间和地点。

⑧ 投标保证金的数额。

⑨ 投标书寄送截止日期和寄送地点。

⑩ 公开开标的时间和地点。

⑪ 要求投标商提交的有关证明其资格和能力的文件资料。

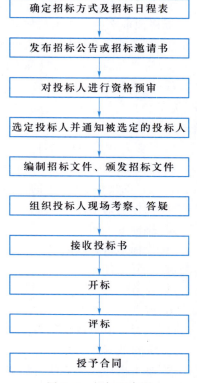

图 5-1 招标程序图

国际有限招标通常是向被选定的承包商发出邀标通知书,一般情况下不在报刊上刊登招标公告。由于国际有限招标习惯上在招标前就已完成对投标商的资格审查工作,因此不需要再对投标人进行资格预审。邀标通知的内容,与国际竞争性招标公告内容基本相同。

4. 资格预审

在国际工程招标过程中,招标人在正式授标前一般都要对投标人的投标资格进行审查,以便以书面形式了解投标人的财务能力、技术状况、工程经历、施工经验等情况,淘汰其中不合格的投标人,避免受骗上当或其他招标风险。

按对投标人进行资格审查的时间,可以把资格审查分为资格预审和资格后审。资格预审是指在投标前对投标人进行资格审查,这是绝大多数国家通常采用的资格审查办法。其目的是通过投标前的审查,挑选出一批合格的投标人进行投标。

资格后审是指在开标后评标前对投标人进行资格审查,只对经资格审查合格的投标人进行评标。资格后审的内容与资格预审差不多。在国际上,一般是不能或不宜采用资格预审的才采用资格后审,所以采用资格后审办法的国家并不多。

资格预审的程序如下。

① 编制资格预审文件。

② 发出资格预审邀请(即在有关报刊或大使馆发布通告或公告)。

③ 出售资格预审文件。

④ 投标商按规定提交填写好的资格预审文件。

⑤ 对资格预审文件进行评审。

⑥ 选定投标人名单并向参加资格预审的所有投标商通知评审结果。

资格预审文件主要包括如下内容。

① 工程项目总体描述(项目内容、资金来源、项目条件、合同类型等)。

② 简要合同规定(对投标人的要求及限制条件,对关税、材料和劳务的要求等)。

③ 资格预审须知。资格预审须知主要说明投标商应提供有关公司概况、财务状况证明、施工经验与过去履约情况、人员情况、设备情况,要求投标人按照资格预审文件的要求和格式进行填报。

5. 编制及颁发招标文件

招标文件一般由招标单位聘请咨询公司进行编制。招标文件的细节和复杂程度,一般随招标项目的规模、性质等的不同而有所不同。招标文件的主要内容如下。

① 投标邀请书。

② 投标者须知。

③ 投标书格式及附录。

④ 合同条件。

⑤ 规范。

⑥ 图纸。

⑦ 工程量清单或报价表。

⑧ 资料数据。

⑨ 要求投标人提交的附加资料清单。

其中,投标邀请书和投标者须知一般不构成合同的一部分。

招标文件只颁发给通过资格预审的投标人。

6. 现场考察及质疑

招标人应按照招标文件中规定的时间,组织投标人进行施工现场考察,主要目的是保证每个投标人查看现场并获得编制标书所需的一切有关资料。处理投标人的质疑,应按招标文件中的规定用信函答复或召开投标人会议的方式。对质疑的解答应发送给所有的投标人,但不应该说明问题的来源,对质疑的解答应作为招标文件的补充。招标人对招标文件的补遗,也应作为招标文件的一部分发送给所有投标人。

7. 投标书的接受

应提示投标人在提交投标书时要使用双层普通信封或封套,并将业主提供的事先写好地址的标签贴在上面,标签最好醒目,并标有"投标文件正式开标前不得启封"的字样,投标人在规定的提交日期前提交投标书,招标人应纪录收到的时间及日期,但在规定最迟的提交时间以后送达的标书,招标人不得启封,并应立即退还给投标人。

8. 开标

正式开标通常有两种方式:一是公开开标,二是限制性开标。

公开开标的做法如下。

① 开标的日期、地点和时间在招标公告或通知中明文规定,一般应于投标截止日的当日或次日举行。

② 投标人或其代表应按规定参加开标。

③ 开标一般由招标人组织的开标委员会负责。

④ 开标时应当众打开在投标开始日以后至截止日以前收到的所有投标书,并宣布因投标书提交迟到或没有收到及不合格而被取消投标资格的投标人名单(如果有的话)。

⑤ 开标委员会负责人当众宣读并记录投标人名称,以及每项投标方案的总金额和经要求或许可提出的任何可供选择的投标方案(有时允许投标人对同一个项目投两个标书,一个为严格按招标文件要求投的标书,一个为对招标文件提出修改建议方案而投的标书)的总金额。

⑥ 参加开标的人对各投标人的报价均可记录,也可进行澄清(此时的澄清一般应经业主邀请,并须以公函、电报、电传等书面形式进行),但不得查阅投标书,也不得改变投标书的实质性内容或报价。

限制性开标是指招标人把开标日期、地点和时间通知所有投标人,在愿意参加的投标人到场的情况下开标,其他做法同公开开标。

9. 评标

(1) 评标组织

国际工程评标委员会一般由业主负责组织。为了保证评标工作的科学性和公正性,评标委员会必须具有权威性。评标委员会的成员一般均由业主单位、咨询设计单位的技术、经济、法律、合同等方面的专家组成。评标委员会的成员不代表各自的单位或组织,也不应受任何个人或单位的干扰。

(2) 评标的步骤

评标分为两个阶段,即初步评审和正式评标。

① 初步评审。主要包括对投标文件的符合性检验和对投标报价的核对。所谓符合性检验,有时也叫实质性响应,即检查投标文件是否符合招标文件的要求,有关要求均在招标文件的投标人须知中作出了明确的规定。如果投标文件的内容及实质与招标文件不符,或者某些特殊要求和保留条款事先未得到招标单位的同意,则这类投标书将被视作废标。

对投标人的投标报价在评标时应进行认真细致的核对,当数字金额与大写金额有差异时。以大写金额为准;当单价与数量相乘的总和与投标书的总价不符时,以单价乘数量的总和为准(除非评标小组确认是由于小数点错误所致)。所有发现的计算错误均应通知投标人,并以投标人书面确认的投标价为准。如果投标人不接受经校核后的正确投标价格,则其投标书可被拒绝,并可没收其投标保证金。

② 正式评标。正式评标内容一般包含以下三个方面。一是技术评审。对工程的施工方法、进度计划、工期保证、质量保证、安全保证、特殊措施、环境保护等方面进行审查、评价。二是商务评价。对投报总价、单价、计日工单价、资金支付计划、提供资金担保、合同条件、外汇兑换条件等的评价。三是比标。对各家的报价、工期、外汇支付比例、施工方法、是否与本国公司联合投标等在统一基础上进行评比,确定得标候选人(一般是 2~3 名)。对于国际招标,首先要按投标人须知中的规定将投标货币折成同一种货币,即对每份投标文件的报价,按某一选择方案规定的办法和招标资料表中规定的汇率日期折算成同一种货币来进行比较。世界银行评标文件中还提出一个偏差折价,即虽然投标文件总体符合招标文件要求,但在个别地方有不合理要求(如要求推迟竣工日期),但业主方还可以考虑接受,对此偏差应在评标时折价计入评标价。

在根据以上各点进行评标过程中,必然会发现投标人在其投标文件中有许多问题没有阐述清楚,评标委员会可分别约见每一个投标人,要求予以澄清,并在评标委员会规定时间内提交书面的、正式的答复。澄清和确认的问题必须由授权代表正式签字,并应声明这个书面的正式答复将作为投标文件的正式组成部分。但澄清问题的书面文件不允许对原投标文件作实质上的修改,除纠正在核对价格时发生的错误外,不允许变更投标价格。澄清时一般只限于提问和回答,评标委员在会上不宜对投标人的回答作任何评论或表态。

在以上工作的基础上,即可最后评出中标者。评定的方法既可采用讨论协商的方法,也可以采用评分的方法。评分的方法即是由评标委员会在开始评标前事先拟定一个评分标准,在对有关投标文件分析、讨论和澄清问题的基础上,采用由每一个委员不记名打分,最后统计打分结果的方式得出建议的中标者。用评分法评标时,评分的项目一般包括投标价、工期、采用的施工方案、对业主预付款的要求等。

世界银行贷款项目的评标不允许采用在标底上下定一个范围,入围者才能中标的办法。

10. 决标与废标

(1)决标

决标即最后决定将合同授予某一个投标人。评标委员会作出建议的授标决定后,业主方还要与中标者进行合同谈判。合同谈判以招标文件为基础,双方提出的修改补充意见均应写入合同协议书补遗书并作为正式的合同文件。

双方在合同协议书上签字,同时承包商应提交履约保证,这样就正式决定了中标人,至此招标工作告一段落。业主应及时通知所有未中标的投标人,并退还所有的投标保证金。

(2)废标

废标即本次招标作废。一般在下列三种情况下才考虑废标。

① 所有的投标文件都不符合招标文件要求。

② 所有的投标报价与业主的费用估算或业主的预算相比,都超额过大。

③ 在决标合同谈判时,没有达成一项满意的合同。

④ 收到的标书太少,不能保证一定的竞争性。

但按国际惯例,不允许为了压低报价而废标。如要重新招标,应对招标文件有关内容如合同范围、合同条件、设计、图纸、规范等重新审订修改后才能重新招标。

11. 授予合同

决标后,业主与中标人在中标函规定的期限内签订合同。如果中标人未如期前来签约或放弃承包中标的工程的,招标人有权取消其承包权,并没收其投标保证金。

在国际工程招标中,往往也允许决标后谈判,目的是将双方已达成的原则协议进一步具体化,以便正式授予合同,签署协议书。国际工程招标的合同订立,一般是承发包双方同时签字,合同自签字之日起生效。

二、国际工程投标程序

国际工程公开招标的投标程序如图5-2所示。

1. 投标决策

国际工程市场招标繁多。对承包商来讲,选投什么样的标是提高中标率和获得良好经济效益的首要环节。企业决策机构应全面权衡以下因素,做出是否投标的决策。

(1)工程方面

工程方面包括工程性质、规模、技术复杂程度、工程现场条件、工期、准备期是否有利等。

（2）业主方面

业主方面包括业主信誉、资金来源是否有保障，能否及时支付工程款，业主是否有带资承包的要求，招标条件是否公正，当地法规对外国承包商有无限制及限制程度，对争端的仲裁是否公平等。

（3）投标商方面

投标商方面包括自己有无承担类似工程的经验，技术上能否胜任，付款条件是否合理，本项目中标后对今后业务发展的好处，竞争情况如何，主要对手情况怎样等。

通过对以上因素的权衡分析，投标商应作出是否参加投标的决定。

2. 经营准备

在国际承包市场上参加某一项工程项目的投标竞争，需要进行一系列准备工作。准备工作充分与否对中标及中标后盈利程度有很大影响。经营准备包括以下内容。

图 5-2　招标程序图

（1）登记注册

外国承包商进入工程项目所在国开展业务，必须按各国规定办理注册手续，取得合法地位。有的国家规定必须先注册才能参加投标，而有的国家则可以先投标，中标后注册。

办理注册手续时，必须提交以下文件。

① 公司章程、营业证书、公司资本证明、详细地址、在世界各地的分支机构清单。

② 公司董事会成员名单，主要管理人员、技术人员名单。

③ 公司董事会关于拟在某个国家开展业务、设立经营机构的决议，对分支机构负责人的委任书、经营机构的通信地址、电传、电话号码。

④ 招标工程业主与申请注册公司签订的工程承包合同、协议和有关证明文件。

⑤ 政治性的确认书和两国互惠证书。

⑥ 公司授权签约证明书、资信证明书。

（2）参加资格预审

按业主招标机构的要求提交各种文件和资料参加资格审查。

（3）雇用代理人

代理人是能够代表雇主（承包商）利益开展某些工作的人。在国际工程承包中通行代理制度，代理人实际上是为外国承包公司提供综合服务的咨询机构或个人。其作用是为外国承包商提供办理注册、投标甚至整个承包业务中的各项服务。代理人对工程项目的投标、中标起着相当重要的作用。因此，选择代理人时，应选择那些有丰富的业务知识和工作经验、信誉可靠、交游广泛、活动能力强、信息灵通甚至有强大政治经济后台的人。

代理人的主要服务内容如下。

① 协助外国承包商争取通过投标资格预审，取得招标文件并获得授标。

② 协助办理各种例行手续，如人员注册手续、入境签证、居留证、工作证、物资进口许可证及各种执照等。

③ 协助办理工程材料、机械设备和生活资料的采购，进出口、提供供应渠道、商务经验

及价格等。

④ 代办运输、物资进口清关手续、申请许可证、申报关税、申请免税等。

⑤ 推荐分包商，征召当地工人。

⑥ 协助雇主(承包商)租用土地、房屋，建立电传、电报、传真、邮政、信箱户头。

⑦ 向承包商提供投标所需的各种费率、单价。

⑧ 提供当地有关工程承包的法律、法令条款及实际执行情况。

⑨ 提供当地工程市场情况及该国政治经济对它的影响，以及工程市场招标信息及背景材料。

⑩ 提供当地金融市场现状，该国外汇管理法、外汇市场情况及工程款中自由外汇的比例情况。

⑪ 材料、设备、劳务市场的货源、价格、税收及其他商情信息、劳务雇佣惯例等。

⑫ 社会风俗习惯、宗教等，并有责任建立和促进承包商与当地官方、工商界、金融界的友好关系。

代理人一般只有协助承包商达到中标目的后才能得到代理费。代理费一般为合同总价的 2%~3%，视工程项目大小和代理业务繁简程度而定。代理费应分期支付(可定在雇主第一次收到工程款时开始支付)，或等合同期满一次支付。代理人有较大贡献时，可付特别酬金，但不宜过高。

找到合适的代理人后，即可签订代理合同并颁发委任书，内容包括代理活动的业务范围和活动地区、有效期限、代理费用及支付办法、有关特别酬金的条款等。

(4) 办理投标保函

业主为了防止投标人退出投标给自己带来损失，要求投标商随投标文件同时提交投标保函。保证金额一般为投标总价的 2%~5%，保函有效期通常和投标的决标期相吻合。

保函是委托人、权利人、保证人之间的担保文件。其作用是委托人的一定保证金交付保证人作抵押，为他对权利人应尽的义务做保证。保证人可开具保函给权利人，一旦委托人不履行义务，保证人有权将保证金的部分或全部偿付给权利人以弥补其损失。委托人一般为工程承包公司，保证人一般为银行，权利人为工程业主。

(5) 雇佣外籍人员

除雇佣代理人外，在投标期和承包工程期间还需雇佣外籍人员，一般通过合同雇佣和聘任。需雇聘的外籍业务人员有以下几类。

① 估算师。也叫工料测量师、工料估算师。他们具有丰富的工程、经营管理方面的专业知识和经验。对于工程的成本、价格、财务、合同及有关法律法规都很熟悉，可为承包商提供工程概预算咨询及工程管理咨询。

② 工程技术人员。有的国家规定必须雇佣当地工程技术人员。由于他们熟悉当地工程市场商情、当地工程惯例、有关法律法令、规程规范、投标中的基本单价和劳务市场情况，若使用得当，可起到本国技术人员难以承担的作用。

③ 法律顾问。各国法律、法令条文繁杂，非当地律师难以掌握。承包商应根据当地形势聘请法律顾问，以免无意触犯当地法律法规，并在出现纠纷时协助承包商解决问题。

3. 投标准备

投标准备要做好以下工作。

（1）投标环境调查

投标环境是指项目所在国的政治、经济、法律、社会、自然条件等对投标和中标后的影响。通过查阅有关统计资料、研究报告、专业刊物和主要报纸，以及驻外机构和代理人等提供的资料信息，清楚了解以下环境问题。

① 政治环境，即政治是否稳定，与邻国关系及双边关系如何。

② 经济环境，即经济是否繁荣，经济发展情况，国民经济计划及执行情况，自然资源等。另外，还应了解有无通货膨胀、外汇储备和管理、国际支付能力情况、当地科技水平及交通电讯情况等。

③ 法律。除了宪法、移民法和外国人管理法外，还要了解包括工商企业法、税法、金融法、合同法、投资法、劳动法、建筑条例及法典、有关商事及其他与承包有关的法律。

④ 社会情况及自然条件。

⑤ 市场行情。包括建材、施工机械、生产资料及生活资料的供应情况、价格水平、变化趋势、劳务市场情况、外汇汇率、银行信贷利率等。

（2）工程项目情况调查

通过研究招标文件、勘察现场、参加投标会和请业主答疑或代理人的帮助，搞清项目性质、规模、发包范围、对技术工人的要求、对工期和分批竣工交付使用的要求、当地地质水文情况、交通运输、给水排水、通信条件、对购买器材及雇工有无限制、对本地和外国承包商有无差别待遇，工程款支付方式、外汇所占比例等情况。

（3）对业主的调查

对业主的信誉、资信情况及业主雇用的工程师的资历，工作作风等情况进行调查。

（4）研究招标文件

要组织得力的设计、施工、报价专业人员，对招标文件进行分析研究。对不清楚的地方要请业主解释，对不利己的问题要研究对付办法。

4. 报价准备

报价在整个投标工作中起着决定性的作用，因此要做好报价前的准备工作。

（1）核算工程量

招标文件中提供的工程数量是否符合实际，是直接影响投标的成败和能否获得利润的关键。因此，要对招标文件中的工程量进行复核。国际招标文件中一般都有工程量清单，但要注意的是工程量清单是按什么方法计算的。（若招标文件中没有工程量清单则须按图纸全部计算。）

复核工程量必须吃透图纸、改正错误、检查疏漏，必要时实地勘察取得第一手资料，掌握一切与计算工程量有关的因素如实计算。若发现招标文件中的工程量有重大不符时，应提请工程师修改，如不答复可提出相应的报价，并在备忘录中指出，要求按实际调整。

（2）编制施工组织设计

施工组织设计是标价计算的依据。施工组织设计主要内容如下。

① 施工方法及施工方案。确定施工方法及施工方案，应吃透招标文件中的技术规范和当地技术惯例，研究施工机械化水平并探讨采用先进工艺的可能性，提出保证质量、工期、安全、防尘防噪措施等。

② 编制总进度计划。编制总进度计划要坚持工期的严肃性，并在总工期中留有富裕时

间,以避免由于各种原因造成的工期拖延,导致业主罚款。一般以横道图和网络图形式表现。

③ 施工总体部署和总平面布置图。

④ 主要材料用量、施工机械设备清单及运输方式、材料及施工机械配置及供应计划。一般货源有当地采购商品(包括地方材料如砂、石等、本国建材工业产品、外国公司在本地的经销产品),第三国进口商品和本国出口产品,要保证到货日期和到货质量。

⑤ 劳动力来源的优选与供应计划。一般国家限制外国工人入境,因此要确定当地工人和本国技术工人的比例。通过比较工资水平和劳动生产率高低决定劳动力的来源。

⑥ 工程分包计划。当工程需进行分包时,进行分包与否的经济比较,并根据设备、技术力量及本国劳动力供应情况决定是否分包,分包哪些工程项目。

⑦ 提出现场临时设施的数量和标准。制订这一计划必须适应当地生产、生活条件及惯例(如中东国家要求临时建筑必须配备空调),调查施工时对私人道路、建筑物有无妨碍,是否形成施工费用,并考虑工程试验室建筑费和试验设备使用费,对业主工程师办公用房的建造标准等。

(3)器材、施工机械设备询价

各种器材、施工机械设备可从当地采购,也可从第三国采购及本国供应。因此,必须通过信函、电报或电传向供应商和生产厂家询价。对于租赁的机构设备,可向专门从事租赁业务的机构询价。

(4)分包询价

分包工程报价对总报价有一定的影响,因此,报价前应进行分包询价。

(5)进行现场勘察。要充分考虑施工现场的地质、水文气象条件、现场三通一平条件,以及环境对施工的影响,并取得施工规划所需的基础数据。

5. 投标报价组成

投标报价是整个投标工作的核心。在国际工程承包中,报价的基本组成如图5-3所示。

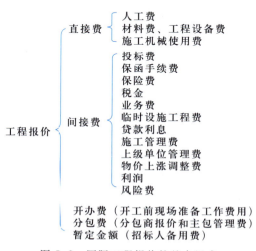

图 5-3　国际工程报价的基本组成

上级单位管理费是指上级管理部门或公司总部对现场施工单位收取的管理费,但不包括工地现场的管理费。由于各个公司的管理体制不同,计费标准不一,上级管理费通常约为工程总成本的 2%~5%。

利润和风险费。风险费对承包商来说是个未定数,如果预计的风险没有全部发生,则可能预留的风险费有剩余,这部分剩余和利润加在一起就是盈余;如果风险费估计不足,则只有用利润来贴补,盈余自然就减少以至成为负值。如果亏损很厉害就不可能向上级交管理费,甚至要上级帮助承担亏损。在投标时,应根据该工程规模及工程所在国实际情况,由有经验的投标者对可能的风险因素进行逐项分析后确定一个比较合理的百分数。

国际工程承包市场上的利润随市场需求变化很大,20 世纪 70 年代到 80 年代初期,利润率可达到 10%~15%,甚至更多。但到 80 年代中后期,国际工程承包市场疲软,竞争激烈,利润率下降。为了提高竞争能力,本着薄利的原则,一般利润率可考虑在 4%~5%,甚至更低或无利润投标。

暂定金额有时也叫待定金额或备用金。这是业主在招标文件中明确规定了数额的一笔金额,它实际上是业主在筹集资金时考虑的一笔备用金。承包商在投标报价时均应将此暂定金额数计入工程总报价,但承包商无权使用此金额。暂定金额可用于工程施工、提供物料、购买设备、技术服务、指定增加的子项及其他意外开支等,但均需按照工程师的指令支付,也就是说只有工程师才有权决定这笔款项在何种情况下全部或部分动用,也可能完全不用。

6. 拟定投标策略

投标策略是投标取胜的重要手段,适当的投标策略会使承包商得到投标的工程项目并获得利润。反之,则会失去中标机会,即使中标后也会由于报价过低导致无法盈利甚至亏损。一般投标策略有以下几种。

① 以提高经营管理水平取胜。

② 靠改进设计和缩短工期取胜。

③ 低价政策。

④ 加强索赔管理。

⑤ 着眼于发展。

7. 标书的编制和投送

(1) 标书的编制

编制投标书是投标过程中最重要的一环,是决定投标胜负的关键。承包商经过投标准备和报价准备之后,即可编制投标书。通常招标文件中附有投标书各个部分的标准格式。承包商可按招标文件中的各项要求,根据确定的报价,编制标书中的各种报表并填写所附的标准格式,这样即完成了正式投标书的编制。

投标书包括以下 4 个部分。

① 投标书及附件。投标书是由投标的承包商负责人签署的正式报价信(也称标函),按固定格式填写。一旦中标,投标书及其附件即成为合同文件的重要组成部分。

② 标价的工程量清单和单价表。按规定格式填写,核对无误即可。

③ 与报价有关的技术文件。包括图纸、技术说明、施工方案、主要施工机械设备清单及重要或特殊材料的说明书和小样等。

④ 投标保证书。在编制投标书时应注意以下几点:防止无效标书的发生;不得改变标

书格式;对标书所列工程量经核对有误时,不得任意涂改,也不得按自己核实的工程量计算报价,应将核实情况另附说明或在投标文件中另附的专用纸上进行补充和更正;计算数字要正确无误,无论单价,总价、合计、分部合计、大写数字、外文均应仔细核实。将有关报价的全部计算、分析资料汇编归档,妥善保存。

（2）标书的投送

全部投标文件编好后,经校核无误,由负责人签署,按投标人须知的规定分装,然后密封,派专人或邮递在投标截止期之前送到招标业主指定地点,并取得收据。

8．参加开标

投标人按招标通知在指定时间前往开标地点。由于开标日不立即作出决定,只是把全部报价记入正式记录,投标人有权在规定的时间、地点查阅记录、探明对手的报价价格和其他条件。当承包商被选为中标候选单位时(一般为 2~3 家),就须为争取中标进行紧张的工作,千方百计地击败竞争对手,促使业主接受自己成为中标者。

9．洽谈和签订合同

投标人的标书被接受后,会接到中标通知书。在规定的时间、地点,业主、中标人双方进行洽谈。协商谈判各种商业、技术、法律等合同条款,并提交履约保证金,签订合同。

5.3.3　国际工程招标文件的内容

招标文件既是投标人编制投标书的依据,也是业主与中标人签订承包合同的基础。因此,它是对业主与中标人双方均具有约束力的极为重要的资料。招标文件的内容与组成因承包合同的方式和内容、规模、复杂程度而有所不同,但一般都比较繁杂,面面俱到,比较严谨,以保证把签约双方在履约过程中可能出现的争议减少到最低程度。

通常招标文件主要包括以下内容。

一、投标邀请函

投标邀请函一般包括以下内容。

① 项目编号与名称。

② 颁发的文件清单。

③ 收到招标文件的回执表格。

④ 购买招标文件的地点、日期和价格。

⑤ 接受投标书的最后日期和地点。

⑥ 开标日期和地点。

⑦ 投标保证书或保证金。

⑧ 投标商的合格投标国籍。

二、投标人须知或投标指南

投标人须知或投标指南指导投标人进行正确投标,并说明应填写的投标文件和开标日期。其主要内容如下。

① 投标书的语言。

② 投标书的内容。

③ 要求提交投标书的份数。

④ 投标书的签署。

⑤ 招标文件解释、答疑的程序。

⑥ 投标人勘查施工现场的程序。

⑦ 关于取消投标资格、拒绝投标书的规定。

⑧ 投标书提交的有效期。

⑨ 投标保证书、履约保证书。

⑩ 开标的安排及评标定标的标准。

⑪ 投标和开标日期的推迟。

⑫ 保密要求等。

三、投标书格式、投标书附录

投标书格式、投标书附录是投标阶段的重要文件,其中投标书附录是投标人在投标时要首先认真阅读的文件,它对整个合同实施期都有约束和指导作用,因而应该仔细研究和填写。

投标书格式是业主在招标文件中为投标人拟定好统一固定格式的、以投标人名义写给业主的一封信,其目的是避免投标人在单独编写投标书时漏掉重要内容和承诺,并防止投标人采用一些含糊的用语,从而导致事后容易产生歧义和争端。

在此要提请注意的是,投标书被认为是正式合同文件之一,但不是投标人的全部投标报价资料。

投标书附录是一个十分重要的合同文件,业主对承包商的许多要求和规定都列在此附录中,还有一部分内容要求承包商填写,投标书附录上面的要求、规定和填入的内容,一经合同双方签字后即在整个合同实施期中有约束力。

四、合同条件

合同条件是合同双方为承包工程项目确定各自的权利和义务而订立的共同遵守的条文。合同一经双方签订就发生法律效力,当发生不可协调的分歧时,合同条款即是仲裁的依据。

合同条件通常分为通用条款和专用条款两部分。通用条件是适用于一般工程承包合同的基本条件,这部分条件不必起草,直接套用即可。专用条件是针对具体工程的需要而设的条件,需专门拟订。一般来说,合同条件包括下列内容。

① 标的。即招标工程项目情况的说明。

② 工程数量和质量。即明确规定承包人应完成的工程范围和数量及应达到的质量标准。

③ 工程价款,即明确工程承包价款数额,用作支付手段的货币种类及各种货币比例,以及支付时间和支付方式等。

④ 合同有效期限,履行合同的地点和方式。

⑤ 验收时间和方法。

⑥ 违约责任与纠纷处理。

⑦ 意外事件的处理。

一般国际上应用广泛的是国际咨询工程师联合会(FIDIC)编订的国际通用合同条件。

五、规范

规范即工程技术规范,大体上相当于我国的施工技术规范的内容,由咨询工程师参照国家标准范本和国际上通用规范并结合每一个具体工程项目的自然地理条件和使用要求来拟定,因此,可以说它体现了设计意图和施工要求,更加具体化,针对性更强。

根据设计要求,技术规范应对工程每一个部位和工种的材料和施工工艺提出明确的要求。

技术规范中应对计量要求做出明确规定,以避免和减少在实施阶段计算工程量与支付时的争议。

六、图纸

图纸是招标文件和合同的重要组成部分,是投标人在拟定施工方案、确定施工方法、选用施工机械,以及提出备选方案、计算投标报价时必不可少的资料。

招标文件应该提供大尺寸的图纸。如果把图纸缩得太小,看不清楚细节,将影响投标人投标,特别对大型复杂的工程尤其应该注意。图纸的详细程度取决于设计的深度与合同的类型。详细的设计图纸能使投标人比较准确地计算报价。但实际上,常常在工程实施过程中需要陆续补充和修改图纸,这些补充和修改的图纸均须经工程师签字后正式下达,才能作为施工及结算的依据。

七、工程量清单

工程量清单就是对合同规定要实施的工程的全部项目和内容按工程部位、性质或工序列在一系列表内。每个表中既有工程部位和该部位需实施的各个项目,又有每个项目的工程量和计价要求,以及每个项目的报价和每个表的总计等,后两个栏目留给投标人投标时去填写。

工程量清单的用途包括以下三个。一是为投标人(承包商或分包商)报价用,为所有投标人提供了一个共同的竞争性投标的基础。投标人根据施工图纸和技术规范的要求及拟定的施工方法,通过单价分析并参照本公司以往的经验,对表中各栏目进行报价,并逐项汇总出各部位及整个工程的投标报价。二是在工程实施过程中,每月结算时可按照表中序号、已实施的项目、单价或价格来计算应付给承包商的款项。三是在工程变更增加新项目时或处理索赔时,可以选用或参照工程量表中的单价来确定新项目或索赔项目的单价和价格。

八、要求投标人提供的附加资料清单

招标文件应说明要求投标人随他们的投标书一起提交的所有附加资料,但与评标和合同无关的资料不能要求投标人提供。下面是须提交的附加资料中的一部分。

① 投标人拟投入招标工程的项目组织。
② 投标人拟定的招标工程的实施进度计划。
③ 拟使用分包商的情况。
④ 拟投入项目管理的关键职员的详细情况。
⑤ 现场劳务人员的构成,包括当地的和国外的。
须提交的附加资料内容的多少应根据工程情况确定。

九、投标保函

投标保函,是由业主认可的银行或其他担保机构出具的文件。其内容是向业主担保投标人的标书被接受后,一定同业主签订承包合同,不得反悔,不得中途退标,否则,将没收保证书规定的担保金额,以赔偿业主损失。招标人应给出投标保证书的格式,投标保函通常由投标人和担保人共同签署。

十、履约保函

履约保函,是承包商向业主提出的保证认真履行合同的一种经济担保,一般有银行保函(或银行履约保函)和履约担保两种形式。招标人要求投标人在中标签订承包合同时,提供银行履约保函或由担保公司、保险公司或信托公司提供的履约担保,履约担保是第三者保证投标人按照合同条件履行合同的保证书。招标人应给出履约保证书的格式,一般在签订合同的同时填写履约保证书。

十一、协议书

协议书即投标人中标后,同业主签订合同时所使用的格式,协议书的格式由业主拟定好并附在招标文件中,以便让投标人了解中标后将同业主签订什么样的合同协议。由于合同的各种条件都已分散写在招标文件中,所以协议书在正文中只需写明"上述各种文件为本协议的组成部分,本人愿意遵守执行"即可。一般由招标人预先印好,由投标人填写。

5.3.4　国际工程投标策略

国际工程承包市场是一个竞争日趋激烈的市场,一方面有许多有经验的、发达国家的大中型公司,他们既有自己传统的市场,又有开拓和占领新市场的能力;另一方面有大批发展中国家的公司投入这个市场。过去发达国家的工程公司主要竞争技术密集型工程,而今发展中国家的一部分公司也参与了技术密集型工程项目的竞争;另外,许多国家的地方保护壁垒加厚。在这种激烈竞争的形势下,除了组织一个强有力的投标班子,加强市场调研,做好各项准备工作之外,对于如何进行投标、投标中应注意哪些事项、投标的技巧和辅助中标手段等问题都应该进行认真的分析和研究,制定出投标策略,争取在竞争中取胜。

一、投标策略制订的前提

投标策略是投标的艺术,研究在竞争中如何制定正确的谋略作为投标时克敌制胜的方法。也就是根据具体情况从投标到中标整个过程中对各个环节采取最有利的方法达到目的。要制订投标策略,首先要做好以下工作。

① 理智地分析是否参加计划中的工程项目投标。仔细研究承包合同条件,勘察现场,分析研究项目内容,预见工程建设时期可能发生的工程项目调整、工作条件变化、价格变动等情况及其他意外事件。对业主工程师也必须完全了解,如果工程师偏袒、蛮横、专断则会造成纠纷和损失。

② 对竞争投标的其他对手情况要了解清楚。对于其一贯作风和办法要掌握,最好能探知对手的报价范围,这要从各承包商对该工程的积极性大小和具体情况来分析。通过分析在材料、设备等方面是否具备其报价的条件,在以往类似工程上其最低价格等,权衡其在该工程上可能提出的最低报价范围。

③ 还要对业主的低标范围有所了解,主要是通过经济分析,从招标人(业主或其代理人)的角度来分析而不是以自己的投标角度来衡量。

通过准确及时的信息资料及其经验的积累,就可以对其进行正确分析,为制订投标决策做好准备。

二、投标策略

在投标过程中为了达到中标的目的,有时可能在原报价上砍一刀或打一个折扣。有时也可增加一定的条款,总的要求是不一定报最低标,而以争取前三名最为有利。因为在报价相近的情况下,往往是施工方案、质量、工期、技术经济实力、管理经验和企业信誉等因素综合起作用,并且一个决策人的机智魄力也对中标有重要意义。另外,在具体进行报价时,不能单纯采用低利政策,否则利润率和管理费率都要定得很低,即使中标也可能给承包商带来损失。因此,制订适当的报价策略对中标有决定性意义。

1. 不平衡报价法

不平衡报价法是国际上常用的一种报价方法,即在总标价固定不变的前提下,提高某些施工项目(如前期施工项目)的价格,降低某些施工项目(如后期施工项目)的价格的报价方法。一般来说,是采用提高早期施工项目价格,降低后期施工项目价格的办法。这样可在承包施工的前期收回比正常价格下更多的工程款,有利于施工流动资金周转,减少贷款利息支出,获得更多的存款利息。

不平衡报价法,适用于总价合同和单价合同。对于总价合同可直接应用单项工程报价,对于单价合同则可应用于分部分项工程报价。但应用此策略报价时应注意选择预计工程量不会产生重大变化的项目,或对工程量变化趋势确有把握的项目以避风险,因为如果由于各种原因使得早期项目工程量大减,而后期施工项目工程量大增时,原有单价的调整将造成亏损,达不到预期效益。

不平衡报价法具体做法如下。

① 按正常方法计算出标价后,选出预计早期施工的若干单项工程。

② 将投标期开支费、投标保函、履约保函、手续费、临时设施费、开办费、工程贷款利息及其他施工前期发生的费用部分或全部摊入上述早期工程价格之中。

③ 上述早期工程提价幅度在4%~8%。提价幅度不宜过大,以避免报价水平偏于正常价格过多,导致降低中标机会成为废标。

④ 选出后期施工的若干项工程,将前期工程提价总额在这些项目的价格中予以扣除(降低幅度也在4%~8%),使总价保持基本不变。

另外,在单价合同中,由于工程设计深度不足,施工时技术条件变化较大,往往导致工程量数值精确度不高。此时,工程款即按实际发生的工程量结算。这时,可按工程量变化趋势调整单价,这种方法也称为广义的不平衡报价法。

广义的不平衡报价法具体做法如下。

① 经工程复核选出其数值误差较大的项目若干个,其中应同时包括预计工程量过多和过少两种项目。

② 按一般方法计算有关项目的单价和总价。

③ 按不平衡报价法调整各有关项目的单价。具体方法是:将预计工程量增大的项目单价提高,预计工程量减少的项目单价降低,然后计算出调整后的各项项目总价。

④ 比较一般方法计算的有关项目的总价与调整后总价。一般应使后者总价之和不超过前者总价之和。如超过过多,则应将提高价稍作降低。

这种报价方法也应在工程量变化趋势确有把握时采用,以避免风险。

另外,以下几种报价方法也称为广义的不平衡报价法。

① 图纸不明确或有错误的,估计今后会修改的项目单价可提高,工程内容说明不清楚的单价可降低。这样有利于今后的索赔。

② 没有工程量,只填单价的项目(如土方工种中的岩石等备用单价)其单价宜高,因为

这样不影响投标标价,而且这些项目以后发生时又可多获利。

③ 对于暂定数额(或工程),分析它发生的可能性大,价格可定高些,估计不一定发生的价格可定低些。

④ 零星用工(计日工作),一般可稍高于工程单价中的工资单价,因为它不属承包总价范围,发生时实报实销,也可多获利。

若承包人希望承包全部分期建设的大型工程项目(如卫星城,开发区等),可采用另一种形式的不平衡报价法,即一期工程报价降低,将工程开发费用分摊一部分到后期工程之中。此时,一期工程利润降低,竞争力加强,中标后若经营得法,可为开办承包后期工程创造条件,节省后期开办费,有利于后期中标。然而若后期建设停建或缓建,则期望从中得到的利润将落空,甚至造成亏损。因此这种报价方法风险也存在,其成功和失败的事例均是存在的,采用这种方法时,应对分期建设形势进行比较透彻的分析,在有把握的条件下采用这种报价方法。

2. 多方案报价法

当工程说明书或合同条款不够明确,以及合同条件中有业主过于苛求使承包商难以接受的条件时,可采用这种报价方法,以争取修改工程说明书和合同。

多方案报价法的具体做法如下。

在标书上报两个单价,一是按原工程说明书和合同条款报价;二是加以注解,说明如工程说明书或合同条款可作某些改变时,则可降低多少费用,以求报价最低,吸引业主修改说明书或合同条款。另外,一般招标书中规定不得变更规定的条件,承包商可提出建议,提出可以降低价格的措施,将难以接受的条款加以改变,又使业主不认为是改变规定条款(因这种建议属于标书附件),而接受他的标书。通常业主若接受了某承包商的建议,也就会使该投标商成为中标人。

本章小结

本章对国际工程招标投标的发展、内容、特点进行阐述,分析了国内工程招标投标与国际工程招标投标之间的区别和联系,重点介绍了国际工程招标方式、招标投标程序,以及国际工程招标文件的内容、国际工程投标策略。

思考题

1. 简述国际工程招标、投标的内容。
2. 国际工程招标投标的特点是什么?
3. 资格预审文件的主要内容是什么?
4. 国际工程招标文件包含哪些主要内容?
5. 投标人须知是不是合同文件的一部分?

6. 为什么说投标书附录是一个重要的合同文件？

7. 投标决策时应考虑的因素有哪几个方面？

8. 履约保证有几种形式？

9. 投标人雇用代理人的作用是什么？

6

建设工程合同

学习要求:

通过本章的学习,要求了解建设工程合同的特征、种类,施工合同中承发包双方的一般权利和义务,监理合同中业主和监理单位双方的权利和义务;熟悉建设工程施工合同示范文本中与工程质量、工程进度、工程价款有关的条款;掌握建设工程施工合同示范文本的组成,施工合同文件的组成,建设工程监理合同示范文本的组成。

6.1 概述

6.1.1 建设工程合同的概念

一、合同的概念

合同又称契约,合同概念有广义和狭义之分。广义的合同泛指发生一定权利义务关系的协议。狭义的合同专指双方或多方当事人关于设立、变更、终止民事法律关系的协议。民事法律关系由三部分组成,即权利主体、权利客体、内容。权利主体是指签订及履行合同的双方或多方当事人,又称民事权利义务主体;权利客体是指权利主体共同指向的对象,包括物、行为和精神产品,内容是指权利主体的权利和义务。建设工程项目是一个极为复杂的社会生产过程,可以分为不同的建设阶段,每一个阶段根据其建设内容的不同,参与的主体也不尽相同,各主体之间的经济关系靠合同这一特定的形式来维持。

二、建设工程合同的概念

建设工程合同是指在工程建设过程中发包人与承包人依法订立的、明确双方权利义务关系的协议。在建设工程合同中,承包人的主要义务是进行工程建设,权利是得到工程价款。发包人的主要义务是支付工程价款,权利是得到完整、符合约定的建筑产品,在建设工程中主要的建设合同关系如图6-1所示。

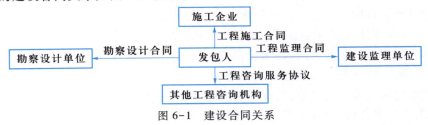

图6-1 建设合同关系

6.1.2   建设工程合同的特征

建设工程合同从合同理论上讲,属广义的承揽合同的一种。但建设工程合同从作用、标的物、管理上讲又不同于一般的承揽合同,所以我国一直把建设工程合同列为单独的一种合同。建设工程合同具有如下特征。

一、合同主体的严格性

建设工程合同主体一般来讲只能是法人。发包人一般是经批准进行工程项目建设的法人,必须有国家批准的建设项目,并且应当具备相应的协调能力;承包人应具有法人资格,并且具备相应的从业资质,无营业执照或承包资质,或承包资质不符合要求的承包人都不能作为合同的主体。

二、合同标的物的特殊性

建设工程合同的标的物是各类建筑产品。建筑产品具有单件性、固定性、生产的流动性、生产周期长等特性,这些特性决定了建设工程合同标的物的特殊性。

三、合同履行期限的长期性

建设工程由于结构复杂、体积大、建筑材料种类多、工作量大,使得合同履行期限都较长(与一般工业产品的生产相比)。而且,建设工程合同的订立和履行一般都需要较长的准备期,在合同的履行过程中,还可能因为不可抗力、工程变更、材料供应不及时等原因而导致合同期限顺延。由此决定了建设工程合同的履行具有长期性。

四、计划和程序的严格性

由于工程建设对国家的经济发展、人民的工作和生活有着重大的影响,因此,国家对建设工程的计划和程序都有严格的管理制度。订立建设工程合同必须以国家批准的投资计划为前提,即使是国家投资之外的、以其他方式筹集资金的投资也要受到当年的固定资产投资规模和批准限额的限制,纳入当年投资规模的平衡,并经过严格的审批程序。建设工程合同的订立和履行还必须符合国家有关工程建设程序的规定。

五、合同形式的特殊要求

《中华人民共和国合同法》在对合同形式采用书面形式还是口头形式没有限制。但是,考虑到建设工程的重要性、长期性和复杂性,在建设过程中经常会发生影响合同履行的纠纷,因此,合同法要求建设工程合同应当采用书面形式。

 微课
建设工程
合同的
种类

6.1.3   建设工程合同的种类

建设工程合同按照不同的分类标准,有不同的形式。

一、按承发包的工程范围进行划分

按承发包的工程范围进行划分,可以将建设工程合同分为建设工程总承包合同、建设工程承包合同、建设工程分包合同。发包人将工程建设的全过程发包给一个承包人的合同,即为建设工程总承包合同。发包人将工程建设中的勘察、设计、施工等内容分别发包给不同承包人的合同,即为建设工程承包合同。经合同约定和发包人的同意,从工程承包人承包的工程中承包部分工程而订立的合同,即为建设工程分包合同。

二、按完成承包的内容进行划分

按完成承包的内容进行划分,建设工程合同可以分为建设工程勘察合同、建设工程设计合同、建设工程施工合同、建设工程委托监理合同等。

三、按合同价格形式进行划分

按合同价格形式划分,建设工程合同可以分为单价合同、总价合同、其他价格合同。

1. 单价合同

单价合同是指合同当事人约定以工程量清单及其综合单价进行合同价格计算、调整和确认的建设工程施工合同,在约定的范围内合同单价不作调整。合同当事人应在专用合同条款中约定综合单价包含的风险范围和风险费用的计算方法,并约定风险范围以外的合同价格的调整方法。

2. 总价合同

总价合同是指合同当事人约定以施工图、已标价工程量清单或预算书及有关条件进行合同价格计算、调整和确认的建设工程施工合同,在约定的范围内合同总价不作调整。合同当事人应在专用合同条款中约定总价包含的风险范围和风险费用的计算方法,并约定风险范围以外的合同价格的调整方法。

3. 其他价格形式

合同当事人可在专用合同条款中约定其他合同价格形式。

6.2　建设工程施工合同

6.2.1　建设工程施工合同的概念及作用

一、建设工程施工合同的概念

建设工程施工合同是指发包人和承包人为完成商定的建筑安装工程施工任务,为明确双方的权利义务关系而订立的协议。其核心是发包人提供必要的施工条件并支付价款,承包人完成建筑产品。施工合同的当事人是发包人和承包人,双方是平等的民事主体。承发包双方签订施工合同,必须具备相应资质条件和履行施工合同的能力。对合同范围内的工程实施建设时,发包人必须具备协调能力;承包人必须具备建设行政主管部门核发的资质等级证书并持有营业执照等证明文件。

建设工程施工合同是工程建设中的主要合同,国家立法机关、国务院、建设行政管理部门都十分重视施工合同的规范工作,专门制订了一系列的示范文本、法律、法规等,用以规范建设工程施工合同的签订、履行。

二、建设工程施工合同的作用

建设工程施工合同的作用主要表现在以下几方面。

① 施工合同明确了在施工阶段承包人和发包人的权利和义务。施工合同起着明确建设工程发包人和承包人在施工中权利和义务的重要作用。通过施工合同的签订,使发包人和承包人清楚地认识到己方和对方在施工合同中各自承担的义务和享有的权利,以及双方之间的权利和义务的相互关系;也使双方认识到施工合同的正确签订,只是履行合同的基础,而合同的最终实现,还需要发包人和承包人双方严格按照合同的各项条款和条件,全面履行各自的义务,才能享受其权利,最终完成工程任务。

② 施工合同是施工阶段实行监理的依据。目前我国大多数工程都实行建设监理,监理单位受发包人的委托,对承包人的施工质量、施工进度、工程投资和安全生产进行监督,监理单位对承包人的监督应依据发包人和承包人签订的施工合同进行。

③ 施工合同是保护建设工程施工过程中发包人和承包人权益的依据。依法成立的施

工合同,在实施过程中承包人和发包人的权益都受到法律保护。当一方不履行合同,使对方的权益受到侵害时,就可以以施工合同为依据,根据有关法律,追究违约一方的法律责任。

🔊微课
施工合同
的订立

6.2.2 建设工程施工合同的订立

一、订立施工合同应具备的条件

订立施工合同应具备以下条件:

① 初步设计已经批准。

② 工程项目已经列入年度建设计划。

③ 有能够满足施工需要的设计文件和有关技术资料。

④ 建设资金和主要建筑材料设备来源已经落实。

⑤ 实行招标投标的工程,中标通知书已经下发。

二、订立施工合同应当遵守的原则

1. 遵守国家法律、法规和国家计划的原则

订立施工合同,必须遵守国家法律、法规,也应遵守国家的固定资产投资计划和其他计划(如贷款计划等)。具体合同订立时,不论是合同的内容、程序还是形式都不得违法。除了须遵守国家法律、法规外,考虑到建设工程施工对经济发展、社会生活有多方面的影响,国家对建设工程施工制订了许多强制性的管理规定,施工合同当事人订立合同时也都必须遵守。

2. 平等、自愿、公平的原则

签订施工合同的双方当事人,具有平等的法律地位,任何一方都不得强迫对方接受不平等的合同条件。合同内容应当是双方当事人的真实意思体现。合同的内容应当是公平的,不能单纯损害一方的利益,对于显失公平的合同,当事人一方有权申请人民法院或者仲裁机构予以变更或者撤销。

3. 诚实信用的原则

诚实信用的原则要求合同的双方当事人订立施工合同时要诚实,不得有欺诈行为。合同当事人应当如实将自身和工程的情况介绍给对方。在履行合同时,合同当事人要守信用,严格履行合同。

4. 等价有偿的原则

等价有偿的原则要求合同双方当事人,在订立和履行合同时,应该遵循社会主义市场经济的基本规律,等价有偿地进行交易。

5. 不损害社会公众利益和扰乱社会经济秩序的原则

合同双方当事人在订立、履行合同时,不能扰乱社会经济秩序,不能损害社会公众利益。

三、订立施工合同的程序

合同法规定,合同的订立必须经过要约和承诺两个阶段。要约是希望与他人订立合同的意思表示;承诺是受要约人接受要约的意思表示。施工合同的订立也应经过要约和承诺两个阶段。其订立方式有直接发包和招标发包两种,这两种方式实际上都包含要约和承诺的过程。如果没有特殊情况,建设工程的施工都应通过招标投标确定施工企业。工程招标投标过程中,招标人的招标公告、投标邀请书和招标文件均属于要约邀请,即希望他人向自己发出要约的意思表示。投标人根据发包人提供的招标文件在约定的报送期内发出的投标文件即为要约。招标人通过评标,向投标人发出中标通知书即为承诺。

中标通知书发出后,承包方和发包方就完成了合同缔结过程,中标的施工企业应当与建设单位及时签订合同。依据我国的招标投标法、工程建设项目施工招标投标办法的规定,自中标通知书发出之日起 30 天内,中标单位应与建设单位依据招标文件、投标文件等签订书面工程承发包合同(施工合同)。投标书中已确定的合同条款在签订时不得更改,合同价应与中标价一致。如果中标的施工企业拒绝与建设单位签订合同,则投标保函出具者应当承担相应的保证责任,建设行政主管部门或其授权机构还可以给予一定的行政处罚。

四、施工合同的主要内容

施工合同的主要内容包括工程范围、建设工期、中间交工工程的开工和竣工时间、工程质量、工程造价、技术资料交付时间、材料和设备供应责任、拨款和结算、竣工验收、质量保修范围和质量保证期、双方相互协作等条款。

微课
《建设工程施工合同》(示范文本)介绍

6.2.3　《建设工程施工合同》(示范文本)简介

为了指导建设工程施工合同当事人的签约行为,维护合同当事人的合法权益,依据《中华人民共和国合同法》《中华人民共和国建筑法》《中华人民共和国招标投标法》以及相关法律法规,住房和城乡建设部、国家工商行政管理总局对《建设工程施工合同》(示范文本)(GF—2013—0201)进行了修订,制定了《建设工程施工合同》(示范文本)(GF—2017—0201)(以下简称《示范文本》)。该文本适用于房屋建筑工程、土木工程、线路管道和设备安装工程、装修工程等建设工程的施工承发包活动。《示范文本》为非强制性使用文本,合同当事人可结合建设工程具体情况,根据《示范文本》订立合同,并按照法律法规规定和合同约定承担相应的法律责任及合同权利义务。

一、《示范文本》的组成

《示范文本》由合同协议书、通用合同条款、专用合同条款三部分组成,并附有 11 个附件,其中合同协议书附件:附件 1 承包人承揽工程项目一览表;专用合同条款附件:附件 2 发包人供应材料设备一览表,附件 3 工程质量保修书,附件 4 主要建设工程文件目录,附件 5 承包人用于本工程施工的机械设备表,附件 6 承包人主要施工管理人员表,附件 7 分包人主要施工管理人员表,附件 8 履约担保格式,附件 9 预付款担保格式,附件 10 支付担保格式,附件 11 暂估价一览表。

(一)合同协议书

合同协议书是《示范文本》中总纲性的文件,是发包人与承包人依照《中华人民共和国合同法》《中华人民共和国建筑法》及其他有关法律、行政法规,遵循平等、自愿、公平和诚实信用的原则,就建设工程施工中最重要的事项协商一致而订立的协议。虽然其文字量并不大,但它规定了合同当事人双方最主要的权利、义务,规定了组成合同的文件及合同当事人对履行合同义务的承诺,并且合同双方当事人要在这份文件上签字盖章,因此具有很高的法律效力。合同协议书的内容及格式如下所示。

合同协议书

发包人(全称):＿＿＿＿＿＿＿＿＿＿＿＿＿＿＿＿

承包人(全称):＿＿＿＿＿＿＿＿＿＿＿＿＿＿＿＿

根据《中华人民共和国合同法》《中华人民共和国建筑法》及有关法律规定,遵循平等、自愿、公平和诚实信用的原则,双方就＿＿＿＿＿＿工程施工及有关事项协商一致,共同达成如下协议:

一、工程概况

1. 工程名称:＿＿＿＿＿＿＿＿＿＿＿＿＿＿＿＿。

2. 工程地点:＿＿＿＿＿＿＿＿＿＿＿＿＿＿＿＿。

3. 工程立项批准文号:＿＿＿＿＿＿＿＿＿＿。

4. 资金来源:＿＿＿＿＿＿＿＿＿＿＿＿＿。

5. 工程内容:＿＿＿＿＿＿＿＿＿＿＿＿＿＿＿。

群体工程应附《承包人承揽工程项目一览表》。

6. 工程承包范围:＿＿＿＿＿＿＿＿＿＿＿＿＿＿＿＿＿＿。

二、合同工期

计划开工日期:＿＿＿＿＿年＿＿＿＿月＿＿＿＿日。

计划竣工日期:＿＿＿＿＿年＿＿＿＿月＿＿＿＿日。

工期总日历天数:＿＿＿＿＿＿＿＿天。工期总日历天数与根据前述计划开竣工日期计算的工期天数不一致的,以工期总日历天数为准。

三、质量标准

工程质量符合＿＿＿＿＿＿＿＿＿＿＿＿＿＿标准。

四、签约合同价与合同价格形式

1. 签约合同价为:人民币(大写)＿＿＿＿＿＿＿(￥＿＿＿＿元);

其中:

(1) 安全文明施工费:人民币(大写)＿＿＿＿＿＿(￥＿＿＿＿元);

(2) 材料和工程设备暂估价金额:人民币(大写)＿＿＿＿＿＿(￥＿＿＿＿元);

(3) 专业工程暂估价金额:人民币(大写)＿＿＿＿＿＿(￥＿＿＿＿元);

(4) 暂列金额:人民币(大写)＿＿＿＿＿＿(￥＿＿＿＿元)。

2. 合同价格形式:＿＿＿＿＿＿＿＿＿＿＿＿＿＿＿。

五、项目经理

承包人项目经理:＿＿＿＿＿＿＿＿＿＿＿＿。

六、合同文件构成

本协议书与下列文件一起构成合同文件:

(1) 中标通知书(如果有);

(2) 投标函及其附录(如果有);

(3) 专用合同条款及其附件;

(4) 通用合同条款;

(5) 技术标准和要求;

(6) 图纸;

(7) 已标价工程量清单或预算书;

(8) 其他合同文件。

在合同订立及履行过程中形成的与合同有关的文件均构成合同文件组成部分。

上述各项合同文件包括合同当事人就该项合同文件所作出的补充和修改,属于同一类内容的文件,应以最新签署的为准。专用合同条款及其附件须经合同当事人签字或盖章。

七、承诺

1. 发包人承诺按照法律规定履行项目审批手续、筹集工程建设资金并按照合同约定的期限和方式支付合同价款。

2. 承包人承诺按照法律规定及合同约定组织完成工程施工,确保工程质量和安全,不进行转包及违法分包,并在缺陷责任期及保修期内承担相应的工程维修责任。

3. 发包人和承包人通过招投标形式签订合同的,双方理解并承诺不再就同一工程另行签订与合同实质性内容相背离的协议。

八、词语含义

本协议书中词语含义与通用合同条款中赋予的含义相同。

九、签订时间

本合同于_____年____月____日签订。

十、签订地点

本合同在_____签订。

十一、补充协议

合同未尽事宜,合同当事人另行签订补充协议,补充协议是合同的组成部分。

十二、合同生效

本合同自_____生效。

十三、合同份数

本合同一式____份,均具有同等法律效力,发包人执____份,承包人执____份。

发包人: (公章)	承包人: (公章)
法定代表人或其委托代理人:	法定代表人或其委托代理人:
(签字)	(签字)
组织机构代码:_____	组织机构代码:_____
地　　址:_____	地　　址:_____
邮政编码:_____	邮政编码:_____
法定代表人:_____	法定代表人:_____
委托代理人:_____	委托代理人:_____
电　　话:_____	电　　话:_____
传　　真:_____	传　　真:_____
电子信箱:_____	电子信箱:_____
开户银行:_____	开户银行:_____
账　　号:_____	账　　号:_____

(二)通用合同条款

通用合同条款是根据《中华人民共和国合同法》《中华人民共和国建筑法》等法律法规,对承发包双方的权利义务作出的原则性约定,除双方协商一致对其中的某些条款作出修改、补充或取消外,其余条款双方都必须履行。通用合同条款是将建设工程施工合同中共性的一些内容抽出来编写的一份完整的合同文件。它具有很强的通用性,基本适用于各类建设工程。

通用合同条款共由 20 大条 117 小条组成,20 大条的内容如下。

(1)一般约定。

（2）发包人。

（3）承包人。

（4）监理人。

（5）工程质量。

（6）安全文明施工与环境保护。

（7）工期和进度。

（8）材料与设备。

（9）试验与检验。

（10）变更。

（11）价格调整。

（12）合同价格、计量与支付。

（13）验收和工程试车。

（14）竣工结算。

（15）缺陷责任与保修。

（16）违约。

（17）不可抗力。

（18）保险。

（19）索赔。

（20）争议解决。

（三）专用合同条款

考虑到建设工程的内容各不相同，工期、造价也随之变动，承包、发包人各自的能力、施工现场的环境也不相同，通用条款不能完全适用于各个具体工程，因此，配之以专用条款对其作必要的修改和补充，使通用条款和专用条款共同成为双方统一意愿的体现。专用条款的条款号与通用条款相一致，空格部分的内容，由当事人根据工程的具体情况予以明确或者对通用条款进行修改。

专用合同条款是对通用合同条款原则性约定的细化、完善、补充、修改或另行约定的条款。合同当事人可以根据不同建设工程的特点及具体情况，通过双方的谈判、协商对相应的专用合同条款进行修改补充。在使用专用合同条款时，应注意以下事项：

① 专用合同条款的编号应与相应的通用合同条款的编号一致。

② 合同当事人可以通过对专用合同条款的修改，满足具体建设工程的特殊要求，避免直接修改通用合同条款。

③ 在专用合同条款中有横道线的地方，合同当事人可针对相应的通用合同条款进行细化、完善、补充、修改或另行约定；如无细化、完善、补充、修改或另行约定，则填写"无"或划"／"。

二、施工合同文件的构成及解释顺序

《施工合同文本》规定了施工合同文件的构成及解释顺序。构成建设工程施工合同的文件包括以下内容：

（1）合同协议书。

（2）中标通知书（如果有）。

（3）投标函及其附录（如果有）。

（4）专用合同条款及其附件。

（5）通用合同条款。

（6）技术标准和要求。

（7）图纸。

（8）已标价工程量清单或预算书。

（9）其他合同文件。

在合同订立及履行过程中形成的与合同有关的文件均构成合同文件组成部分。

上述各项合同文件包括合同当事人就该项合同文件所作出的补充和修改，属于同一类内容的文件，应以最新签署的为准。专用合同条款及其附件须经合同当事人签字或盖章。

施工合同文件应能够互相解释、互相说明。当合同文件中出现不一致时，上面的顺序就是合同的优先解释顺序。当合同文件出现含糊不清或者当事人有不同理解时，按照合同争议的解决方式处理。

6.2.4　建设工程施工合同关于双方的一般权利和义务的条款

《施工合同文本》中涉及施工合同双方当事人的权利和义务条款主要有以下内容。

一、发包人

（一）相关词语解释

（1）**发包人**。发包人是指与承包人签订合同协议书的当事人及取得该当事人资格的合法继承人。

（2）**发包人代表**。发包人代表是指由发包人任命并派驻施工现场在发包人授权范围内行使发包人权利的人。

（3）**监理人**。监理人是指在专用合同条款中指明的，受发包人委托按照法律规定进行工程监督管理的法人或其他组织。

（4）**总监理工程师**。总监理工程师是指由监理人任命并派驻施工现场进行工程监理的总负责人。

（二）发包人代表

发包人应在专用合同条款中明确其派驻施工现场的发包人代表的姓名、职务、联系方式及授权范围等事项。发包人代表在发包人的授权范围内，负责处理合同履行过程中与发包人有关的具体事宜。发包人代表在授权范围内的行为由发包人承担法律责任。发包人更换发包人代表的，应提前7天书面通知承包人。

发包人代表不能按照合同约定履行其职责及义务，并导致合同无法继续正常履行的，承包人可以要求发包人撤换发包人代表。

不属于法定必须监理的工程，监理人的职权可以由发包人代表或发包人指定的其他人员行使。

发包人应要求在施工现场的发包人代表及其他由发包人派驻施工现场的人员遵守法律及有关安全、质量、环境保护、文明施工等规定，并保障承包人免于承受因发包人代表及其他由发包人派驻施工现场的人员未遵守上述要求给承包人造成的损失和责任。

（三）监理人

发包人可以委托监理人，全部或者部分负责合同的履行。监理人应当依照法律、行政法

微课
建设工程
施工合同
示范文本
中合同双
方权利
义务

规及有关的技术标准、设计文件和建设工程施工合同,对承包人在施工质量、建设工期和建设资金使用等方面,代发包人进行检查、查验、审核、验收,并签发相关指示。发包人应当将委托的监理人名称、监理内容及监理权限以书面形式通知承包人。

监理人委派的总监理工程师是经监理人任命并派驻施工现场进行工程监理的总负责人,行使监理合同赋予监理人的权利和义务,全面负责受委托工程的建设监理工作。监理人应将授权的总监理工程师和监理工程师的姓名及授权范围以书面形式提前通知承包人。更换总监理工程师的,监理人应提前 7 天书面通知承包人;更换其他监理人员,监理人应提前 48 小时书面通知承包人。

监理人应按照发包人的授权发出监理指示。监理人的指示应采用书面形式,并经其授权的监理人员签字。紧急情况下,为了保证施工人员的安全或避免工程受损,监理人员可以口头形式发出指示,该指示与书面形式的指示具有同等法律效力,但必须在发出口头指示后 24 小时内补发书面监理指示,补发的书面监理指示应与口头指示一致。监理人发出的指示应送达承包人项目经理或经项目经理授权接收的人员。因监理人未能按合同约定发出指示、指示延误或发出了错误指示而导致承包人费用增加和(或)工期延误的,由发包人承担相应责任。承包人对监理人发出的指示有疑问的,应向监理人提出书面异议,监理人应在 48 小时内对该指示予以确认、更改或撤销,监理人逾期未回复的,承包人有权拒绝执行上述指示。监理人对承包人的任何工作、工程或其采用的材料和工程设备未在约定的或合理期限内提出意见的,视为批准,但不免除或减轻承包人对该工作、工程、材料、工程设备等应承担的责任和义务。

(四)发包人的义务

1. 办理许可或批准

发包人应遵守法律,并办理法律规定由其办理的许可、批准或备案,一般包括:建设用地规划许可证、建设工程规划许可证、建设工程施工许可证,施工所需临时用水、临时用电、中断道路交通、临时占用土地等许可和批准。发包人应协助承包人办理法律规定的有关施工证件和批件。

因发包人原因未能及时办理完毕前述许可、批准或备案,由发包人承担由此增加的费用和(或)延误的工期,并支付承包人合理的利润。

2. 施工现场、施工条件和基础资料的提供

(1)提供施工现场

除专用合同条款另有约定外,发包人应最迟于开工日期 7 天前向承包人移交施工现场。

(2)提供施工条件

除专用合同条款另有约定外,发包人应负责提供施工所需要的条件,包括:

① 将施工用水、电力、通信线路等施工所必需的条件接至施工现场内。

② 保证向承包人提供正常施工所需要的进入施工现场的交通条件。

③ 协调处理施工现场周围地下管线和邻近建筑物、构筑物、古树名木的保护工作,并承担相关费用。

④ 按照专用合同条款约定应提供的其他设施和条件。

(3)提供基础资料

发包人应当在移交施工现场前向承包人提供施工现场及工程施工所必需的毗邻区域内

供水、排水、供电、供气、供热、通信、广播电视等地下管线资料,气象和水文观测资料,地质勘察资料,相邻建筑物、构筑物和地下工程等有关基础资料,并对所提供资料的真实性、准确性和完整性负责。

按照法律规定确需在开工后方能提供的基础资料,发包人应尽其努力及时地在相应工程施工前的合理期限内提供,合理期限应以不影响承包人的正常施工为限。

因发包人原因未能按合同约定及时向承包人提供施工现场、施工条件、基础资料的,由发包人承担由此增加的费用和(或)延误的工期。

3. 资金来源证明及支付担保

除专用合同条款另有约定外,发包人应在收到承包人要求提供资金来源证明的书面通知后28天内,向承包人提供能够按照合同约定支付合同价款的相应资金来源证明。

除专用合同条款另有约定外,发包人要求承包人提供履约担保的,发包人应当向承包人提供支付担保。支付担保可以采用银行保函或担保公司担保等形式,具体由合同当事人在专用合同条款中约定。

4. 支付合同价款

发包人应按合同约定向承包人及时支付合同价款。

5. 组织竣工验收

发包人应按合同约定及时组织竣工验收。

发包人其他的权利和义务应在专用合同条款内约定。

二、承包人

(一)承包人的义务

1. 承包人的一般义务

承包人在履行合同过程中应遵守法律和工程建设标准规范,并履行以下义务:

① 办理法律规定应由承包人办理的许可和批准,并将办理结果书面报送发包人留存。

② 按法律规定和合同约定完成工程,并在保修期内承担保修义务。

③ 按法律规定和合同约定采取施工安全和环境保护措施,办理工伤保险,确保工程及人员、材料、设备和设施的安全。

④ 按合同约定的工作内容和施工进度要求,编制施工组织设计和施工措施计划,并对所有施工作业和施工方法的完备性和安全可靠性负责。

⑤ 在进行合同约定的各项工作时,不得侵害发包人与他人使用公用道路、水源、市政管网等公共设施的权利,避免对邻近的公共设施产生干扰。承包人占用或使用他人的施工场地,影响他人作业或生活的,应承担相应责任。

⑥ 按照通用合同条款中关于环境保护的约定负责施工场地及其周边环境与生态的保护工作。

⑦ 按照通用合同条款中关于安全文明施工的约定采取施工安全措施,确保工程及其人员、材料、设备和设施的安全,防止因工程施工造成的人身伤害和财产损失。

⑧ 将发包人按合同约定支付的各项价款专用于合同工程,且应及时支付其雇用人员工资,并及时向分包人支付合同价款。

⑨ 按照法律规定和合同约定编制竣工资料,完成竣工资料立卷及归档,并按专用合同条款约定的竣工资料的套数、内容、时间等要求移交发包人。

⑩ 应履行的其他义务。

若承包人不履行上述各项义务,应对发包人的损失给予赔偿。

2. 承包人应做的其他工作

① 除专用合同条款另有约定外,承包人应在接到开工通知后 7 天内,向监理人提交承包人项目管理机构及施工现场人员安排的报告,其内容应包括合同管理、施工、技术、材料、质量、安全、财务等主要施工管理人员名单及其岗位、注册执业资格等,以及各工种技术工人的安排情况,并同时提交主要施工管理人员与承包人之间的劳动关系证明和缴纳社会保险的有效证明。

② 承包人派驻到施工现场的主要施工管理人员应相对稳定。施工过程中如有变动,承包人应及时向监理人提交施工现场人员变动情况的报告。承包人更换主要施工管理人员时,应提前 7 天书面通知监理人,并征得发包人书面同意。通知中应当载明继任人员的注册执业资格、管理经验等资料。特殊工种作业人员均应持有相应的资格证明,监理人可以随时检查。

③ 发包人对于承包人主要施工管理人员的资格或能力有异议的,承包人应提供资料证明被质疑人员有能力完成其岗位工作或不存在发包人所质疑的情形。发包人要求撤换不能按照合同约定履行职责及义务的主要施工管理人员的,承包人应当撤换。承包人无正当理由拒绝撤换的,应按照专用合同条款的约定承担违约责任。

④ 除专用合同条款另有约定外,承包人的主要施工管理人员离开施工现场每月累计不超过 5 天的,应报监理人同意;离开施工现场每月累计超过 5 天的,应通知监理人,并征得发包人书面同意。主要施工管理人员离开施工现场前应指定一名有经验的人员临时代行其职责,该人员应具备履行相应职责的资格和能力,且应征得监理人或发包人的同意。

⑤ 承包人应对施工现场和施工条件进行查勘,并充分了解工程所在地的气象条件、交通条件、风俗习惯以及其他与完成合同工作有关的其他资料。因承包人未能充分查勘、了解前述情况或未能充分估计前述情况所可能产生后果的,承包人承担由此增加的费用和(或)延误的工期。

⑥ 承包人不得将其承包的全部工程转包给第三人,或将其承包的全部工程肢解后以分包的名义转包给第三人。承包人不得将工程主体结构、关键性工作及专用合同条款中禁止分包的专业工程分包给第三人,主体结构、关键性工作的范围由合同当事人按照法律规定在专用合同条款中予以明确。承包人不得以劳务分包的名义转包或违法分包工程。

⑦ 按照合同约定进行分包的,承包人应确保分包人具有相应的资质和能力。承包人应向监理人提交分包人的主要施工管理人员表,并对分包人的施工人员进行实名制管理。

⑧ 除专用合同条款另有约定外,自发包人向承包人移交施工现场之日起,承包人应负责照管工程及工程相关的材料、工程设备,直到颁发工程接收证书之日止。在承包人负责照管期间,因承包人原因造成工程、材料、工程设备损坏的,由承包人负责修复或更换,并承担由此增加的费用和(或)延误的工期。对合同内分期完成的成品和半成品,在工程接收证书颁发前,由承包人承担保护责任。因承包人原因造成成品或半成品损坏的,由承包人负责修复或更换,并承担由此增加的费用和(或)延误的工期。

(二) 项目经理

1. 项目经理的产生

项目经理是由承包人授权的、派驻施工现场的承包人的总负责人,他代表承包人负责工程施工的组织、实施。承包人施工质量、进度的好坏与项目经理的水平、能力、工作热情有很大的关系,项目经理一般都应当在投标书中明确,并作为评标的一项内容。项目经理的姓名、职称、注册执业证书编号、联系方式及授权范围均应在专用条款内写明。

2. 项目经理的更换

项目经理一旦确定后,承包人不能随意更换。

如果承包人要求更换项目经理的,承包人应至少提前 14 天以书面形式通知发包人和监理人,并征得发包人书面同意。通知中应当载明继任项目经理的注册执业资格、管理经验等资料,继任的项目经理继续履行合同文件约定的前任的职责,不得更改前任作出的书面承诺。未经发包人书面同意,承包人不得擅自更换项目经理。承包人擅自更换项目经理的,应按照专用合同条款的约定承担违约责任。

如果发包人提出更换项目经理,发包人应书面通知承包人,通知中应当载明要求更换的理由。承包人应在接到更换通知后 14 天内向发包人提出书面的改进报告。发包人收到改进报告后仍要求更换的,承包人应在接到第二次更换通知的 28 天内进行更换,并将新任命的项目经理的注册执业资格、管理经验等资料书面通知发包人。继任的项目经理继续履行合同文件约定的前任的职责。承包人无正当理由拒绝更换项目经理的,应按照专用合同条款的约定承担违约责任。

3. 项目经理的职责

项目经理应当积极履行合同规定的职责,完成承包人应当完成的各项工作。项目经理应当对施工现场的施工质量、成本、进度、安全等负全面的责任。项目经理对于施工现场出现的超过自己权限范围的事件,应当及时向上级有关部门和人员汇报,请示处理方案或者取得自己处理的授权。项目经理应常驻施工现场,且每月在施工现场时间不得少于专用合同条款约定的天数。项目经理按合同约定组织工程实施。在紧急情况下为确保施工安全和人员安全,在无法与发包人代表和总监理工程师及时取得联系时,项目经理有权采取必要的措施保证与工程有关的人身、财产和工程的安全,但应在 48 小时内向发包人代表和总监理工程师提交书面报告。

6.2.5　建设工程施工合同中关于质量的条款

一、材料设备供应的质量条款

材料设备供应是整个质量控制的基础,《施工合同文本》中对材料设备供应做出如下规定。

1. 发包人供应材料与工程设备的情况

① 发包人自行供应材料设备的,应在签订合同时在专用合同条款的附件《发包人供应材料设备一览表》中明确材料、工程设备的品种、规格、型号、数量、单价、质量等级和送达地点。

② 发包人应按一览表约定的内容提供材料设备,并向承包人提供产品合格证明,对其质量负责。发包人在所供材料设备到货前 24 小时,以书面形式通知承包人和监理人,由承包人负责材料的清点、检验和接收。

③ 发包人供应的材料设备,承包人清点后由承包人妥善保管,发包人支付相应保管费用。因承包人原因发生丢失毁损,由承包人负责赔偿。发包人未通知承包人清点,承包人不

微课
建设工程
施工合同
示范文本
中关于质
量的内容

负责材料设备的保管,丢失损坏由发包人负责。

④ 发包人供应的材料设备不符合合同要求的,承包人有权拒绝,并可要求发包人更换,由此增加的费用和(或)延误的工期由发包人承担,并支付承包人合理的利润。

⑤ 发包人供应的材料设备使用前,由承包人负责检验或试验,不合格的不得使用,检验或试验费用由发包人承担。

⑥ 发包人供应材料设备的结算方法,双方在专用条款内约定。

2. 承包人采购材料设备的情况

① 承包人负责采购材料设备的,应按照专用条款约定及设计和有关标准要求采购,并提供产品合格证明,对材料设备质量负责。承包人在材料设备到货前 24 小时通知监理人检验。

② 承包人采购的材料设备与设计或标准要求不符时,承包人应按监理人要求的时间运出场地,并重新采购符合要求的产品,承担由此发生的费用,由此延误的工期不予顺延。

③ 承包人采购的材料设备在使用前,承包人应按监理人的要求进行检验或试验,不合格的不得使用,检验或试验费用由承包人承担。

④ 监理人发现承包人采购并使用不符合设计或标准要求的材料设备时,应要求由承包人负责修复、拆除或重新采购,并承担发生的费用,由此延误的工期不予顺延。

⑤ 承包人需要使用替代材料时,承包人应在使用替代材料和工程设备 28 天前书面通知监理人,并附相关替代材料和工程设备的文件,监理人应在收到通知后 14 天内向承包人发出经发包人签认的书面指示;监理人逾期发出书面指示的,视为发包人和监理人同意使用替代品。发包人认可使用替代材料和工程设备的,替代材料和工程设备的价格,按照已标价工程量清单或预算书相同项目的价格认定;无相同项目的,参考相似项目价格认定;既无相同项目也无相似项目的,按照合理的成本与利润构成的原则,由合同当事人商定价格。

⑥ 由承包人采购的材料设备,发包人不得指定生产厂或供应商。

二、工程及验收的质量条款

工程验收是质量控制的重要环节,《施工合同文本》对工程施工质量、施工验收、检查、返工等都做了明确的规定。

1. 工程质量

① 工程质量标准必须符合现行国家有关工程施工质量验收规范和标准的要求。有关工程质量的特殊标准或要求由合同当事人在专用合同条款中约定。

② 因发包人原因造成工程质量未达到合同约定标准的,由发包人承担由此增加的费用和(或)延误的工期,并支付承包人合理的利润。

③ 因承包人原因造成工程质量未达到合同约定标准的,发包人有权要求承包人返工直至工程质量达到合同约定的标准为止,并由承包人承担由此增加的费用和(或)延误的工期。

④ 发包人应按照法律规定及合同约定完成与工程质量有关的各项工作。

⑤ 承包人按照约定向发包人和监理人提交工程质量保证体系及措施文件,建立完善的质量检查制度,并提交相应的工程质量文件。对于发包人和监理人违反法律规定和合同约定的错误指示,承包人有权拒绝实施。

承包人应对施工人员进行质量教育和技术培训,定期考核施工人员的劳动技能,严格执行施工规范和操作规程。

承包人应按照法律规定和发包人的要求,对材料、工程设备及工程的所有部位及其施工工艺进行全过程的质量检查和检验,并作详细记录,编制工程质量报表,报送监理人审查。此外,承包人还应按照法律规定和发包人的要求,进行施工现场取样试验、工程复核测量和设备性能检测,提供试验样品、提交试验报告和测量成果以及其他工作。

⑥ 监理人的质量检查和检验。监理人按照法律规定和发包人授权对工程的所有部位及其施工工艺、材料和工程设备进行检查和检验。承包人应为监理人的检查和检验提供方便,包括监理人到施工现场,或制造、加工地点,或合同约定的其他地方进行察看和查阅施工原始记录。监理人为此进行的检查和检验,不免除或减轻承包人按照合同约定应当承担的责任。

监理人的检查和检验不应影响施工正常进行。监理人的检查和检验影响施工正常进行的,且经检查检验不合格的,影响正常施工的费用由承包人承担,工期不予顺延;经检查检验合格的,由此增加的费用和(或)延误的工期由发包人承担。

2. 隐蔽工程检查

① 承包人应当对工程隐蔽部位进行自检,并经自检确认是否具备覆盖条件。

② 检查程序。除专用合同条款另有约定外,工程隐蔽部位经承包人自检确认具备覆盖条件的,承包人应在共同检查前 48 小时书面通知监理人检查,通知中应载明隐蔽检查的内容、时间和地点,并应附有自检记录和必要的检查资料。

监理人应按时到场并对隐蔽工程及其施工工艺、材料和工程设备进行检查。经监理人检查确认质量符合隐蔽要求,并在验收记录上签字后,承包人才能进行覆盖。经监理人检查质量不合格的,承包人应在监理人指示的时间内完成修复,并由监理人重新检查,由此增加的费用和(或)延误的工期由承包人承担。

除专用合同条款另有约定外,监理人不能按时进行检查的,应在检查前 24 小时向承包人提交书面延期要求,但延期不能超过 48 小时,由此导致工期延误的,工期应予以顺延。监理人未按时进行检查,也未提出延期要求的,视为隐蔽工程检查合格,承包人可自行完成覆盖工作,并作相应记录报送监理人,监理人应签字确认。监理人事后对检查记录有疑问的,可按约定重新检查。

③ 重新检查。承包人覆盖工程隐蔽部位后,发包人或监理人对质量有疑问的,可要求承包人对已覆盖的部位进行钻孔探测或揭开重新检查,承包人应遵照执行,并在检查后重新覆盖恢复原状。经检查证明工程质量符合合同要求的,由发包人承担由此增加的费用和(或)延误的工期,并支付承包人合理的利润;经检查证明工程质量不符合合同要求的,由此增加的费用和(或)延误的工期由承包人承担。

④ 承包人未通知监理人到场检查,私自将工程隐蔽部位覆盖的,监理人有权指示承包人钻孔探测或揭开检查,无论工程隐蔽部位质量是否合格,由此增加的费用和(或)延误的工期均由承包人承担。

3. 不合格工程的处理

因承包人原因造成工程不合格的,发包人有权随时要求承包人采取补救措施,直至达到合同要求的质量标准,由此增加的费用和(或)延误的工期由承包人承担。无法补救的,按照约定执行。

因发包人原因造成工程不合格的,由此增加的费用和(或)延误的工期由发包人承担,并支付承包人合理的利润。

4. 竣工验收的质量控制

（1）分部分项工程验收

① 分部分项工程质量应符合国家有关工程施工验收规范、标准及合同约定，承包人应按照施工组织设计的要求完成分部分项工程施工。

② 除专用合同条款另有约定外，分部分项工程经承包人自检合格并具备验收条件的，承包人应提前 48 小时通知监理人进行验收。监理人不能按时进行验收的，应在验收前 24 小时向承包人提交书面延期要求，但延期不能超过 48 小时。监理人未按时进行验收，也未提出延期要求的，承包人有权自行验收，监理人应认可验收结果。分部分项工程未经验收的，不得进入下一道工序施工。分部分项工程的验收资料应当作为竣工资料的组成部分。

（2）竣工验收

① 工程具备竣工验收条件，承包人向监理人报送竣工验收申请报告，监理人应在收到竣工验收申请报告后 14 天内完成审查并报送发包人。监理人审查后认为尚不具备验收条件的，应通知承包人在竣工验收前承包人还需完成的工作内容，承包人应在完成监理人通知的全部工作内容后，再次提交竣工验收申请报告。

② 监理人审查后认为已具备竣工验收条件的，应将竣工验收申请报告提交发包人，发包人应在收到经监理人审核的竣工验收申请报告后 28 天内审批完毕并组织监理人、承包人、设计人等相关单位完成竣工验收。

③ 竣工验收合格的，发包人应在验收合格后 14 天内向承包人签发工程接收证书。发包人无正当理由逾期不颁发工程接收证书的，自验收合格后第 15 天起视为已颁发工程接收证书。

④ 竣工验收不合格的，监理人应按照验收意见发出指示，要求承包人对不合格工程返工、修复或采取其他补救措施，由此增加的费用和（或）延误的工期由承包人承担。承包人在完成不合格工程的返工、修复或采取其他补救措施后，应重新提交竣工验收申请报告，并按本项约定的程序重新进行验收。

⑤ 工程未经验收或验收不合格，发包人擅自使用的，应在转移占有工程后 7 天内向承包人颁发工程接收证书；发包人无正当理由逾期不颁发工程接收证书的，自转移占有后第 15 天起视为已颁发工程接收证书。

⑥ 对于竣工验收不合格的工程，承包人完成整改后，应当重新进行竣工验收，经重新组织验收仍不合格的且无法采取措施补救的，则发包人可以拒绝接收不合格工程，因不合格工程导致其他工程不能正常使用的，承包人应采取措施确保相关工程的正常使用，由此增加的费用和（或）延误的工期由承包人承担。

5. 质量保修

（1）工程保修的原则

在工程移交发包人后，因承包人原因产生的质量缺陷，承包人应承担质量缺陷责任和保修义务。缺陷责任期届满，承包人仍应按合同约定的工程各部位保修年限承担保修义务。

（2）缺陷责任期

① 缺陷责任期从工程通过竣工验收之日起计算，合同当事人应在专用合同条款约定缺陷责任期的具体期限，但该期限最长不超过 24 个月。

单位工程先于全部工程进行验收,经验收合格并交付使用的,该单位工程缺陷责任期自单位工程验收合格之日起算。因承包人原因导致工程无法按合同约定期限进行竣工验收的,缺陷责任期从实际通过竣工验收之日起计算。因发包人原因导致工程无法按合同约定期限进行竣工验收的,在承包人提交竣工验收报告 90 天后,工程自动进入缺陷责任期;发包人未经竣工验收擅自使用工程的,缺陷责任期自工程转移占有之日起开始计算。

② 缺陷责任期内,由承包人原因造成的缺陷,承包人应负责维修,并承担鉴定及维修费用。如承包人不维修也不承担费用,发包人可按合同约定从保证金或银行保函中扣除,费用超出保证金额的,发包人可按合同约定向承包人进行索赔。承包人维修并承担相应费用后,不免除对工程的损失赔偿责任。发包人有权要求承包人延长缺陷责任期,并应在原缺陷责任期届满前发出延长通知,但缺陷责任期最长不能超过 24 个月。

由他人原因造成的缺陷,发包人负责组织维修,承包人不承担费用,且发包人不得从保证金中扣除费用。

③ 任何一项缺陷或损坏修复后,经检查证明其影响了工程或工程设备的使用性能,承包人应重新进行合同约定的试验和试运行,试验和试运行的全部费用应由责任方承担。

④ 除专用合同条款另有约定外,承包人应于缺陷责任期届满后 7 天内向发包人发出缺陷责任期届满通知,发包人应在收到缺陷责任期满通知后 14 天内核实承包人是否履行缺陷修复义务,承包人未能履行缺陷修复义务的,发包人有权扣除相应金额的维修费用。发包人应在收到缺陷责任期届满通知后 14 天内,向承包人颁发缺陷责任期终止证书。

(3) 保修

① 保修责任。工程保修期从工程竣工验收合格之日起算,具体分部分项工程的保修期由合同当事人在专用合同条款中约定,但不得低于法定最低保修年限。在工程保修期内,承包人应当根据有关法律规定以及合同约定承担保修责任。

发包人未经竣工验收擅自使用工程的,保修期自转移占有之日起算。

② 修复费用。保修期内,修复的费用按照以下约定处理:

a. 保修期内,因承包人原因造成工程的缺陷、损坏,承包人应负责修复,并承担修复的费用及因工程的缺陷、损坏造成的人身伤害和财产损失。

b. 保修期内,因发包人使用不当造成工程的缺陷、损坏,可以委托承包人修复,但发包人应承担修复的费用,并支付承包人合理利润。

c. 因其他原因造成工程的缺陷、损坏,可以委托承包人修复,发包人应承担修复的费用,并支付承包人合理的利润,因工程的缺陷、损坏造成的人身伤害和财产损失由责任方承担。

③ 修复通知。在保修期内,发包人在使用过程中,发现已接收的工程存在缺陷或损坏的,应书面通知承包人予以修复,但情况紧急必须立即修复缺陷或损坏的,发包人可以口头通知承包人并在口头通知后 48 小时内书面确认,承包人应在专用合同条款约定的合理期限内到达工程现场并修复缺陷或损坏。

④ 未能修复。因承包人原因造成工程的缺陷或损坏,承包人拒绝维修或未能在合理期限内修复缺陷或损坏,且经发包人书面催告后仍未修复的,发包人有权自行修复或委托第三方修复,所需费用由承包人承担。但修复范围超出缺陷或损坏范围的,超出范围部分的修复费用由发包人承担。

6.2.6 建设工程施工合同关于经济的条款

一、施工合同价格形式及调整

（一）施工合同价格形式

施工合同价格是指按有关规定和协议条款约定的各种取费标准计算,用以支付承包人按照合同要求完成工程内容的价款总额。这是合同双方关心的核心问题之一,招标投标工作主要是围绕合同价款展开的。合同价款应依据中标通知书中的中标价格或非招标工程的工程预算书双方在协议书中约定。合同价款在协议书内约定后,任何一方不得擅自改变,合同价格可以约定采用在以下三种方式中的一种。

1. 单价合同

单价合同是指合同当事人约定以工程量清单及其综合单价进行合同价格计算、调整和确认的建设工程施工合同,在约定的范围内合同单价不作调整。合同当事人应在专用合同条款中约定综合单价包含的风险范围和风险费用的计算方法,并约定风险范围以外的合同价格的调整方法。

2. 总价合同

总价合同是指合同当事人约定以施工图、已标价工程量清单或预算书及有关条件进行合同价格计算、调整和确认的建设工程施工合同,在约定的范围内合同总价不作调整。合同当事人应在专用合同条款中约定总价包含的风险范围和风险费用的计算方法,并约定风险范围以外的合同价格的调整方法。

3. 其他价格形式

合同当事人可在专用合同条款中约定其他合同价格形式。

（二）施工合同价格的调整

1. 市场价格波动引起的调整

除专用合同条款另有约定外,市场价格波动超过合同当事人约定的范围,合同价格应当调整。合同当事人可以在专用合同条款中约定选择以下一种方式对合同价格进行调整:

（1）第1种方式:采用价格指数进行价格调整。

① 价格调整公式。因人工、材料和设备等价格波动影响合同价格时,根据专用合同条款中约定的数据,按以下公式计算差额并调整合同价格:

$$\Delta P = P_0 \left[A + \left(B_1 \times \frac{F_{t1}}{F_{01}} + B_2 \times \frac{F_{t2}}{F_{02}} + B_3 \times \frac{F_{t3}}{F_{03}} + \cdots + B_n \times \frac{F_{tn}}{F_{0n}} \right) - 1 \right]$$

公式中:

ΔP——需调整的价格差额;

P_0——约定的付款证书中承包人应得到的已完成工程量的金额。此项金额应不包括价格调整、不计质量保证金的扣留和支付、预付款的支付和扣回,约定的变更及其他金额已按现行价格计价的,也不计在内;

A——定值权重(即不调部分的权重);

B_1、B_2、B_3、$\cdots$、B_n——各可调因子的变值权重(即可调部分的权重),为各可调因子在签约合同价中所占的比例;

F_{t1}、F_{t2}、F_{t3}、$\cdots$、F_{tn}——各可调因子的现行价格指数,指约定的付款证书相关周期最后一天的前 42 天的各可调因子的价格指数;

F_{01}、F_{02}、F_{03}、$\cdots$、F_{0n}——各可调因子的基本价格指数,指基准日期的各可调因子的价格指数。

以上价格调整公式中的各可调因子、定值和变值权重,以及基本价格指数及其来源在投标函附录价格指数和权重表中约定,非招标订立的合同,由合同当事人在专用合同条款中约定。价格指数应首先采用工程造价管理机构发布的价格指数,无前述价格指数时,可采用工程造价管理机构发布的价格代替。

② 暂时确定调整差额。在计算调整差额时无现行价格指数的,合同当事人同意暂用前次价格指数计算。实际价格指数有调整的,合同当事人进行相应调整。

③ 权重的调整。因变更导致合同约定的权重不合理时,按照约定执行。

④ 因承包人原因工期延误后的价格调整。因承包人原因未按期竣工的,对合同约定的竣工日期后继续施工的工程,在使用价格调整公式时,应采用计划竣工日期与实际竣工日期的两个价格指数中较低的一个作为现行价格指数。

(2) 第 2 种方式:采用造价信息进行价格调整。

合同履行期间,因人工、材料、工程设备和机械台班价格波动影响合同价格时,人工、机械使用费按照国家或省、自治区、直辖市建设行政管理部门、行业建设管理部门或其授权的工程造价管理机构发布的人工、机械使用费系数进行调整;需要进行价格调整的材料,其单价和采购数量应由发包人审批,发包人确认需调整的材料单价及数量,作为调整合同价格的依据。

① 人工单价发生变化且符合省级或行业建设主管部门发布的人工费调整规定,合同当事人应按省级或行业建设主管部门或其授权的工程造价管理机构发布的人工费等文件调整合同价格,但承包人对人工费或人工单价的报价高于发布价格的除外。

② 材料、工程设备价格变化的价款调整按照发包人提供的基准价格,按以下风险范围规定执行:

a. 承包人在已标价工程量清单或预算书中载明材料单价低于基准价格的:除专用合同条款另有约定外,合同履行期间材料单价涨幅以基准价格为基础超过 5%时,或材料单价跌幅以在已标价工程量清单或预算书中载明材料单价为基础超过 5%时,其超过部分据实调整。

b. 承包人在已标价工程量清单或预算书中载明材料单价高于基准价格的:除专用合同条款另有约定外,合同履行期间材料单价跌幅以基准价格为基础超过 5%时,材料单价涨幅以在已标价工程量清单或预算书中载明材料单价为基础超过 5%时,其超过部分据实调整。

c. 承包人在已标价工程量清单或预算书中载明材料单价等于基准价格的:除专用合同条款另有约定外,合同履行期间材料单价涨跌幅以基准价格为基础超过±5%时,其超过部分据实调整。

d. 承包人应在采购材料前将采购数量和新的材料单价报发包人核对,发包人确认用于工程时,发包人应确认采购材料的数量和单价。发包人在收到承包人报送的确认资料后 5 天内不予答复的视为认可,作为调整合同价格的依据。未经发包人事先核对,承包人自行采购材料的,发包人有权不予调整合同价格。发包人同意的,可以调整合同价格。

前述基准价格是指由发包人在招标文件或专用合同条款中给定的材料、工程设备的价格,该价格原则上应当按照省级或行业建设主管部门或其授权的工程造价管理机构发布的信息价编制。

③ 施工机械台班单价或施工机械使用费发生变化超过省级或行业建设主管部门或其授权的工程造价管理机构规定的范围时,按规定调整合同价格。

(3)第3种方式:专用合同条款约定的其他方式。

2. 法律变化引起的调整

基准日期后,法律变化导致承包人在合同履行过程中所需要的费用发生除"市场价格波动引起的调整"约定以外的增加时,由发包人承担由此增加的费用;减少时,应从合同价格中予以扣减。基准日期后,因法律变化造成工期延误时,工期应予以顺延。

因法律变化引起的合同价格和工期调整,合同当事人无法达成一致的,由总监理工程师按约定处理。

因承包人原因造成工期延误,在工期延误期间出现法律变化的,由此增加的费用和(或)延误的工期由承包人承担。

二、工程预付款

1. 预付款的支付

预付款的支付按照专用合同条款约定执行,但至迟应在开工通知载明的开工日期7天前支付。预付款应当用于材料、工程设备、施工设备的采购及修建临时工程、组织施工队伍进场等。

除专用合同条款另有约定外,预付款在进度付款中同比例扣回。在颁发工程接收证书前,提前解除合同的,尚未扣完的预付款应与合同价款一并结算。

发包人逾期支付预付款超过7天的,承包人有权向发包人发出要求预付的催告通知,发包人收到通知后7天内仍未支付的,承包人有权暂停施工,并按发包人违约的有关规定执行。

2. 预付款担保

发包人要求承包人提供预付款担保的,承包人应在发包人支付预付款7天前提供预付款担保,专用合同条款另有约定除外。预付款担保可采用银行保函、担保公司担保等形式,具体由合同当事人在专用合同条款中约定。在预付款完全扣回之前,承包人应保证预付款担保持续有效。

发包人在工程款中逐期扣回预付款后,预付款担保额度应相应减少,但剩余的预付款担保金额不得低于未被扣回的预付款金额。

三、工程款(进度款)支付

1. 工程计量

(1)计量原则。工程量计量按照合同约定的工程量计算规则、图纸及变更指示等进行计量。工程量计算规则应以相关的国家标准、行业标准等为依据,由合同当事人在专用合同条款中约定。

(2)计量周期。除专用合同条款另有约定外,工程量的计量按月进行。

(3)单价合同的计量。除专用合同条款另有约定外,单价合同的计量按照本项约定执行:

① 承包人应于每月 25 日向监理人报送上月 20 日至当月 19 日已完成的工程量报告,并附具进度付款申请单、已完成工程量报表和有关资料。

② 监理人应在收到承包人提交的工程量报告后 7 天内完成对承包人提交的工程量报表的审核并报送发包人,以确定当月实际完成的工程量。监理人对工程量有异议的,有权要求承包人进行共同复核或抽样复测。承包人应协助监理人进行复核或抽样复测,并按监理人要求提供补充计量资料。承包人未按监理人要求参加复核或抽样复测的,监理人复核或修正的工程量视为承包人实际完成的工程量。

③ 监理人未在收到承包人提交的工程量报表后的 7 天内完成审核的,承包人报送的工程量报告中的工程量视为承包人实际完成的工程量,据此计算工程价款。

(4) 总价合同的计量。除专用合同条款另有约定外,按月计量支付的总价合同,按照本项约定执行:

① 承包人应于每月 25 日向监理人报送上月 20 日至当月 19 日已完成的工程量报告,并附具进度付款申请单、已完成工程量报表和有关资料。

② 监理人应在收到承包人提交的工程量报告后 7 天内完成对承包人提交的工程量报表的审核并报送发包人,以确定当月实际完成的工程量。监理人对工程量有异议的,有权要求承包人进行共同复核或抽样复测。承包人应协助监理人进行复核或抽样复测并按监理人要求提供补充计量资料。承包人未按监理人要求参加复核或抽样复测的,监理人审核或修正的工程量视为承包人实际完成的工程量。

③ 监理人未在收到承包人提交的工程量报表后的 7 天内完成复核的,承包人提交的工程量报告中的工程量视为承包人实际完成的工程量。

(5) 总价合同采用支付分解表计量支付的,可以按照总价合同的计量方法进行计量,但合同价款按照支付分解表进行支付。

(6) 其他价格形式合同的计量。合同当事人可在专用合同条款中约定其他价格形式合同的计量方式和程序。

2. 变更估价

(1) 变更估价原则。除专用合同条款另有约定外,变更估价按照本款约定处理:

① 已标价工程量清单或预算书有相同项目的,按照相同项目单价认定;

② 已标价工程量清单或预算书中无相同项目,但有类似项目的,参照类似项目的单价认定。

③ 变更导致实际完成的变更工程量与已标价工程量清单或预算书中列明的该项目工程量的变化幅度超过 15%的,或已标价工程量清单或预算书中无相同项目及类似项目单价的,按照合理的成本与利润构成的原则,由合同当事人商定或确定变更工作的单价。

(2) 变更估价程序。承包人应在收到变更指示后 14 天内,向监理人提交变更估价申请。监理人应在收到承包人提交的变更估价申请后 7 天内审查完毕并报送发包人,监理人对变更估价申请有异议,通知承包人修改后重新提交。发包人应在承包人提交变更估价申请后 14 天内审批完毕。发包人逾期未完成审批或未提出异议的,视为认可承包人提交的变更估价申请。

因变更引起的价格调整应计入最近一期的进度款中支付。

3. 进度款的支付

(1) 付款周期。除专用合同条款另有约定外,付款周期应按照约定与计量周期保持一致。

（2）进度付款申请单的编制。除专用合同条款另有约定外,进度付款申请单应包括下列内容:

① 截至本次付款周期已完成工作对应的金额。

② 根据变更应增加和扣减的变更金额。

③ 根据预付款的约定应支付的预付款和扣减的返还预付款。

④ 根据质量保证金约定应扣减的质量保证金。

⑤ 根据索赔应增加和扣减的索赔金额。

⑥ 对已签发的进度款支付证书中出现错误的修正,应在本次进度付款中支付或扣除的金额。

⑦ 根据合同约定应增加和扣减的其他金额。

（3）进度付款申请单的提交

① 单价合同进度付款申请单的提交。单价合同的进度付款申请单,按照约定的时间按月向监理人提交,并附上已完成工程量报表和有关资料。单价合同中的总价项目按月进行支付分解,并汇总列入当期进度付款申请单。

② 总价合同进度付款申请单的提交。总价合同按月计量支付的,承包人按照约定的时间按月向监理人提交进度付款申请单,并附上已完成工程量报表和有关资料。

总价合同按支付分解表支付的,承包人应按照约定向监理人提交进度付款申请单。

③ 其他价格形式合同的进度付款申请单的提交。合同当事人可在专用合同条款中约定其他价格形式合同的进度付款申请单的编制和提交程序。

（4）进度款审核和支付

① 除专用合同条款另有约定外,监理人应在收到承包人进度付款申请单及相关资料后7天内完成审查并报送发包人,发包人应在收到后7天内完成审批并签发进度款支付证书。发包人逾期未完成审批且未提出异议的,视为已签发进度款支付证书。

发包人和监理人对承包人的进度付款申请单有异议的,有权要求承包人修正和提供补充资料,承包人应提交修正后的进度付款申请单。监理人应在收到承包人修正后的进度付款申请单及相关资料后7天内完成审查并报送发包人,发包人应在收到监理人报送的进度付款申请单及相关资料后7天内,向承包人签发无异议部分的临时进度款支付证书。存在争议的部分,按照争议解决约定处理。

② 除专用合同条款另有约定外,发包人应在进度款支付证书或临时进度款支付证书签发后14天内完成支付,发包人逾期支付进度款的,应按照中国人民银行发布的同期同类贷款基准利率支付违约金。

③ 发包人签发进度款支付证书或临时进度款支付证书,不表明发包人已同意、批准或接受了承包人完成的相应部分的工作。

（5）进度付款的修正

在对已签发的进度款支付证书进行阶段汇总和复核中发现错误、遗漏或重复的,发包人和承包人均有权提出修正申请。经发包人和承包人同意的修正,应在下期进度付款中支付或扣除。

四、施工中涉及的其他费用

承包人按工程质量、安全及消防管理有关规定组织施工,采取严格的安全防护措施,承担由于自身的安全措施不力造成事故的责任和因此发生的费用。非承包人责任造成的安全事故,由责任方承担责任所发生的费用。

除专用合同条款另有约定外,发包人和承包人应在工程开工后 7 天内共同编制施工场地治安管理计划,并制定应对突发治安事件的紧急预案。在工程施工过程中,发生暴乱、爆炸等恐怖事件,以及群殴、械斗等群体性突发治安事件的,发包人和承包人应立即向当地政府报告。发包人和承包人应积极协助当地有关部门采取措施平息事态,防止事态扩大,尽量避免人员伤亡和财产损失。

安全文明施工费由发包人承担,发包人不得以任何形式扣减该部分费用。因基准日期后合同所适用的法律或政府有关规定发生变化,增加的安全文明施工费由发包人承担。

承包人经发包人同意采取合同约定以外的安全措施所产生的费用,由发包人承担。未经发包人同意的,如果该措施避免了发包人的损失,则发包人在避免损失的额度内承担该措施费。如果该措施避免了承包人的损失,由承包人承担该措施费。

除专用合同条款另有约定外,发包人应在开工后 28 天内预付安全文明施工费总额的 50%,其余部分与进度款同期支付。发包人逾期支付安全文明施工费超过 7 天的,承包人有权向发包人发出要求预付的催告通知,发包人收到通知后 7 天内仍未支付的,承包人有权暂停施工,并按发包人违约执行。

承包人对安全文明施工费应专款专用,承包人应在财务账目中单独列项备查,不得挪作他用,否则发包人有权责令其限期改正;逾期未改正的,可以责令其暂停施工,由此增加的费用和(或)延误的工期由承包人承担。

在工程实施期间或缺陷责任期内发生危及工程安全的事件,监理人通知承包人进行抢救,承包人声明无能力或不愿立即执行的,发包人有权雇佣其他人员进行抢救。此类抢救按合同约定属于承包人义务的,由此增加的费用和(或)延误的工期由承包人承担。

工程施工过程中发生事故的,承包人应立即通知监理人,监理人应立即通知发包人。发包人和承包人应立即组织人员和设备进行紧急抢救和抢修,减少人员伤亡和财产损失,防止事故扩大,并保护事故现场。需要移动现场物品时,应作出标记和书面记录,妥善保管有关证据。发包人和承包人应按国家有关规定,及时如实地向有关部门报告事故发生的情况,以及正在采取的紧急措施等。

发包人应负责赔偿以下各种情况造成的损失:

① 工程或工程的任何部分对土地的占用所造成的第三者财产损失。

② 由于发包人原因在施工场地及其毗邻地带造成的第三者人身伤亡和财产损失。

③ 由于发包人原因对承包人、监理人造成的人员人身伤亡和财产损失。

④ 由于发包人原因造成的发包人自身人员的人身伤害及财产损失。

五、竣工结算

1. 竣工结算申请

承包人应在工程竣工验收合格后 28 天内向发包人和监理人提交竣工结算申请单,并提交完整的结算资料,有关竣工结算申请单的资料清单和份数等要求由合同当事人在专用合同条款中约定。

除专用合同条款另有约定外,竣工结算申请单应包括以下内容:

① 竣工结算合同价格。

② 发包人已支付承包人的款项。

③ 应扣留的质量保证金。

④ 发包人应支付承包人的合同价款。

2. 竣工结算审核

① 除专用合同条款另有约定外,监理人应在收到竣工结算申请单后 14 天内完成核查并报送发包人。发包人应在收到监理人提交的经审核的竣工结算申请单后 14 天内完成审批,并由监理人向承包人签发经发包人签认的竣工付款证书。监理人或发包人对竣工结算申请单有异议的,有权要求承包人进行修正和提供补充资料,承包人应提交修正后的竣工结算申请单。

发包人在收到承包人提交竣工结算申请书后 28 天内未完成审批且未提出异议的,视为发包人认可承包人提交的竣工结算申请单,并自发包人收到承包人提交的竣工结算申请单后第 29 天起视为已签发竣工付款证书。

② 除专用合同条款另有约定外,发包人应在签发竣工付款证书后的 14 天内,完成对承包人的竣工付款。发包人逾期支付的,按照中国人民银行发布的同期同类贷款基准利率支付违约金;逾期支付超过 56 天的,按照中国人民银行发布的同期同类贷款基准利率的 2 倍支付违约金。

③ 承包人对发包人签认的竣工付款证书有异议的,对于有异议部分应在收到发包人签认的竣工付款证书后 7 天内提出异议,并由合同当事人按照专用合同条款约定的方式和程序进行复核,或按照争议解决的约定方法处理。对于无异议部分,发包人应签发临时竣工付款证书,并按本款第②项完成付款。承包人逾期未提出异议的,视为认可发包人的审批结果。

六、质量保证金

经合同当事人协商一致扣留质量保证金的,应在专用合同条款中予以明确。

(1)承包人提供质量保证金的方式。承包人提供质量保证金有以下三种方式:

① 质量保证金保函。

② 相应比例的工程款。

③ 双方约定的其他方式。

除专用合同条款另有约定外,质量保证金原则上采用上述第①种方式。

(2)质量保证金的扣留。质量保证金的扣留有以下三种方式:

① 在支付工程进度款时逐次扣留,在此情形下,质量保证金的计算基数不包括预付款的支付、扣回及价格调整的金额。

② 工程竣工结算时一次性扣留质量保证金。

③ 双方约定的其他扣留方式。

除专用合同条款另有约定外,质量保证金的扣留原则上采用上述第①种方式。

发包人累计扣留的质量保证金不得超过结算合同价格的 3%,如承包人在发包人签发竣工付款证书后 28 天内提交质量保证金保函,发包人应同时退还扣留的作为质量保证金的工程价款;保函金额不得超过工程价款结算金额的 3%。

(3)质量保证金的退还。

缺陷责任期内,承包人认真履行合同约定的责任,到期后,承包人可向发包人申请返还保证金。

发包人在接到承包人返还保证金申请后,应于14天内会同承包人按照合同约定的内容进行核实。如无异议,发包人应当按照约定将保证金返还给承包人。对返还期限没有约定或者约定不明确的,发包人应当在核实后14天内将保证金返还承包人,逾期未返还的,依法承担违约责任。发包人在接到承包人返还保证金申请后14天内不予答复,经催告后14天内仍不予答复,视同认可承包人的返还保证金申请。

发包人和承包人对保证金预留、返还以及工程维修质量、费用有争议的,按合同中约定的争议和纠纷解决程序处理。

发包人在退还质量保证金的同时按照中国人民银行发布的同期同类贷款基准利率支付利息。

微课
建设工程
施工合同
示范文本
中关于进
度的内容

6.2.7 建设工程施工合同中关于进度的条款

与进度有关的条款是施工合同文本中的重要条款,合同当事人应当在合同规定的工期内完成施工任务,发包人应当按时做好准备工作,承包人应当按照施工进度计划组织施工,并且编制合理的施工进度计划并控制执行,即在工程进展全过程中,进行计划进度与实际进度的比较,对出现的偏差及时采取措施。

一、工期和施工进度计划

① 合同双方约定施工合同工期。施工合同工期,是指施工的工程从开工起到完成施工合同专用条款中双方约定的全部内容,工程达到竣工验收标准所经历的时间。施工合同工期是施工合同的重要内容之一,《建设工程施工合同》(示范文本)(GF—2017—0201)要求双方在协议书中作出明确约定,约定的内容包括开工日期、竣工日期和合同工期总日历天数。发包人应当在开工期前做好开工的一切准备工作,承包人则应按约定的开工日期开工。

我国目前确定合同工期的依据是建设工程工期定额,它是由国务院有关部门按照不同工程类型分别编制的。建设工程工期定额,是指在平均的建设管理水平和施工装备水平及正常的建设条件(自然的、经济的)下,一个建设项目从设计文件规定的工程正式破土动工,到全部工程建完,验收合格交付使用全过程所需的额定时间。

② 承包人提交进度计划。除专用合同条款另有约定外,合同当事人应按约定完成开工准备工作,在合同签订后14天内,但不晚于开工前7天将施工组织设计和工程进度计划提交给工程师。群体工程中采取分阶段进行施工的工程,承包人则应按照发包人提供图纸及有关资料的时间,分阶段编制进度计划,分别向工程师提交。

③ 工程师对进度计划予以确认或者提出修改意见。工程师接到承包人提交的进度计划后,除专用条款规定时间外,工程师应在收到施工组织7天内予以确认或者提出修改意见,时间限制则由双方在专用条款中约定。如果工程师逾期不确认也不提出书面意见,则视为已经同意。

工程师对进度计划予以确认或者提出修改意见,并不免除承包人施工组织设计和工程进度计划本身的缺陷所应承担的责任。工程师对进度计划予以确认的主要目的是为工程师对进度进行控制提供依据。

二、开工

1. 开工准备

除专用合同条款另有约定外,承包人应按照施工组织设计约定的期限,向监理人提交工程开工报审表,经监理人报发包人批准后执行。开工报审表应详细说明按施工进度计划正常施工所需的施工道路、临时设施、材料、工程设备、施工设备、施工人员等落实情况及工程的进度安排。

除专用合同条款另有约定外,合同当事人应按约定完成开工准备工作。

2. 开工通知

发包人应按照法律规定获得工程施工所需的许可。经发包人同意后,监理人发出的开工通知应符合法律规定。监理人应在计划开工日期7天前向承包人发出开工通知,工期自开工通知中载明的开工日期起算。

除专用合同条款另有约定外,因发包人原因造成监理人未能在计划开工日期之日起90天内发出开工通知的,承包人有权提出价格调整要求,或者解除合同。发包人应当承担由此增加的费用和(或)延误的工期,并向承包人支付合理利润。

三、工期延误

1. 因发包人原因导致工期延误

在合同履行过程中,因下列情况导致工期延误和(或)费用增加的,由发包人承担由此延误的工期和(或)增加的费用,且发包人应支付承包人合理的利润:

① 发包人未能按合同约定提供图纸或所提供图纸不符合合同约定的。

② 发包人未能按合同约定提供施工现场、施工条件、基础资料、许可、批准等开工条件的。

③ 发包人提供的测量基准点、基准线和水准点及其书面资料存在错误或疏漏的。

④ 发包人未能在计划开工日期之日起7天内同意下达开工通知的。

⑤ 发包人未能按合同约定日期支付工程预付款、进度款或竣工结算款的。

⑥ 监理人未按合同约定发出指示、批准等文件的。

⑦ 专用合同条款中约定的其他情形。

因发包人原因未按计划开工日期开工的,发包人应按实际开工日期顺延竣工日期,确保实际工期不低于合同约定的工期总日历天数。因发包人原因导致工期延误需要修订施工进度计划的,按照施工进度计划的修订执行。

2. 因承包人原因导致工期延误

因承包人原因造成工期延误的,可以在专用合同条款中约定逾期竣工违约金的计算方法和逾期竣工违约金的上限。承包人支付逾期竣工违约金后,不免除承包人继续完成工程及修补缺陷的义务。

四、不利物质条件

不利物质条件是指有经验的承包人在施工现场遇到的不可预见的自然物质条件、非自然的物质障碍和污染物,包括地表以下物质条件和水文条件及专用合同条款约定的其他情形,但不包括气候条件。

承包人遇到不利物质条件时,应采取克服不利物质条件的合理措施继续施工,并及时通知发包人和监理人。通知应载明不利物质条件的内容及承包人认为不可预见的理由。监理人经发包人同意后应当及时发出指示,指示构成变更的,按变更的约定执行。承包人因采取合理措施而增加的费用和(或)延误的工期由发包人承担。

五、异常恶劣的气候条件

异常恶劣的气候条件是指在施工过程中遇到的,有经验的承包人在签订合同时不可预见的,对合同履行造成实质性影响的,但尚未构成不可抗力事件的恶劣气候条件。合同当事人可以在专用合同条款中约定异常恶劣的气候条件的具体情形。

承包人应采取克服异常恶劣的气候条件的合理措施继续施工,并及时通知发包人和监理人。监理人经发包人同意后应当及时发出指示,指示构成变更的,按变更的约定办理。承包人因采取合理措施而增加的费用和(或)延误的工期由发包人承担。

六、暂停施工

1. 发包人原因引起的暂停施工

因发包人原因引起暂停施工的,监理人经发包人同意后,应及时下达暂停施工指示。情况紧急且监理人未及时下达暂停施工指示的,按照紧急情况下的暂停施工的规定执行。

因发包人原因引起的暂停施工,发包人应承担由此增加的费用和(或)延误的工期,并支付承包人合理的利润。

2. 承包人原因引起的暂停施工

因承包人原因引起的暂停施工,承包人应承担由此增加的费用和(或)延误的工期,且承包人在收到监理人复工指示后84天内仍未复工的,视为承包人违约。

3. 指示暂停施工

监理人认为有必要时,并经发包人批准后,可向承包人作出暂停施工的指示,承包人应按监理人指示暂停施工。

4. 紧急情况下的暂停施工

因紧急情况需暂停施工,且监理人未及时下达暂停施工指示的,承包人可先暂停施工,并及时通知监理人。监理人应在接到通知后24小时内发出指示,逾期未发出指示,视为同意承包人暂停施工。监理人不同意承包人暂停施工的,应说明理由,承包人对监理人的答复有异议,按照约定处理。

5. 暂停施工后的复工

暂停施工后,发包人和承包人应采取有效措施积极消除暂停施工的影响。在工程复工前,监理人会同发包人和承包人确定因暂停施工造成的损失,并确定工程复工条件。当工程具备复工条件时,监理人应经发包人批准后向承包人发出复工通知,承包人应按照复工通知要求复工。

承包人无故拖延和拒绝复工的,承包人承担由此增加的费用和(或)延误的工期;因发包人原因无法按时复工的,按照因发包人原因导致工期延误的约定办理。

6. 暂停施工持续56天以上

监理人发出暂停施工指示后56天内未向承包人发出复工通知,除该项停工属于承包人原因引起的暂停施工及不可抗力约定的情形外,承包人可向发包人提交书面通知,要求发包人在收到书面通知后28天内准许已暂停施工的部分或全部工程继续施工。发包人逾期不予批准的,则承包人可以通知发包人,将工程受影响的部分视为按变更的范围可取消工作。

暂停施工持续84天以上不复工的,且不属于承包人原因引起的暂停施工及不可抗力约定的情形,并影响到整个工程及合同目的实现的,承包人有权提出价格调整要求,或者解除合同。解除合同的,按照因发包人违约解除合同执行。

7. 暂停施工期间的工程照管

暂停施工期间,承包人应负责妥善照管工程并提供安全保障,由此增加的费用由责任方承担。

8. 暂停施工的措施

暂停施工期间,发包人和承包人均应采取必要的措施确保工程质量及安全,防止因暂停施工扩大损失。

七、提前竣工

(1)发包人要求承包人提前竣工的,发包人应通过监理人向承包人下达提前竣工指示,承包人应向发包人和监理人提交提前竣工建议书,提前竣工建议书应包括实施的方案、缩短的时间、增加的合同价格等内容。发包人接受该提前竣工建议书的,监理人应与发包人和承包人协商采取加快工程进度的措施,并修订施工进度计划,由此增加的费用由发包人承担。承包人认为提前竣工指示无法执行的,应向监理人和发包人提出书面异议,发包人和监理人应在收到异议后 7 天内予以答复。任何情况下,发包人不得压缩合理工期。

(2)发包人要求承包人提前竣工,或承包人提出提前竣工的建议能够给发包人带来效益的,合同当事人可以在专用合同条款中约定提前竣工的奖励。

八、竣工验收

1. 竣工验收条件

工程具备以下条件的,承包人可以申请竣工验收:

① 除发包人同意的甩项工作和缺陷修补工作外,合同范围内的全部工程及有关工作,包括合同要求的试验、试运行及检验均已完成,并符合合同要求。

② 已按合同约定编制了甩项工作和缺陷修补工作清单及相应的施工计划。

③ 已按合同约定的内容和份数备齐竣工资料。

2. 竣工验收程序

除专用合同条款另有约定外,承包人申请竣工验收的,应当按照以下程序进行:

① 承包人向监理人报送竣工验收申请报告,监理人应在收到竣工验收申请报告后 14 天内完成审查并报送发包人。监理人审查后认为尚不具备验收条件的,应通知承包人在竣工验收前承包人还需完成的工作内容,承包人应在完成监理人通知的全部工作内容后,再次提交竣工验收申请报告。

② 监理人审查后认为已具备竣工验收条件的,应将竣工验收申请报告提交发包人,发包人应在收到经监理人审核的竣工验收申请报告后 28 天内审批完毕并组织监理人、承包人、设计人等相关单位完成竣工验收。

③ 竣工验收合格的,发包人应在验收合格后 14 天内向承包人签发工程接收证书。发包人无正当理由逾期不颁发工程接收证书的,自验收合格后第 15 天起视为已颁发工程接收证书。

④ 竣工验收不合格的,监理人应按照验收意见发出指示,要求承包人对不合格工程返工、修复或采取其他补救措施,由此增加的费用和(或)延误的工期由承包人承担。承包人在完成不合格工程的返工、修复或采取其他补救措施后,应重新提交竣工验收申请报告,并按本项约定的程序重新进行验收。

⑤ 工程未经验收或验收不合格,发包人擅自使用的,应在转移占有工程后 7 天内向承包

人颁发工程接收证书;发包人无正当理由逾期不颁发工程接收证书的,自转移占有后第 15 天起视为已颁发工程接收证书。

除专用合同条款另有约定外,发包人不按照本项约定组织竣工验收、颁发工程接收证书的,每逾期一天,应以签约合同价为基数,按照中国人民银行发布的同期同类贷款基准利率支付违约金。

3. 竣工日期

工程经竣工验收合格的,以承包人提交竣工验收申请报告之日为实际竣工日期,并在工程接收证书中载明;因发包人原因,未在监理人收到承包人提交的竣工验收申请报告 42 天内完成竣工验收,或完成竣工验收不予签发工程接收证书的,以提交竣工验收申请报告的日期为实际竣工日期;工程未经竣工验收,发包人擅自使用的,以转移占有工程之日为实际竣工日期。

4. 拒绝接收全部或部分工程

对于竣工验收不合格的工程,承包人完成整改后,应当重新进行竣工验收,经重新组织验收仍不合格的且无法采取措施补救的,则发包人可以拒绝接收不合格工程,因不合格工程导致其他工程不能正常使用的,承包人应采取措施确保相关工程的正常使用,由此增加的费用和(或)延误的工期由承包人承担。

5. 移交、接收全部与部分工程

除专用合同条款另有约定外,合同当事人应当在颁发工程接收证书后 7 天内完成工程的移交。

发包人无正当理由不接收工程的,发包人自应当接收工程之日起,承担工程照管、成品保护、保管等与工程有关的各项费用,合同当事人可以在专用合同条款中另行约定发包人逾期接收工程的违约责任。

承包人无正当理由不移交工程的,承包人应承担工程照管、成品保护、保管等与工程有关的各项费用,合同当事人可以在专用合同条款中另行约定承包人无正当理由不移交工程的违约责任。

九、竣工退场

1. 竣工退场

颁发工程接收证书后,承包人应按以下要求对施工现场进行清理:

① 施工现场内残留的垃圾已全部清除出场。

② 临时工程已拆除,场地已进行清理、平整或复原。

③ 按合同约定应撤离的人员、承包人施工设备和剩余的材料,包括废弃的施工设备和材料,已按计划撤离施工现场。

④ 施工现场周边及其附近道路、河道的施工堆积物,已全部清理。

⑤ 施工现场其他场地清理工作已全部完成。

施工现场的竣工退场费用由承包人承担。承包人应在专用合同条款约定的期限内完成竣工退场,逾期未完成的,发包人有权出售或另行处理承包人遗留的物品,由此支出的费用由承包人承担,发包人出售承包人遗留物品所得款项在扣除必要费用后应返还承包人。

2. 地表还原

承包人应按发包人要求恢复临时占地及清理场地,承包人未按发包人的要求恢复临时占地,或者场地清理未达到合同约定要求的,发包人有权委托其他人恢复或清理,所发生的费用由承包人承担。

工程应当按期竣工。工程按期竣工有两种情况:承包人按照协议书约定的竣工日期竣工和按工程师同意顺延的工期竣工。工程如果不能按期竣工,承包人应当承担违约责任。

6.3　建设工程监理合同

6.3.1　建设工程监理合同概述

一、建设工程监理合同的概念

建设工程监理合同简称监理合同,是业主与监理人签订,为委托监理人承担监理业务而明确双方权利义务关系的协议。委托监理的内容是依据法律、行政法规及有关技术标准、设计文件和建设工程合同,对承包人在工程质量、建设工期和建设资金使用等方面,代表建设单位实施监督。建设监理可以对工程建设的全过程进行监理,也可以分阶段进行,如设计监理、施工监理等。但目前实践中的建设监理大多是施工监理,建设监理制是我国建设领域的一项重要制度。

二、建设工程监理合同的主体

监理合同的主体是合同确定的权利的享有者和义务的承担者,包括委托人(发包人或业主)和监理人(监理单位)。监理人与委托人是平等的主体关系,这与其他合同主体关系是一致的,也是由合同的特点决定的。双方的关系是委托与被委托的关系。

(1)委托人。委托人是指委托监理与相关服务的一方,以及其合法的继承人或受让人。

(2)监理人。监理人是指取得监理资质证书,具有法人资格的监理公司、监理事务所和兼承监理业务的工程设备、科学研究及工程建设咨询的单位,是提供监理与相关服务的一方及其合法的继承人。

6.3.2　《建设工程监理合同》(示范文本)(GF—2012—0202)简介

住房和城乡建设部、国家工商行政管理总局2012年3月27日颁发的《建设工程监理合同》(示范文本)(GF—2012—0202)由四部分组成。第一部分是协议书,第二部分是通用条件,第三部分是专用条件,第四部分是附录。

协议书作为《建设工程监理合同》的第一部分,是委托人与监理人就合同内容协商达成一致意见后,向对方承诺履行合同而签署的正式协议。协议书包括监理工程概况、签约酬金、委托人和监理人双方的承诺及委托监理服务期限等内容,明确了包括协议书在内组成合同的所有文件,并约定了合同订立的时间和地点。

通用条件具有较强的普遍性和通用性,是通用于各类建设工程监理的基础性合同条款。其内容涵盖了合同中所有的词语定义和解释,监理人的义务,委托人的义务,违约责任,支付,合同生效、变更、暂停、解除与终止,争议的解决,其他等情况。

专用条件是专用于具体监理工程的条款,是各个工程项目根据自己的个性和所处的自然和社会环境,由业主和监理单位协商一致后填写的。双方如果认为需要,还可在其中增加约定的补充条款和修正条款。专用条件的条款是与通用条件的条款相对应的。专用条件不能单独使用,它必须与通用条件结合在一起才能使用。

6.3.3　建设工程监理合同双方的义务

《建设工程监理合同》(示范文本)(GF—2012—0202)中涉及合同双方的义务主要内容如下。

1. 监理人的义务

① 向委托人报送委派的总监理工程师及其监理机构主要成员名单、监理规划,完成监理合同专用条件中约定的监理工程范围内的监理业务。

② 监理人在履行合同义务的期间,应运用法律法规、规章制度、工程有关标准及规范、技术能力,为委托人提供与其监理人水平相适应的咨询意见,认真履行职责。帮助委托人实现合同预定的目标,公正地维护各方的合法权益。

③ 监理人使用委托人提供的设施和物品,在监理工作完成或终止时,应将其设施和剩余的物品库存清单提交给委托人,并按专业合同条件约定的时间和方式移交此类设施和物品。

④ 监理人应按专用条件约定的种类、时间和份数向委托人提交监理与相关服务的报告。在本合同履行期内,监理人应在现场保留工作所用的图纸、报告及记录监理工作的相关文件。工程竣工后,应当按照档案管理规定将监理有关文件归档。

2. 委托人的义务

① 委托人应在委托人与承包人签订的合同中明确监理人、总监理工程师和授予项目监理机构的权限。如有变更,应及时通知承包人。

② 委托人应按照附录中的约定,无偿向监理人提供工程有关的资料。在本合同履行过程中,委托人应及时向监理人提供最新的与工程有关的资料。

③ 委托人应按照附录中的约定,派遣相应的人员,提供房屋、设备,供监理人无偿使用。委托人应负责协调工程建设中所有外部关系,为监理人履行本合同提供必要的外部条件。

④ 委托人应授权一名熟悉工程情况的代表,负责与监理人联系。委托人应在双方签订本合同后7天内,将委托人代表的姓名和职责书面告知监理人。当委托人更换委托人代表时,应提前7天通知监理人。

⑤ 在本合同约定的监理与相关服务工作范围内,委托人对承包人的任何意见或要求应通知监理人,由监理人向承包人发出相应指令。

⑥ 委托人应在专用条件约定的时间内,对监理人以书面形式提交并要求作出决定的事宜,给予书面答复。逾期未答复的,视为委托人认可。

⑦ 委托人应按本合同约定,向监理人支付酬金。

6.3.4　建设工程监理合同的履行

监理合同的当事人应当严格按照合同的约定履行各自的义务。当然,最主要的是监理人应当完成监理工作,委托人应当按照约定支付监理酬金。

一、工程建设监理工作

工程建设监理工作除合同专用条件中约定的工作内容,如投资、质量、工期的控制,以及合同、信息管理等外,还包括以下内容:

①　收到工程设计文件后编制监理规划,并在第一次工地会议 7 天前报委托人。根据有关规定和监理工作需要,编制监理实施细则。

②　熟悉工程设计文件,并参加由委托人主持的图纸会审和设计交底会议。

③　参加由委托人主持的第一次工地会议;主持监理例会并根据工程需要主持或参加专题会议。

④　审查施工承包人提交的施工组织设计,重点审查其中的质量安全技术措施、专项施工方案与工程建设强制性标准的符合性。

⑤　检查施工承包人工程质量、安全生产管理制度及组织机构和人员资格。

⑥　检查施工承包人专职安全生产管理人员的配备情况。

⑦　审查施工承包人提交的施工进度计划,核查承包人对施工进度计划的调整。

⑧　检查施工承包人的试验室。

⑨　审核施工分包人资质条件。

⑩　查验施工承包人的施工测量放线成果。

⑪　审查工程开工条件,对条件具备的签发开工令。

⑫　审查施工承包人报送的工程材料、构配件、设备质量证明文件的有效性和符合性,并按规定对用于工程的材料采取平行检验或见证取样方式进行抽检。

⑬　审核施工承包人提交的工程款支付申请,签发或出具工程款支付证书,并报委托人审核、批准。

⑭　在巡视、旁站和检验过程中,发现工程质量、施工安全存在事故隐患的,要求施工承包人整改并报委托人。

⑮　经委托人同意,签发工程暂停令和复工令。

⑯　审查施工承包人提交的采用新材料、新工艺、新技术、新设备的论证材料及相关验收标准。

⑰　验收隐蔽工程、分部分项工程。

⑱　审查施工承包人提交的工程变更申请,协调处理施工进度调整、费用索赔、合同争议等事项。

⑲　审查施工承包人提交的竣工验收申请,编写工程质量评估报告。

⑳　参加工程竣工验收,签署竣工验收意见。

㉑　审查施工承包人提交的竣工结算申请并报委托人。

㉒　编制、整理工程监理归档文件并报委托人。

二、监理酬金的支付

合同双方当事人监理合同中约定以下内容:

①　监理酬金的额度、酬金包括的范围和各阶段监理酬金的多少。

②　支付监理酬金的时间、比例和数额。

③　支付监理酬金所采用的货币币种、汇率。

除专用条件另有约定外,酬金均以人民币支付。涉及外币支付的,所采用的货币种类、比例和汇率在专用条件中约定。

监理人应在本合同约定的每次应付款时间的 7 天前,向委托人提交支付申请书。支付申请书应当说明当期应付款总额,并列出当期应支付的款项及其金额。

支付的酬金包括正常工作酬金、附加工作酬金、合理化建议奖励金额及费用。

委托人对监理人提交的支付申请书有异议时,应当在收到监理人提交的支付申请书后 7 天内,以书面形式向监理人发出异议通知。无异议部分的款项应按期支付,有异议部分的款项按合同中关于争议解决的约定办理。

三、违约责任

1. 监理人的违约责任

监理人未履行本合同义务的,应承担相应的责任。

① 因监理人违反本合同约定给委托人造成损失的,监理人应当赔偿委托人损失。赔偿金额的确定方法在专用条件中约定。监理人承担部分赔偿责任的,其承担赔偿金额由双方协商确定。

② 监理人向委托人的索赔不成立时,监理人应赔偿委托人由此发生的费用。

2. 委托人的违约责任

委托人未履行本合同义务的,应承担相应的责任。

① 委托人违反本合同约定造成监理人损失的,委托人应予以赔偿。

② 委托人向监理人的索赔不成立时,应赔偿监理人由此引起的费用。

③ 委托人未能按期支付酬金超过 28 天,应按专用条件约定支付逾期付款利息。

3. 除外责任

因非监理人的原因,且监理人无过错,发生工程质量事故、安全事故、工期延误等造成的损失,监理人不承担赔偿责任。

因不可抗力导致本合同全部或部分不能履行时,双方各自承担其因此而造成的损失、损害。

本章小结

本章讲述了建设工程合同的概念、特征、种类;着重介绍了《建设工程施工合同》(示范文本)中有关工程质量、工程进度、工程价款的合同条款,以及合同实施过程中双方一般的权利义务关系;简述了《建设工程监理合同》(示范文本)(GF—2012—0202)中的标准条件、监理合同中双方的责任、权利、义务等。

思考题

1. 简述建设工程合同的特征。
2. 对建设工程合同形式有何要求?
3. 常见的建设工程合同有哪些?
4.《建设工程施工合同》(示范文本)(GF—2017—0201)由哪几部分构成?
5. 简述建设工程施工合同中发包人的工作。

6. 简述建设工程施工合同中承包人的工作。

7. 建设工程施工合同中,通过哪些环节对工程质量进行控制?

8. 简述工程合同价款的确定方式。

9. 工程进度款如何支付?

10. 设计变更时如何确定变更价款?

7

建设工程施工合同管理

学习要求：

施工合同管理是该书的重点内容之一,通过本章的学习,应了解施工合同管理的特点,施工合同管理组织的建立;熟悉施工合同管理的工作内容,工程招标投标阶段合同管理的基本任务,能对招标文件进行分析,预防风险的发生;掌握施工合同履行过程中合同分析的内容和方法,合同实施过程中的管理内容、管理程序、管理方法,合同变更管理的程序和内容。

7.1 概述

建设工程施工合同管理是指各级工商行政管理机关、建设行政主管机关,以及建设单位、监理单位、承包单位依据法律法规,采取法律的、行政的手段,对施工合同关系进行组织、指导、协调及监督,保护施工合同当事人的合法权益,处理施工合同纠纷,防止和制裁违法行为,保证施工合同贯彻实施的一系列活动。各级工商行政管理机关、建设行政主管机关对施工合同进行宏观管理,建设单位(业主)、监理单位、承包单位对施工合同进行微观管理。施工合同管理贯穿招标投标、合同谈判与签约、工程实施、交工验收及保修阶段的全过程。本章重点介绍承包商的合同管理。

7.1.1 施工合同管理的特点

施工合同管理的特点是由工程项目的特点、环境和合同的性质、作用和地位所决定的。

① 施工合同管理周期长。因为现代工程体积大、结构复杂、技术和质量标准高、周期长,施工合同管理不仅包括施工阶段,而且包括招标投标阶段和保修期。所以,施工合同管理是一项长期的、循序渐进的工作。

② 施工合同管理与效益、风险密切相关。在工程实际中,由于工程价值量大,合同价格高,合同实施时间长、涉及面广,受政治、经济、社会、法律和自然条件等的影响较大,所以,合同管理水平的高低直接影响双方当事人的经济效益。同时,合同本身常常隐藏着许多难以预测的风险。

③ 施工合同管理的变量多。在工程实施过程中内外干扰事件多且具有不可预见性,使合同变更非常频繁。通常一个稍大的工程,合同实施中的变更能有几百项。

④ 施工合同管理是综合性的、全面的、高层次的管理工作。施工合同管理是业主(监理工程师)、承包商项目管理的核心,在现代建设工程项目管理中已成为与项目的进度控制、质

量控制、投资控制和信息管理并列的一大管理职能,并有总控制和总协调作用,是一项综合性的、全面的、高层次的管理活动。

目前我国建设工程合同管理的现状如下。

a. 合同意识薄弱、工程管理水平较低,难以适应现代工程建设的需要。

b. 合同管理人才非常缺乏。

c. 法制不很健全,有法不依,市场不规范,合同约束力不强。

这些严重影响了我国工程项目管理水平的提高,更对工程经济效益和工程质量产生了严重的损害。

微课
施工合同
管理的工
作内容

7.1.2　施工合同管理的工作内容

对工程项目的参加者及与工程项目有关部门的各方,其合同管理工作内容与其所处的角度、阶段有关。

一、建设行政主管部门在施工合同管理中的主要工作

各级建设行政主管部门主要从市场管理的角度对施工合同进行宏观管理,管理的主要内容如下。

① 宣传贯彻国家有关经济合同方面的法律、法规和方针政策。

② 贯彻国家制订的施工合同示范文本,并组织推行和指导使用。

③ 组织培训合同管理人员,指导合同管理工作,总结交流工作经验。

④ 对施工合同签订进行审查,监督检查合同履行,依法处理存在的问题,查处违法行为。

⑤ 制订签订和履行合同的考核指标,并组织考核,表彰先进的合同管理单位。

⑥ 确定损失赔偿范围。

⑦ 调解施工合同纠纷。

二、业主及监理工程师在施工合同管理中的主要工作

1. 业主的主要工作

业主的主要工作是对合同进行总体策划和总体控制,对授标及合同的签订进行决策,为承包商的合同实施提供必要的条件,委托监理工程师监督承包商履行合同。

2. 监理工程师的主要工作

对实行监理的工程项目,监理工程师的主要工作由建设单位(业主)与监理单位双方约定,按照《中华人民共和国建筑法》和《建设工程监理规范》(GB/T 50319—2013)的规定,监理工程师必须站在公正的第三者的立场上对施工合同进行管理,其工作内容可以涉及包括招标投标阶段和施工实施结算的进度管理、质量管理、投资管理和组织协调的全部或部分,具体内容如下。

① 协助业主组建招标机构,为业主起草招标申请书并协助招标人向当地建设行政主管部门申请办理工程招标的审批工作,以及发布招标公告或投标邀请。

② 对投标人的投标资格进行预审。

③ 组织现场勘察和答疑。

④ 组织开标会议,参加评标工作,推荐中标人。

⑤ 合同谈判。

⑥ 起草合同文件和各种相关文件。

⑦ 解释合同,监督合同的执行,协调业主、承包商、供应商之间的合同关系,站在公正的立场上正确处理索赔与纠纷。

⑧ 在业主的授权范围内,对工程项目进行进度控制、质量控制、投资控制。

三、承包商在施工合同管理中的主要工作

在我国,由于法制不健全、市场竞争激烈、市场不规范及施工管理水平低、合同意识淡薄等原因,承包单位的合同管理的不足已严重影响我国工程管理水平,并对工程经济和工程质量产生了严重影响。因此,施工承包单位应将合同管理作为一项具体、细致的工作,作为施工项目管理的重点和难点加以对待。

1. 确定工程项目合同管理组织

包括项目(或工程队)的组织形式、人员分工和职责等。

2. 管理合同文件、资料

为了防止合同在履行中发生纠纷,合同管理人员应加强合同文件的管理,及时填写并保存经有关方面签证的文件和单据,主要包括以下内容。

① 招标文件、投标文件、合同文本、设计文件、规范、标准,以及经设计单位和建设单位(业主或业主代表)签证的设计变更通知等。

② 建设单位负责供应的设备、材料进场时间,以及材料规格、数量和质量情况的备忘录。

③ 承包商负责的主要建筑材料、成品、半成品、构配件及设备。

④ 材料代用议定书。

⑤ 主控项目和一般项目的质量抽样检验报告,施工操作质量检查记录,检验批质量验收记录,分项工程质量验收记录,隐蔽工程检查验收记录,中间交工工程的验收文件,分部工程质量控制资料。

⑥ 质量事故鉴定书及采取的处理措施。

⑦ 合理化建议内容及节约分成协议书。

⑧ 赶工协议及提前竣工收益分享协议。

⑨ 与工程质量、预算、结算和工期等有关的资料和数据。

⑩ 与业主代表定期会议的记录,业主或业主代表的书面指令,与业主(监理工程师)的来往信函,工程照片及各种施工进度报表等。

3. 建立合同管理系统

合同管理系统是目前国际上一种先进的合同管理技术,它借助于计算机的存贮事件,检索条款,分析手段迅速、可靠,为合同管理人员提供决策支持。随着建筑技术迅速发展、经济能力不断扩大,工程项目的规模越来越庞大,涉及的方面日益复杂,合同条款也日益复杂,组成合同文件的部分也越来越多。这样一来,遇到合同履行中的问题时若还要像原来一样迅捷地处理纠纷就非借助于计算机不可。

下面介绍德国国际工程项目管理(IPM)公司的合同管理系统。

IPM 公司的合同管理系统由合同分析、合同数据档案库、合同网络系统、合同监督系统、索赔管理系统等五个部分组成。在这套系统中,最终的目的是进行索赔管理,即要求该系统能迅速地对索赔要求提供必要支持。而要实现这种索赔的支持,必须以合同履行中的合同

监督为基础,将平时对合同的监督结果存贮于计算机内,最终形成各种支持索赔的合同根据和事实证据等。合同分析、合同数据档案、合同网络是合同监督系统、索赔管理系统这两项工作的前提和基础。它们之间的关系非常密切,互相依存,缺一不可,从而构成了完整的合同管理系统。下面分别介绍这五个部分。

① 合同分析。合同分析就是对施工合同的一般条件、特殊条件及协议条款进行细密的、科学的分析,是建立合同管理系统的基础工作。

② 合同数据档案库。合同数据档案库就是由计算机把合同条款分门别类地归纳起来,存贮在数据库里,以便随时检索。因为有些问题(如支付)涉及的条款较多,人工分析起来比较麻烦,而用电子计算机检索则相当方便。例如,检索支付条款时,只要把主题词"支付"输入电子计算机内,机器会自动把涉及的支付款额、支付条件、支付日期、支付延期责任与分包的支付等统统检索出来,供使用者参考。

③ 合同网络系统。合同网络系统就是把合同中的工期、工作、成本等用网络形式表示出来。如需要这张网络图或需对网络进行修改或变更则可通过电子计算机进行。

④ 合同监督。合同监督即对合同条款进行解释,以便根据合同来掌握工程的进展,监督合同义务的履行及合同权利的实现。合同监督要求把工程实际进度、材料和设备订货与到货情况、工程质量、按工程进度付价款、甲方代表指令及双方来往信函、会谈纪要等存入计算机以补充合同文件,形成合同管理的重要文件。

⑤ 索赔管理。索赔管理是合同管理系统的最后部分,也是合同管理的目的之一,若前四部分工作做得越扎实,形成对索赔的支持就越有力。否则索赔缺乏支持可能成为空谈。

为了加强工程合同管理,许多国家和国际行业性组织专门制定了标准合同示范文本作为合同当事人签订合同的蓝本。例如,国际咨询工程师联合会(FIDIC)就制定了包括《土木工程施工合同条件》等一系列标准文本,我国工商行政管理局和住建部也先后颁布了《建设工程施工合同》(示范文本)(GF—2017—0201)和《建设工程监理合同》(示范文本)(GF—2012—0202)等。合同当事人签订合同并按合同履行义务与合同管理均应参照《建设工程施工合同》(示范文本)(GF—2017—0201)执行。

7.1.3 施工合同管理的组织

施工合同管理的组织,是指为实现有序的合同管理而进行的组织系统的设计、建立、运行和调整,包括以下内容。

① 机构及职责的确定。

② 人员及权利的确定。

③ 工作的划分。

④ 工作程序的确定。

⑤ 合同的分析。

⑥ 目标的确定。

⑦ 检查及反馈。

⑧ 组织的运用等。

一般来说,施工企业的合同管理部门由公司、项目经理部(工程队)两级合同管理组织。施工企业的合同管理部门一般分为质量管理、进度计划、成本控制和技术方案等四个部分或职能,配备专职合同管理人员负责企业所有工程合同的总体管理工作,建立合同管理制度和合同管理工作程序,充分发挥合同管理的纽带作用。

合同管理部门和管理人员的主要工作包括以下内容。

① 参与投标工作,对招标文件、合同条件进行评审。

② 收集市场和工程信息,对工程合同进行总体策划。

③ 参与合同谈判与合同的签订,为合同谈判和签订提出意见、建议甚至警告。

④ 向工程项目派遣合同管理人员。

⑤ 对工程项目的合同履行情况进行汇总、分析,对合同实施进行总的指导、分析和诊断,协调项目各个合同的实施。

⑥ 处理与业主及其他方重大的合同关系,具体地组织重大的索赔。

对于大型的工程项目,设立项目的合同管理小组,将合同管理小组纳入施工组织系统中,设立合同经理、合同工程师和合同管理员,专门负责与该项目有关的合同管理工作。

对于一般的项目或较小的工程,可设合同管理员。他在项目经理领导下进行施工现场的合同管理工作。对于处于分包地位,且承担的工作量不大、工程不复杂的承包商,工地上可不设专门的合同管理人员,而将合同管理的任务分解下达给各职能人员,由项目经理作总体协调。

在国际工程中,对一些特大型的、合同关系复杂、风险大、争执多的项目,有些承包商聘请合同管理专家或将整个工程的合同管理工作(或索赔工作)委托给咨询公司或管理公司。

7.2　工程招标投标阶段的合同管理

招标投标阶段是工程承包合同的形成过程,在这一阶段合同管理的主要内容包括合同的总体策划,招标文件分析、合同文本分析、合同风险分析,合同条件审查及合同谈判等。

微课
招投标阶段合同的总体策划

7.2.1　招标投标阶段合同的总体策划

一、业主的合同总体策划

业主的合同总体规划主要有以下内容。

① 确定与业主签约的承包商的数量,承包商的数量与承包方式有关。

② 招标方式(公开招标、邀请招标)的确定。

③ 合同种类(如总价合同、单价合同或成本加酬金合同)的选择。

④ 合同条件的选择。

⑤ 重要合同条款的确定,如适用的法律、付款方式、合同价格的调整、材料设备的供管、工程变更、合同风险的分担及违约责任。

⑥ 其他战略问题,如确定资格预审的标准和允许参加投标的单位的数量、定标的标准、定标后谈判的处理、业主的相关合同的协调。

二、承包商的合同总体策划

承包商的合同总体策划即投标的决策、策略和技巧,是承包商经营决策的重要组成部分,直接关系到承包商是否投标,能否中标及中标后的效益等重要问题。

承包商的合同总体策划主要有以下内容。

① 投标决策,即根据工程性质、追求的目标(如为开拓市场决定不惜一切代价只求中

标）、自身实力、业主的信誉、竞争对手情况及各种风险因素进行研究，决定是否参加投标。

② 投标策略与技巧，如为中标而提出采用新工艺等有效措施，缩短工期或降低成本以吸引业主，不平衡报价，增加建议方案，薄利或零利润报价等。

③ 合同谈判策略的确定。

微课
招标文件
的分析

•7.2.2 招标文件的分析

承包商取得招标文件后的主要工作如下。

① 招标文件的总体检查。检查的重点是招标文件的完备性。对照招标文件目录检查文件是否齐全，是否有缺页，对照图纸目录检查图纸是否齐全。

② 招标条件分析。分析的主要对象是投标人须知。通过分析，承包商不仅要掌握招标过程、评标的规则和各项要求，以对投标报价工作作出具体安排，而且要了解投标风险，以确定投标策略。

③ 对招标工作时间安排的分析。应按时间安排进行各项工作。

④ 工程技术文件分析。即进行图纸审查、工程量复核、图纸和规范中的问题分析。

微课
合同文本
的分析

•7.2.3 合同文本分析

合同文本通常指合同协议书和合同条件等文件，是合同的核心。合同文本分析是一项综合性的、复杂的、技术性很强的工作。它要求合同管理者不但要熟悉与合同相关的法律、法规，精通合同条款，对工程环境有全面的了解，而且应有合同管理的实际工作经验和经历。

通常合同文本分析主要有以下四个方面的内容：

一、施工承包合同的合法性分析

承包合同必须在合同的法律基础的范围内签订和实施，否则会导致承包合同全部或部分无效。承包合同的合法性分析通常包括以下内容。

① 发包人和承包人的资格审查是否合格。

② 工程项目是否已具备招标投标、签订和实施合同的一切条件。

③ 工程承包合同的条款和所指的行为是否符合合同法和其他各种法律的要求。

④ 合同是否需要公证或由有关部门批准才能生效。

二、施工承包合同的完备性分析

施工承包合同的完备性分析包括相关的合同文件的完备性分析和合同条款的完整性分析。

承包合同文件的完备性主要分析该合同的各种文件（特别是工程环境、水文地质等方面的说明文件和设计文件，如图纸、规范、标准等）是否齐全。在获取招标文件后应对照招标文件目录和图纸目录做这方面的检查。如果发现不足，则应要求业主补充提供。合同文件的完备性还包括该承包合同所包含的合同事件、工程本身各种说明、工程过程中所涉及的及可能出现的各种问题的处理，以及双方的责任和权益等。

承包合同条款的完整性是指合同条款是否齐全，对各种问题是否都有规定、是否有遗漏。这是合同完整性分析的重点。不同的合同文本其完整性分析的内容选择重点不同。

① 对一般的工程项目采用标准的合同文本［如使用《建设工程施工合同》（示范文本）（GF—2017—0201）］，因为标准文本条款齐全，内容完整，一般可以不作合同的完整性分析。但对特殊的工程，如采用标准合同文本的补充协议或条款，则应重点分析其内容是否完整、

合理,前后是否矛盾。

② 如果未使用标准文本,但存在该类合同的标准文件,则可以以标准文本为样板,将所签订的合同条款与标准文本的对应条款一一对照,就可以发现该合同缺少哪些必需条款。

③ 对无标准文本的合同类型(如分包合同、劳务合同),合同起草者应尽可能多地收集实际工程中的同类合同文本,进行对比分析和互相补充,以确定该类合同范围和结构形式,再将被分析的合同按结构拆分开,可以方便地分析出该合同是否缺少,或缺少哪些必需条款。这样起草合同就可能比较完备。

在实际工程中有些业主希望合同条件不完整,认为这样更有主动权,可以利用这个不完备推卸自己的责任,增加承包商的合同责任和工作范围;有些承包商也认为合同条件不完备是索赔机会。这些想法都非常危险。因为,业主起草招标文件,他对招标文件的缺陷、错误、二义性、矛盾必须承担责任;对承包商而言,发现合同条件不完整而不提出、不协商、不纠正,自认为是索赔的机会同样错误,因为承包商能否有理由提出索赔,以及能否取得索赔的成功,都是未知数。在工程中对索赔的处理业主一般处于主导地位,业主往往会以合同未作明确规定而不给承包商付款;再者,合同条件不完整会造成合同双方对权利和责任理解的错误,会引起承包商和业主计划和组织的失误,最终造成工程不能顺利实施,增加双方合同争执。所以合同双方都应努力签订一个完备的合同。

三、合同双方责权利分析

合同应公平合理地分配双方的责任和权益,使它们达到总体平衡。在合同条件分析中首先按合同条款列出双方各自的责任和权益,在此基础上进行它们的关系分析。

① 在分析施工承包合同中,合同双方的责任和权益互为前提条件。

通过对合同双方的责任和权益分析可以确定合同双方责权利是否平衡,合同是否公平、合理、合法。

② 在分析施工承包合同中,应注意合同责任和权益的关系。

a. 业主的权益与责任必须平衡。例如,业主(监理工程师)有权对已覆盖的隐蔽工程进行检查或复检,甚至包括破坏性检查,承包商必须执行;如果检查结果表明施工质量符合图纸、规范的要求,那么业主应承担相应的损失(包括工期和费用补偿)。这就是业主(监理工程师)的检查权和对业主(监理工程师)检查权的限制,以及由检查权导致的合同责任,以防止工程师滥用检查权。

b. 承包商的责任和权益必须平衡。承包商的合同责任必须具备一定的前提条件。如果这些前提条件应由业主提供或完成,则应作为业主的一项义务,在合同中作明确规定,进行反制约。如果缺少这些反制约,则合同双方责权利关系不平衡。

例如,对已竣工工程未交付建设单位之前,承包商按协议条款约定负责已完工程的成品保护工作,保护期间发生的损坏,承包商自费予以修复。应同时规定,发包人应按期组织验收和办理移交手续;工程未经竣工验收或验收未通过的,发包人不得使用;发包人强行使用时,由此发生的质量问题及其他问题,由发包人承担责任。这是前提条件,必须提出作为对业主的反制约。

c. 合同双方的某些责任相互影响、互为条件。具体定义这些活动的责任和时间限定,在索赔和反索赔中是十分重要的,在确定干扰事件的责任时常常需要仔细分析是否有连带责任。

③ 业主和承包商的责任和权益应尽可能具体、详细,并注意其范围的限定。例如,某合同中地质资料说明,地下为普通地质,砂土。合同条件规定,"如果出现岩石地质,则应根据商定的价格调整合同价"。在实际工程中地下出现建筑垃圾和淤泥,造成施工的困难,承包商提出费用索赔要求,但被业主否决,因为只有岩石地质才能索赔,承包商的权益受到限制。出现普通砂土地质和岩石地质之间的其他地质情况,也会造成承包商费用的增加和工期的延长,而按本合同条件规定,费用的增加属于承包商的风险。

④ 双方权益的保护条款。一个完备的合同应对双方的权益都能形成保护,对双方的行为都有制约,这样才能保证项目的顺利进行。

四、后果性分析

在合同签订前必须充分考虑到合同一经签订、付诸实施会有什么样的后果,在此基础上分析合同条款之间的内在联系。同时应注意同一种表达方式在不同的合同环境中可能有不同的风险。例如,合同计价方法、计量程序、进度款结算、工程变更、索赔等之间内在联系是否合理,有无缺陷和矛盾,会带来什么样的后果,在合同实施中会有哪些意想不到的情况,这些情况发生应如何处理,本工程是否过于复杂或范围过大超过自己的能力,自己如果完不成合同责任应承担什么样的法律责任,对方如果完不成合同责任应承担什么样的法律责任等。

微课
施工合同
的风险分
析及对策

7.2.4 施工合同风险分析及对策

风险是指在从事某项特定活动中因不确定性而产生的经济损失、自然破坏或损伤的可能性。风险具有客观性、不确定性和可预测性。

风险管理是衡量承包商管理水平的主要标志之一,其主要任务包括以下几点。

① 在合同签订前对工程实施中可能出现的风险的类型、种类,风险发生的规律,风险的影响,承包商要承担的经济和法律责任,各风险之间的内在联系等,作全面分析和预测。

② 对风险采取有效的对策进行预防,即考虑如何规避风险,若风险发生应采取什么措施予以防止,或降低它的不利影响,如何为风险作组织、技术、资金方面的准备等。

③ 在合同实施中对可能发生或已经发生的风险进行有效的控制。例如,采取技术、经济、管理等措施防止或避免风险的发生;通过分包、联合承包、购买保险等方式有效地转移风险,争取让其他方面承担风险造成的损失,降低风险的不利影响,减少自己的损失;在风险发生时进行有效的决策,降低风险的损失和影响,对工程施工进行有效的控制,保证工程顺利实施等。

一、承包工程中的风险分析

承包工程中常见的风险有以下几类:

1. 工程的技术、经济、法律等方面的风险

① 现代工程规模大、结构复杂、功能要求高,施工技术难度很大,或需要新技术、新的工艺及特殊的施工设备。

② 业主将工期限制得太紧,承包商无法按时完成。

③ 现场条件复杂,干扰因素多,自然环境特殊。如场地狭小、地质条件复杂、气候条件恶劣,水电、建材供应不能保证等。

④ 承包商的技术力量、施工力量、装备水平、工程管理水平不足,在投标报价和工程实施过程中的失误。例如,技术设计、施工方案、施工计划和组织措施存在缺陷和漏洞,计划不

周,报价失误。

⑤ 承包商资金供应不足,周转困难。

⑥ 在国际工程中还常常出现对当地法律、语言不熟悉,对技术文件、工程说明和规范理解不正确或出错的现象。

2. 来自业主的风险

① 业主的经济情况变化。

② 业主信誉差,不诚实,有意拖欠工程款,或对承包商的合理的索赔要求不作答复,或拒不支付。

③ 业主在工程中苛刻刁难承包商,滥用权利,施行罚款或扣款。

④ 业主经常改变主意,但又不愿意给承包商补偿等。

这些情况无论在国际和国内工程中,都是经常发生的。在国内的许多地方,长期拖欠工程款已成为妨碍施工企业正常生产经营的主要原因之一。在国际工程中,也常有工程结束数年,而工程款仍未收回的实例。

3. 外界环境变化、不可抗力的风险

例如,在国际工程中,工程所在国发生战争、禁运、罢工、社会动乱、爆炸;通货膨胀、汇率调整、工资和物价上涨;新的法律颁布,国家调整税率或增加新税种,新的外汇管理政策等;百年未遇的洪水、地震、台风,以及工程水文、地质条件存在的不确定性。

4. 合同条款的风险

① 合同中明确规定的承包商应承担的风险。

② 合同条文不全面,不完整,没有将合同双方的责权利关系全面表达清楚,或没有预计到合同实施过程中可能发生的各种情况的风险。

③ 合同条文不清楚、不细致、不严密,承包商不能清楚地理解合同内容,造成失误。

④ 为了转嫁风险,提出单方面约束性的、过于苛刻的、责权利不平衡的合同条款。

⑤ 其他对承包商苛刻的要求(大量垫资承包,工期要求超过常规,工程变更,苛刻的质量要求等)。

5. 合同类型本身所存在的风险

例如,对固定总价合同,承包商承担了全部的风险;对可调价总合同,业主承担了通货膨胀的风险,而承包商承担了其他的风险;对成本加固定百分比酬金合同,业主则承担工程项目成本上升的风险。

二、风险分配的原则

1. 合理分配风险

合理地分配风险不但使业主可以得到一个合理的报价,使承包商报价中的不可预见风险费较少,而且可减少合同的不确定性,准确地计划和安排工程施工,最大限度发挥合同双方风险控制和履约的积极性。

合理分配风险的原则如下。

① 谁能最有效地防止和控制风险,或能将风险转移给其他方面,则应由他承担相应的风险责任。

② 由承担者控制相关风险是经济的、有效的、方便的、可行的。

③ 通过风险分配,加强责任,能更好地计划,发挥双方管理和技术革新的积极性等。

2. 公平合理,责权利平衡

对建筑工程合同,风险分配必须符合公平原则,具体体现在以下几方面。

① 风险责任与权利相平衡。风险作为一项责任,它应与权利相平衡。如业主指定分包商,则应承担相应的风险;如业主(监理工程师)对工程质量负有连带责任和管理失误的责任,则业主(监理工程师)有权干预施工过程,具有对工程质量的检查权、验收权、审核权、签字确认权;如采用成本加酬金合同,业主承担全部风险,则他就有权选择施工方案,干预施工过程;如采用固定总价合同,承包商承担全部风险,则承包商就应有相应的权利,业主不应过多干预施工过程。

② 风险责任与机会对等,即风险承担者同时应能享有风险控制获得的收益和机会收益。例如,承包商承担工期风险,拖延要支付违约金,反之,若由于工期控制得当使工期提前则应有奖励;如果承包商承担物价上涨的风险,则物价下跌带来的收益也应归他所有。

③ 风险承担者应具备承担的可能性和合理性,即给风险承担者以风险预测、计划、控制的条件和可能性。风险承担者应能最有效地控制导致风险的事件,能通过一些手段(如保险、分包)转移风险;一旦风险发生,即能进行有效的处理;能够通过风险责任发挥其工程控制的积极性和创造性;使风险损失降到最低限度。

④ 符合工程惯例。惯例一般比较公平合理,能较好反映双方的要求。同时,合同双方对惯例都很熟悉,工程更容易顺利实施。如果合同中的规定严重违反惯例,往往就违反了公平合理原则。

三、合同风险的对策

对于承包商而言,在任何一份工程承包合同中,风险总是存在的,没有不承担风险、绝对完美的合同。因此,对分析出来的合同风险必须进行认真的对策研究,这常常关系到一个工程的成败,任何承包商都不能忽视这个问题。合同风险的对策主要有以下五个方面的内容。

1. 回避风险

在报价时综合考虑各种风险,对风险采用一些相应的报价策略。

① 提高报价中的不可预见风险费。对风险大的合同,承包商可以提高报价中的风险附加费,为风险作资金准备,以弥补风险发生所带来的部分损失,使合同价格与风险责任相平衡。

② 采取一些报价策略、技巧,降低、避免或转移风险。如修改设计法、不平衡报价法、多方案报价等。

③ 在法律和招标文件允许的条件下,在投标书中使用保留条件、附加或补充说明,这样可以给合同谈判和索赔留下伏笔。

④ 对某些存在致命风险的工程拒绝投标。

2. 完善合同条款

合同双方都希望签订一个有利的、风险较少的合同。在工程过程中许多风险是客观存在的。因此减少或避免风险,是承包合同谈判的重点。合同双方通过合同谈判,完善合同条文,选择合适的合同类型,使合同能体现双方责权利关系的平衡和公平合理,这是在实际工作中使用最广泛,也是最有效的对策。

3. 转移、分散风险

转移、分散风险的方法举例如下。

① 购买工程保险。保险是业主和承包商转移风险的一种重要手段。承包工程保险有工程一切险、施工设备保险、第三方责任险、人身伤亡保险等。

② 与其他承包商建立联营体,联营承包,共同承担风险。

③ 将一些风险大的分项工程分包出去,向分包商转嫁风险。

4. 利用风险

风险与赢利机会并存,风险大,合同价格就高,赢利机会就大。因此,在承包合同的签订和实施过程中,充分利用自身优势,采取技术、经济、管理和组织的措施,提高风险的预测能力、应变能力和对风险的抵抗能力,消除和降低风险,获得超额利润。

5. 加强索赔管理

用索赔和反索赔来弥补或减少损失。通过索赔可以提高合同价格,增加工程收益,补偿由风险造成的损失。

四、合同风险对策的选择

在合同的形成过程中,上述这些针对风险的措施,在选择上不仅有时间上的先后次序,而且有不同的优先级别。一般的优先次序如下。

① 技术、经济和组织措施。这是在合同签订前首先考虑的对待风险的措施。特别对合同明确规定的一些风险,如报价的正确性、环境调查的正确性、实施方案的完备性、承包商的工作人员和分包商风险等。

② 转移、分散风险。采用联合体或分包措施分散和转嫁风险;通过保险,部分地转移保险合同限定的风险。

③ 提高报价中不可预见风险费。

④ 通过合同谈判,选择有利的合同类型,修改合同条件。

⑤ 通过索赔弥补风险损失。

7.3 合同分析

施工合同订立并生效后,合同便成为约束和规范合同当事人行为的法律依据。合同双方必须按照合同约定的条款全面地完成合同义务。合同的履行必须遵循"合同法"的规定,即遵循全面履行和诚实信用的原则。合同分析是合同正确履行的基础。

7.3.1 合同分析的必要性

合同分析必须准确、客观、简易、一致、全面。在合同实施过程中为了圆满地完成合同责任,承包商及其各职能人员和各工程小组都必须熟练地掌握合同,以合同作为行为准则,用合同指导工程实施和工作。

合同分析的必要性如下:

① 合同分析可以正确指导日常管理工作。一般情况下,合同条文往往不直观明了,一些法律语言不容易理解。只有在合同实施前进行合同分析,并与业主(监理工程师)取得统一的认识,将合同规定用最简单易懂的语言和形式表达出来,才能使人一目了然,才能正确指导日常管理工作,保证合同全面的执行。

② 合同分析可以理顺合同各条款之间的内在联系。一份工程承包合同,有时涉及的某一个问题可能在许多条款,甚至在许多合同文件中都有规定,这在实际工作中极不方便。例

如,对一分项工程,工程量和单价包含在工程量清单中,质量要求又包含在工程图纸和规范中,而合同双方的责任、价格结算等又包含在合同文本的不同条款中。这很容易导致执行中的混乱。所以应归纳、理顺合同条款之间的内在联系。

③ 合同分析可以分清合同各方的责任。合同事件和工程活动的具体要求(如进度、质量、投资等)、合同各方的责任关系、事件和活动之间的逻辑关系极为复杂。要使工程按计划、有条理地进行,必须在工程开始前将它们落实下来,并从工期、质量、成本、相互关系等各方面予以定义。

④ 合同分析可以确定各工程小组、项目管理人员的具体职责范围。许多工程小组,项目管理职能人员所涉及的活动和问题不是全部合同文件,而仅为合同的部分内容。他们没有必要在工程实施中死抱着合同文件。通常比较好的办法是由合同管理专家先作全面分析,再向各职能人员和工程小组进行合同交底,划分具体的职责范围。

⑤ 合同分析可以进一步分析合同风险。在合同签订后还可能有隐藏着的尚未发现的风险。在合同实施前有必要作进一步的全面分析,对风险进行确认和界定,具体落实对策措施,进行风险控制。如果不能透彻地分析风险,就不可能对风险有充分的准备,则在实施中很难进行有效的控制。

⑥ 合同分析可以为合同执行作出详细的计划和步骤。在分析过程中应具体落实合同执行战略。

⑦ 合同分析可以为可能出现的合同争执、索赔与反索赔作准备。在合同实施过程中合同双方会有许多争执。合同争执常常起因于合同双方对合同条款理解的不一致。要解决这些争执,必须进行合同分析,使双方对合同条文的理解达成一致。按合同条文的表达,分析它的意思,以判定争执的性质。同样,索赔要求必须符合合同规定,通过合同分析可以提供索赔理由和根据。

按合同分析的性质、对象和内容,合同分析包括合同总体分析和合同详细分析。

7.3.2　合同总体分析

一、合同总体分析的适用范围

合同总体分析的主要对象是合同协议书和合同条件等。合同总体分析通常在如下两种情况下进行。

① 在合同签订后、实施前,承包商必须首先作合同总体分析。合同分析的重点是,承包商的主要合同责任、工程范围,业主(包括监理工程师)的主要责任和权利,合同价格、计价方法和价格补偿条件,工期要求和顺延条件,合同双方的违约责任,合同变更方式、程序和工程验收方法,争执的解决等。

合同分析的结果是工程施工总的指导性文件,应将它以最简单的形式和最简洁的语言表达出来,交项目经理、各职能人员,并进行合同交底。

② 在干扰事件处理过程中,首先必须作合同总体分析。合同分析的重点是合同文本中与索赔有关的条款。对不同的干扰事件,则有不同的分析对象和重点。合同分析对整个索赔工作起如下作用。

a. 合同总体分析为索赔(反索赔)提供理由和根据。

b. 合同总体分析的结果直接作为索赔报告的一部分。

　　c. 合同总体分析为索赔事件的责任分析提供依据。

　　d. 合同总体分析提供索赔值计算方式和计算基础的规定。

　　e. 合同总体分析是索赔谈判中的主要攻守武器。

二、合同总体分析的内容

　　合同总体分析,在不同的时期,为了不同的目的,有不同的分析内容。

1. 合同签订和实施的法律背景分析

　　通过分析,承包商了解适用于合同的法律的基本情况,用以指导整个合同实施和索赔工作。对合同中明示的法律应重点分析。

2. 合同类型分析

　　不同类型的合同,其性质、特点、履行方式不一样,双方的责权利关系和风险分配不一样。这直接影响合同双方责任和权利的划分,影响工程施工中的合同管理和索赔(反索赔)。

3. 承包商的主要任务分析

　　这是合同总体分析的重点之一,主要分析承包商的合同责权利,分析内容通常如下。

　　① 承包商的总任务。它包括承包商在设计、采购、生产、试验、运输、土建、安装、验收、试生产、缺陷责任期维修等方面的主要责任,以及施工现场的管理和给业主的管理人员(监理工程师)提供生活、工作条件等责任。

　　② 承包商的工作范围。它通常由合同中的工程量清单、图纸、工程说明、技术规范定义。特别对固定总价合同,工程范围的界限应很清楚,否则会影响工程变更和索赔。

　　③ 关于工程变更的规定。这在合同管理和索赔处理中极为重要,需要重点分析工程变更程序、工程变更的补偿范围、工程变更的索赔有效期。

4. 业主的权利和责任分析

　　① 业主雇用监理工程师并委托他全面或部分履行业主的合同责任。

　　② 业主(监理工程师)有责任划分平行的各承包商和供应商之间的责任界限,协调他们的工作,并承担管理和协调失误造成的损失。例如,各承包商之间的互相干扰由业主承担责任。这经常是承包商工期索赔的理由。

　　③ 及时做出承包商履行合同所必需的决策。

　　④ 按照合同的约定,及时提供施工条件。

　　⑤ 按合同规定及时支付工程款,及时接收竣工验收合格工程等。

　　⑥ 业主应做的其他工作。

5. 合同价格分析

　　① 合同种类(如总价合同、单价合同、成本加酬金合同等)和合同所采用的计价方法及合同价格所包括的范围。

　　② 工程量计算规定及程序、工程款结算(包括进度付款、竣工结算、最终结算)方法和程序。

　　③ 合同价格的调整,即费用索赔的条件、价格调整方法、计价依据、索赔有效期规定。它包括:合同实施的环境的变化对合同价格的影响;附加工程的价格确定方法;工程量增加幅度与价格的关系;拖欠工程款的合同责任。

6. 施工工期分析

在实际工程中,由于影响因素多且具有不确定性,工期拖延极为常见和频繁,而且对合同实施和索赔的影响很大,所以要特别重视。施工工期重点分析合同规定的开竣工日期、主要工程活动的工期、工期的影响因素、获得工期补偿的条件和可能,并列出可能进行工期索赔的所有条款。

施工工期主要采用网络计划图进行分析。

7. 违约责任分析

如果合同一方未遵守合同规定,造成对方损失,属于合同违约,将会导致索赔。因此,违约责任分析是合同总体分析的重点之一。如业主(承包商)不履行或不能正确地履行合同责任,或出现严重违约时的处理规定;由于管理上的疏忽(预谋或故意行为)造成对方损失的处罚和赔偿条款等。

8. 验收、移交和保修分析

① 验收。验收包括许多内容,如材料和机械设备的进场验收、隐蔽工程验收、单位(子单位)工程验收、单项工程验收、全部工程竣工验收等。

在合同分析中,应对重要的验收要求、时间、程序及验收所带来的法律后果作出说明。

② 移交。竣工验收合格即办理移交。对工程尚存在的缺陷、不足之处及应由承包商完成的剩余工作,业主可保留其权利,并指令承包商限期完成,承包商应在移交证书上注明的日期内尽快地完成这些剩余工程或工作。

③ 保修。在正常使用的条件下,国家对建设工程的最低保修年限均有具体规定。若建设工程在保修期限内发生质量问题,承包商应当履行保修义务,并对造成的损失承担赔偿责任。对保修期内双方的责任划分很容易引起争执。

9. 违约的责任和争执的解决

这里要分析的主要内容如下。

① 索赔的程序。

② 争执的解决方式和程序。

③ 仲裁条款。它包括仲裁所依据的法律、仲裁地点、方式和程序、仲裁结果的约束力等。

● 7.3.3　合同详细分析

微课
合同详细分析

一、合同事件

施工合同的实施由许多具体的工程活动和合同双方的其他经济活动构成。这些活动都是为了实现合同目的,履行合同责任,必须受合同的制约和控制。这些工程活动所确定的状态常常称为合同事件。在工程中,合同事件之间存在一定的技术上、时间上和空间上的逻辑关系,形成网络,所以又被称为合同事件网络。

二、合同事件表

为了使工程有计划、有秩序地按合同实施,必须将合同目标、要求和合同双方的责权利关系分解落实到具体的工程活动上,这就是合同详细分析。合同详细分析的对象是合同协议书、合同条件、规范、图纸、工作量表。它主要通过合同事件表、网络图、横道图等定义各工程活动。合同详细分析的结果最重要的部分是合同事件表,如表7-1所示。

表 7-1 合同事件表

合同事件表		
子项目:	编码:	日期: 变更次数:

事件名称和简要说明:

事件内容说明:

前提条件:

本事件的主要活动:

责任人(单位):

费用 计划: 实际:	其他参加者: 1. 2.	工期 计划: 实际:

① 编码。这是计算机数据处理的需要,事件的各种数据处理都靠编码识别。所以编码要能反映这事件的各种特性,如所属的项目、单项工程、单位工程、专业性质、空间位置等。通常它应与网络事件(或活动)的编码有一致性。

② 事件名称和简要说明。

③ 变更次数和最近一次的变更日期。它记载着与本事件相关的工程变更。在接到变更指令后,应落实变更,修改相应栏目的内容。

最近一次的变更日期表示,从这一天以来的变更尚未考虑到。这样可以检查每个变更指令落实情况,既防止重复,又防止遗漏。

④ 事件内容说明。它主要指该事件的目标,如某一分项工程的数量、质量、技术及其他方面的要求。这些由合同的工程量清单、工程说明、图纸、规范等定义,是承包商应完成的任务。

⑤ 前提条件。它记录着本事件的前导事件或活动,即本事件开始前应具备的准备工作或条件。它不仅确定事件之间的逻辑关系,是构成网络计划的基础,而且确定了各参加者之间的责任界限。

⑥ 本事件的主要活动。即完成该事件的一些主要活动和它们的实施方法、技术、组织措施。这完全从施工过程的角度进行分析,如设备安装由现场准备,施工设备进场、安装,基础找平、定位,设备就位、吊装、固定,施工设备拆卸、出场等活动组成。

⑦ 责任人。即负责该事件实施的工程小组负责人或分包商。

⑧ 成本(或费用)。这里包括计划成本和实际成本,有如下两种情况。一种情况是,若该事件由分包商承担,则计划成本为分包合同价格,如果在总包和分包之间有索赔,则应修改这个值;而相应的实际成本为最终实际结算账单金额总和。另一种情况是,若该事件由承包商的工程小组承担,则计划成本可由成本计划得到,一般为直接费成本;而实际成本为会计核算的结果,在该事件完成后填写。

⑨ 计划工期和实际工期。计划工期由网络分析得到,这里有计划开始期、结束期和持续时间。实际工期按实际情况,在该事件结束后填写。

⑩ 其他参加者。即对该事件的实施提供帮助的其他人员。

从上述内容可见,合同事件表从各个方面定义了合同事件。合同事件表对项目的目标分解,任务的委托(分包),合同交底,落实责任,安排工作,进行合同监督、跟踪、分析,处理索赔(反索赔)都非常重要。

合同详细分析是整个项目组的工作,应由合同管理人员、工程技术人员、计划人员、造价或预算人员共同完成。

7.4　合同实施控制

工程施工的过程就是施工合同的实施过程。要使合同顺利实施,合同双方必须共同完成各自的合同责任。不利的合同使合同实施和管理非常艰难,但通过有力的合同管理可以减轻损失或避免更大的损失。而如果在合同实施过程中管理不善,没有进行有效的合同管理,即使是一个有利的合同同样也不会有好的经济效益。

在我国,某些承包企业常常将合同作为一份保密文件,将它锁入抽屉。签约后疏于管理,不作分析和研究,结果经常出现工程管理失误,经常失去索赔机会或经常反为对方索赔,造成合同有利,而工程却亏本的现象。而在国外,许多有经验的承包商非常注重工程实施阶段的合同管理,在工作中"天天念合同经",天天分析和对照合同,不仅可以圆满地完成合同责任,而且可以改变承包商在合同中的不利地位,挽回合同签订中的损失,通过索赔等手段增加工程利润。因此,承包商在工程中必须通过有效的合同管理,甚至通过抗争来保护自己的地位和权利,通过互相制约达到圆满的合作。如果承包商不积极争取,甚至放弃自己的合同权利,则承包商权利得不到合同和法律的保护,也必将造成经济损失。

7.4.1　合同管理的主要工作

合同管理人员在这一阶段的主要工作有如下几个方面。

① 建立合同实施的保证体系,确保合同实施过程中的一切日常事务性工作有秩序地进行,使工程项目的全部合同事件处于控制中,保证合同目标的实现。

② 对合同执行情况进行监督。承包商应以积极合作的态度完成自己的合同责任,努力做好自查、自督,并监督各工程小组和分包商按合同施工,认真做好各分合同的协调和管理工作。同时也应督促并协助业主和监理工程师完成他们的合同责任,以保证工程顺利进行。

③ 对合同的实施进行跟踪,主要包括:收集合同实施的信息及各种工程资料,并作出相应的信息处理;将合同实施情况与计划进行对比分析,找出偏离;对合同履行情况作出诊断;向项目经理及时通报合同实施情况及问题;提出合同实施方面的意见、建议等。

④ 进行合同变更管理。合同管理人员参与变更谈判,对合同变更进行事务性处理,落实变更措施,修改变更相关的资料,检查变更措施落实情况,并及时反馈给项目经理和业主(监理工程师)。

⑤ 索赔管理和反索赔,包括承包商与业主、分包商、材料供应商及其他方之间的索赔和反索赔。

7.4.2 合同实施的保证体系

微课
合同实施的保证体系

根据现代工程的特点,工程承包合同实施的保证体系主要有以下内容。

一、合同交底

合同和合同分析的资料是工程实施管理的依据。合同分析后,合同管理人员应向各层管理者作合同交底,把合同责任具体地落实到各责任人和具体工作上。

1. 项目组织内的合同交底

组织项目管理人员和各工程队(小组)负责人学习合同和合同总体分析结果,对合同的主要内容作出正确合理的解释和说明,使大家熟悉合同中的主要内容、各种规定、管理程序,了解承包商的合同责任和工程范围,熟悉设计文件适用的规范、标准,以及各种行为的法律后果等。使大家树立全局观念,工作协调一致,避免在执行中出现违约行为。剔除传统的施工项目管理系统中,只注重图纸交底工作,轻视合同交底的观念。

2. 合同管理责任的分解和落实

将各种合同管理的责任分解落实到各工程小组或分包商,使他们对合同事件表(任务单、分包合同)、施工图纸、设备安装图纸、详细的施工说明等有十分详细的了解并对工程实施的技术和法律问题进行解释和说明,如施工方案、质量标准、技术要求和实施中的控制点、工期要求、消耗标准、各工序之间的搭接关系、各工程小组(分包商)责任界限的划分、完不成责任的影响和法律后果等。

3. 合同实施的协调与管理

在合同实施前积极与业主、监理工程师、承包商沟通,召开协调会议,落实各种安排;在合同实施过程中进行经常性的检查、监督,对合同作解释。

4. 制定合同实施的保证措施

为了确保合同的实施,可以通过经济(激励)措施来保证合同责任的完成。对分包商和材料供应商,主要通过分包合同和材料供应合同确定双方的责权利关系,保证分包商和供应商能及时地按质按量完成合同责任;对承包商的工程队(小组),可通过内部的经济责任制来保证其能及时地按质按量完成合同责任。在落实工期、质量、消耗等目标后,将它们与工程队(小组)经济利益挂钩,建立一整套经济奖罚制度,以保证目标的实现。

二、建立合同管理工作程序

在工程实施过程中,合同管理的日常事务性工作很多。为了协调好各方面的工作,使合同管理工作程序化、规范化,应订立如下管理制度和工作程序。

1. 定期和不定期的协商会议制度

在工程过程中,业主、监理工程师和各承包商之间,承包商和分包商之间,以及承包商的项目管理职能人员和各工程队(小组)负责人之间都应有定期的协商会。召开协商会的目的是:解决进度和各种计划落实情况、各方面工作的协调、后期工作安排等问题,讨论和解决目前已经发生的和以后可能发生的各种问题,并作出相应的决议;讨论合同变更问题,作出合同变更决议,落实变更措施,决定合同变更的工期和费用补偿数量等。承包商与业主,总包和分包之间会谈中的重大议题和决议,应用会谈纪要的形式确定下来。会谈纪要是合同的一部分。

对工程中出现的特殊问题可不定期地召开特别会议讨论解决方法。这样可以保证合同实施一直得到很好的协调和控制。

2. 经常性的工作程序

经常性的工作程序包括工程变更程序,分包商的索赔程序,分包商的账单审查程序,材料、半成品、成品、构配件、设备等进场检查(抽检)验收程序,检验批、分部(分项)工程、隐蔽工程检查验收程序,安全(质量)事故处理程序,工程进度付款账单的审查批准程序,工程问题的请示报告程序等。

3. 非经常性的工作程序

对于一些非经常性的工作(如发现地下文物、不可抗力等)也应有一套应变管理工作程序。

三、建立文档管理系统

合同管理人员负责各种合同资料和工程资料的收集、整理和保存工作,包括各种数据、资料的标准化,如各种文件、报表、单据等应有规定的格式和规定的数据结构要求。

原始资料收集整理的责任必须落实到人,资料的收集工作必须落实到工程现场,对工程小组负责人和分包商必须提出具体要求。

四、建立施工过程中严格的检查与验收制度

在实施工程过程中合同管理人员的主要工作是协助项目经理做好质量管理工作,建立一整套检查与验收制度。诸如每道工序结束的自检、自查制度,工序之间和工程小组之间的交接制度,以及材料进场和使用的检验措施之类的质量检查和验收制度。防止由于承包商自己的工程质量问题造成的检查验收不合格、试生产失败而承担违约责任。

在工程中,由工程质量问题引起的返工、窝工损失,工期的拖延由承包商自己负责,往往得不到任何赔偿。

五、建立报告和行文制度

承包商与业主、监理工程师、分包商之间的沟通均应以书面形式进行,或以书面形式作为最终依据。这是合同和法律的要求,也是工程管理的需要。在实际工作中这项工作特别容易被忽略。报告和行文制度包括如下两方面内容。

① 工程中所有涉及承包商、业主(监理工程师)的工程活动及各种记录。如场地、图纸的交接,施工日志,交接班记录,材料供应情况记录,材料、设备、各种工程的检查验收,周报,月报,各种文件(如会议纪要、索赔和反索赔报告、账单)的交接等,都应有原始资料(或会议纪要)、合格证明和相应的签收、审核、批准等手续。

② 工程实施过程中发生的特殊情况。特殊的气候条件、工程环境的变化等的书面记录及其处理的书面文件,应由监理工程师签署;对施工过程中的质量事故、缺陷、安全隐患的整改措施及验收记录必须有质量监督师或监理工程师的认可签字。对工程中合同双方的任何协商、意见、请示、指示等都应落实在纸上,切不可相信一诺千金。

7.4.3 合同实施控制

一、合同实施控制程序

合同实施控制程序如图 7-1 所示。

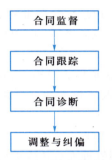

图 7-1 合同实施控制程序

二、工程实施控制的主要内容

工程实施控制的主要内容如表 7-2 所示。

表 7-2 工程实施控制的主要内容

项　目	控　制　内　容	控　制　目　的	控　制　依　据
成本控制	保证按计划成本完成工程,防止成本超支和费用增加	计划成本	各分项工程、分部工程,总工程的计划成本,人力、材料、资金计划,计划成本曲线
质量控制	保证按合同规定的质量完成工程,使工程顺利通过验收,交付使用,达到预定的功能要求	合同规定的质量标准	工程说明、规范、图纸、工作量表
进度控制	按预定进度计划进行施工,按期交付工程,防止承担工期拖延责任	合同规定的工期	合同规定的总工期计划,业主批准的详细的施工进度计划,网络图,横道图等
合同控制	按合同全面完成承包商的责任,防止违约	合同规定的各项责任	合同范围内的各种文件,合同分析资料

三、实施有效的合同监督

合同责任是通过具体的合同实施工作完成的。有效的合同监督可以分析合同是否按计划或修正的计划实施进行,是正确分析合同实施状况的有力保证。合同监督的主要工作如下。

1. 落实合同实施计划

落实合同实施计划为各工程队(小组)、分包商的工作提供必要的保证。如施工现场的平面布置,人、料、机等计划的落实,各工序间搭接关系的安排和其他一些必要的准备工作。

2. 协调各方的工作关系

在合同范围内协调项目组织内外各方的工作关系,切实解决合同实施中出现的问题。

① 对各工程队(小组)和分包商进行工作指导,作经常性的合同解释,使各工程小组都有全局观念。

② 在合同责任范围内协调承包商与业主、与业主有关的其他承包商、与材料和设备供应商、与分包商之间,以及承包商的分包商之间,工程队(小组)与分包商之间的工作关系,解决合同实施中出现的问题。

③ 经常性地会同项目管理的有关职能人员检查、监督各工程队(小组)和分包商的合同实施情况,如合同要求的数量、质量、技术标准和工程进度,发现问题应及时采取措施。

3. 严格合同管理程序

严格合同管理程序主要包括以下内容。

① 合同的任何变更,都应由合同管理人员负责提出。

② 对向分包商的任何指令,向业主的任何文字答复、请示,都须经合同管理人员审查,并记录在案。

③ 由合同管理人员会同估算师对向业主提出的工程款账单和分包商提交的收款账单进行审查和确认。

④ 承包商与业主、总(分)包商的任何争议的协商和解决都必须有合同管理人员的参与,并对解决结果进行合同和法律方面的审查、分析和评价。

⑤ 工程实施中的各种文件,如业主和工程师的指令、会谈纪要、备忘录、修正案、附加协议等由合同管理人员进行审查,确保工程施工一直处于严格的合同控制中,使承包商的各项工作更有预见性。

4. 文件资料及原始记录的审查和控制

文件资料和原始记录不仅包括各种产品合格证,检验、检测、验收、化验报告,施工实施情况的各种记录,而且包括与业主(监理工程师)的各种书面文件进行合同方面的审查和控制。

四、合同的跟踪

在工程实施过程中,合同实施常常与预定目标(计划和设计)发生偏离。如果不采取措施,这种偏差常常由小到大,逐渐积累,对合同的履行会造成严重的影响。合同跟踪可以不断地找出偏离,不断地调整合同实施过程,使之与总目标一致。合同跟踪是合同控制的主要手段,是决策的前导工作。在整个工程过程中,合同跟踪能使项目管理人员一直清楚地了解合同实施情况,对合同实施现状、趋向和结果有一个清醒的认识。

1. 合同跟踪的依据

合同跟踪的依据主要是合同和合同监督的结果。如各种计划、方案、合同变更文件等,是合同实施的目标和依据;各种原始记录、工程报表、报告、验收结果、计量结果等,是合同实施的现状;工程技术、管理人员的施工现场的巡视、与各种人谈话、召集小组会议、检查工程质量、计量等情况是最直观的感性知识。

2. 合同跟踪的对象

(1) 对具体的合同事件进行跟踪。对照合同事件表的具体内容(如工作的数量、质量、工期、费用等),分析该事件的实际完成情况,可以得到偏差的原因和责任,发现索赔机会。

（2）对项目组织内的合同实施情况的日常工作进行检查分析。

（3）与业主（监理工程师）沟通。在工程中承包商应积极主动地做好工作。有问题及时与监理工程师沟通，多向他汇报情况，及时听取他的指示，及时收集各种工程资料，并对各种活动、双方的交流作出记录。对有恶意的业主提前防范，以便及早采取措施。

（4）对工程项目进行跟踪。对工程项目进行跟踪即对工程的实施状况进行跟踪。

① 对工程整体施工环境进行跟踪。如果出现以下干扰事件，合同实施必然有问题。

a．出现事先未考虑到的情况和局面，如恶劣的气候条件，场地狭窄、混乱、拥挤不堪。

b．协调困难，如承包商与业主（监理工程师）、施工现场附近居民、其他承包商、供应商之间协调困难，合同事件之间和工程小组之间协调困难。

c．发生较严重的质量、安全事故等。

② 对已完工程没通过验收或验收不合格、出现大的工程质量问题、工程试生产不成功或达不到预定的生产能力等进行跟踪。

③ 对计划和实际的进度、成本进行描绘。施工进度未达到预定计划、主要的工程活动出现拖期，在工程周报和月报上计划和实际进度将出现大的偏差。在工程项目管理中，工程累计成本曲线对合同实施的跟踪分析起很大作用。计划成本累计曲线通常在网络分析、各工程活动成本计划确定后得到。

五、合同的诊断

在合同跟踪的基础上对合同进行诊断。合同诊断是对合同执行情况的评价、判断和对趋向的分析、预测。它包括如下内容。

1．对合同执行差异的原因进行对比分析

通过对不同监督和跟踪对象的计划和实际的对比分析，不仅可以得到差异，而且可以探索引起差异的原因。可以采用鱼刺图，因果关系分析图（表），成本量差、价差分析等方法定性或定量地进行原因分析。

下面举例说明。通过对计划成本和实际成本累计曲线（图7-2）的对比分析，不仅可以得到总成本的偏差值，而且可以分析差异产生的原因，具体如下。

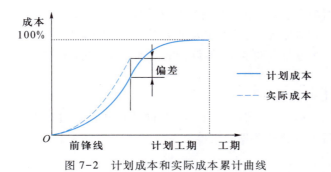

图 7-2　计划成本和实际成本累计曲线

① 整个工程加速或延缓。

② 工程施工次序被打乱。

③ 工程费用支出增加，如管理费用、材料费、人工费增加。

④ 增加了新的附加工程，以及工程量的增加。

⑤ 工作效率低下,资源消耗增加等。

进一步分析,还可以发现更具体的原因,如引起工作效率低下可能有以下原因。

① 内部干扰:施工组织不周全,夜间加班或人员调遣频繁,机械效率低,操作人员不熟悉新技术,违反操作规程,缺少培训,经济责任不落实,工人劳动积极性不高等。

② 外部干扰:图纸出错,设计修改频繁,气候条件差,场地狭窄,现场混乱,施工条件(如水、电、道路等)受到影响,协调困难。

再进一步还可以分析出各个原因的影响量大小。

2. 对合同执行的差异责任进行分辨

分析合同执行差异产生的原因,造成合同执行差异的责任人或有关的人员,这常常是索赔的理由。只要以合同为依据,分析详细,有根有据,责任自然清楚。

3. 对合同实施的趋向进行预测

对合同实施的趋向进行预测主要是分别考虑不采取调控措施、采取调控措施,以及采取不同的调控措施情况下,合同的最终执行结果,包括以下几个方面。

① 最终的工程状况,包括总工期的延误、总成本的超支、质量标准、所能达到的功能要求等。

② 承包商承担的后果或责任,如被罚款甚至被起诉,对承包商资信、企业形象、经营战略造成影响等。

③ 最终工程经济效益(利润)水平。

综合上述各方面,即可以对合同执行情况作出综合评价和判断。

六、合同纠偏

通过诊断发现差异,即表示工程实施偏离了工程目标,必须详细分析差异的影响,对症下药,及时采取调整措施进行纠正。以免差异逐渐积累,越来越大,导致工程的实施远离计划和目标,甚至导致整个工程的失败。

合同纠偏通常采取以下措施。

① 技术措施。例如变更技术方案,采用新的效率更高的施工方案。

② 组织和管理措施。如增加人员投入、重新进行计划或调整计划、派遣得力的管理人员。在施工中经常修订进度计划对承包商来说是有利的。

③ 经济措施。如增加投入、对工作人员进行经济激励等。

④ 合同措施。如进行合同变更,签订新的附加协议、备忘录,通过索赔解决费用超支问题等。

七、合同实施后评价

在合同执行后必须进行合同后评价。将合同签订和执行过程中的利弊得失、经验教训总结出来,作为以后工程合同管理的借鉴。

微课
合同变更
管理

•7.4.4 合同变更管理

合同变更是指合同成立以后履行之前,或者在合同履行开始后尚未履行完之前,合同当事人不变而合同的内容、客体发生变化的情形。

一、合同变更产生的原因

合同内容频繁的变更是工程合同的特点之一。一个较为复杂的工程合同,实施中的变更可能有几百项。合同变更一般主要有如下几方面原因。

① 业主的原因,如业主新的要求,业主指令错误,业主资金短缺、倒闭、合同转让。

② 勘察设计的原因,如工程条件不准确、设计错误。

③ 承包商的原因,如合同执行错误、质量缺陷、工期延误。

④ 合同的原因,如合同文件问题,必须调整合同目标,或修改合同条款。

⑤ 监理工程师的原因,如指令错误。

⑥ 其他方面的原因,如工程环境的变化、环境保护要求、城市规划变动。

二、合同变更的影响

合同变更实质上是对原合同条件和合同条款的修改,是双方新的要约和承诺。这种修改对合同实施影响很大,造成原合同状态的变化,必须对原合同规定的双方的责权利作出相应的调整。合同变更的影响主要表现在如下几方面。

① 导致工程变更。合同变更常常导致工程目标和工程实施情况的各种文件,如设计图纸、成本计划和支付计划、工期计划、施工方案、技术说明和适用的规范等的修改和变更。合同变更最常见和最多的是工程变更。

② 导致工程参与各方合同责任的变化。合同变更往往引起合同双方、承包商的工程小组之间、总承包商和分包商之间合同责任的变化。如工程量增加,则增加了承包商的工程责任,增加了费用开支而且延长了工期。

③ 引起已完工程的返工,现场工程施工的停滞,施工秩序打乱,已购材料的损失及工期的延误。

通常,合同变更不能免除或改变承包商的合同责任。

三、合同变更的处理要求

① 迅速、及时地作出变更要求,变更程序应简单和快捷。在实际工作中,变更决策时间过长和变更程序太慢会造成很大的损失。不论是施工停止,还是继续施工,均会造成损失。

② 迅速、全面、系统地落实变更指令。全面修改相关的各种文件,如图纸、规范、施工计划、采购计划等,使它们一直反映和包容最新的变更。同时在相关的各工程小组和分包商的工作中落实变更指令,并提出相应的措施,对新出现问题作出解释和提出对策,同时协调好各方面工作,使合同变更指令立即在工程实施中得到贯彻。只有合同变更得到迅速落实和执行,合同监督和跟踪才可能以最新的合同内容作为目标,这是合同动态管理的要求。

③ 对合同变更的影响作进一步分析。合同变更是索赔机会,应在合同规定的索赔有效期内完成对它的索赔处理。在合同变更过程中就应记录、收集、整理所涉及的各种文件,如图纸、各种计划、技术说明、规范和业主的变更指令,以作为进一步分析的依据和索赔的证据。在实际工作中,合同变更必须与提出索赔同步进行,甚至先进行索赔谈判,待达成一致后,再进行合同变更。在这里赔偿协议是关于合同变更的处理结果,也作为合同的一部分。

四、合同变更范围和程序

1. 合同变更范围

合同变更的范围很广,一般在合同签订后所有工程范围、进度、质量要求、合同条款内容、合同双方责权利关系的变化等都可以被看作合同变更。最常见的变更有以下两种。

① 涉及合同条款的变更,即合同条件和合同协议书所定义的双方责权利关系或一些重大问题的变更。

②　工程变更,即工程的质量、数量、性质、功能、施工次序和实施方案的变化。工程变更包括设计变更、施工方案变更、进度计划变更和新增工程。

2. 合同变更程序

在实际工程中,业主或监理工程师可以行使合同赋予的权利,发出工程变更指令,承包商也可提出变更申请。变更协议一经批准,与合同一样有法律约束力。工程变更程序如图7-3所示。

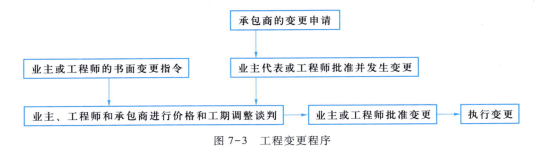

图 7-3　工程变更程序

3. 工程变更申请

工程变更通常要经过一定的手续,如申请、审查、批准、通知(指令)等。表 7-3 所示为业主、监理工程师、承包商通用的工程变更申请单。

表 7-3　工程变更申请单

工程名称:　　　　　　　　　　　　　　　　　　　　　　　　　　编号:

致:＿＿＿＿＿＿(单位)
由于＿＿＿＿＿＿＿＿＿＿＿＿＿＿＿原因,兹提出＿＿＿＿＿＿＿＿＿＿＿＿＿＿＿工程变更(内容见附件),请予批准。
附件: 提出单位＿＿＿＿＿＿ 代　表　人＿＿＿＿＿＿ 日　　　期＿＿＿＿＿＿
一致意见: 建设单位代表:　　　　　　　　设计单位代表:　　　　　　　　项目监理机构: 签字:　　　　　　　　　　　　签字:　　　　　　　　　　　　签字: 日期＿＿＿＿＿＿　　　　　　　日期＿＿＿＿＿＿　　　　　　　日期＿＿＿＿＿＿

五、工程变更责任分析

合同变更最多的是工程变更,它在工程索赔中所占的份额最大。工程变更的责任分析是确定赔偿问题的桥梁。

1. 设计变更

设计变更主要是指项目计划、设计的详细度不够,项目投资设计失误,新技术、新材料和新规范出台、设计错误、施工方案错误或疏忽。设计变更实质是对设计图纸进行补充、修改。设计变更往往会引起工程量的增减、工程分项的新增或删除、工程质量和进度的变化、实施方案的变化。

对由于业主、政府城市建设部门、环保部门的要求,环境变化(如地质条件变化),不可抗力,原设计错误等导致设计的修改,由业主承担责任。而由于承包商施工过程、施工方案出现错误、疏忽而导致设计的修改,必须由承包商负责。

2. 施工方案变更

① 承包商承担由于自身原因修改施工方案的责任。

② 重大的设计变更常常会导致施工方案的变更。如果设计变更由业主承担责任,则相应的施工方案的变更也由业主负责,反之,则由承包商负责。

③ 对不利的异常的地质条件所引起的施工方案的变更,一般应由业主承担。

在工程中承包商采用或修改实施方案都要经过监理工程师的批准或同意。

本章小结

建设工程施工合同管理是项目管理的核心和灵魂,是综合性的、全面的、高层次的管理工作。本章简述施工合同管理的特点、工作内容;重点讲述了承包商对施工合同进行的管理;包括招标投标阶段合同管理的主要任务,合同文本分析的主要内容,合同风险的分析与对策,合同履行过程中的总体分析和合同详细分析的内容,合同实施的保证体系,合同实施过程中控制的主要内容、控制方法和措施,合同变更产生及处理等内容。

思考题

1. 试述施工合同管理的概念和特点。

2. 承包合同文本分析主要有哪几个方面的内容?什么是合同文件的完备性和合同条款的完整性?

3. 承包工程中常见的风险及施工合同的风险有哪些?

4. 作为承包商,在报价中如何考虑不可预见风险费?

5. 合同分析包括哪三方面的内容?什么是合同事件?

6. 试述合同交底的重要性。

7. 为什么要进行合同跟踪和诊断?

8. 工程实施控制的主要内容是什么?

9. 计划成本和实际成本累计的对比分析的意义何在?试加以说明。

8

FIDIC 土木工程施工合同条件

学习要求：

通过本章的学习，要求学生了解 FIDIC 合同条件的发展过程；熟悉 FIDIC 合同条件的主要内容；掌握 FIDIC 合同条件的构成，FIDIC 合同条件的具体应用，FIDIC 合同条件下合同文件的组成及优先次序。

合同条件是合同文件最为重要的组成部分。在国际工程承发包中，业主和承包商在订立工程合同时，常参考一些国际性的知名专业组织编制的标准合同条件，本章主要介绍国际咨询工程师联合会（FIDIC）编制的施工合同条件。

微课

FIDIC 土木工程施工合同简介

8.1 FIDIC 土木工程施工合同条件简介

8.1.1 FIDIC 简介

FIDIC 是指国际咨询工程师联合会（Fed'eration Internationale Des Ing'enieurs Conseils），它是该联合会法文名称的缩写。该联合会是被世界银行认可的咨询服务机构，总部设在瑞士洛桑。它的会员在每个国家只有一个，中国于 1996 年正式加入。

FIDIC 是由欧洲三个国家的咨询工程师协会于 1913 年成立的。现已有全球各地一百多个国家和地区加入了 FIDIC，可以说 FIDIC 代表了世界上大多数独立的咨询工程师，是最具有权威性的咨询工程师组织，它推动了全球范围内的高质量的工程咨询服务业的发展。

FIDIC 下设五个长期性的专业委员会：业主咨询工程师关系委员会（CCRC），合同委员会（CC），风险管理委员会（RMC），质量管理委员会（QMC），环境委员会（ENVC）。FIDIC 的各专业委员会编制了许多规范性的文件，这些文件不仅 FIDIC 成员国采用，世界银行、亚洲开发银行、非洲开发银行的招标样本也常常采用。其中最常用的有《土木工程施工合同条件》《电气和机械工程合同条件》《业主/咨询工程师标准服务协议书》《设计—建造与交钥匙工程合同条件》（国际上分别通称为 FIDIC 红皮书、黄皮书、白皮书和桔皮书）及《土木工程施工分包合同条件》。1999 年，FIDIC 又出版了新的《施工合同条件》《工程设备和设计—施工合同条件》《EPC（设计采购施工）交钥匙工程合同条件》及《简明合同格式》4 本新的合同标准格式。本章重点介绍 FIDIC 新版《施工合同条件》的有关内容。

8.1.2 FIDIC 合同条件的发展过程

由于国际工程建设的飞速发展，工程建设的规模扩大、风险增加，对当事人的权利义务应有更明确详细的约定,这给当事人签订合同时再作约定带来了困难。在客观上,国际工程界需要一种标准合同文本,能在工程项目建设中普遍使用或稍加修改即可使用。而标准合同文本在工程的费用、进度、质量、当事人的权利义务方面都有明确而详细的规定。FIDIC 合同条件正是顺应这一要求而产生的。

1957 年,FIDIC 与欧洲建筑工程联合会(FIEC)一起在英国土木工程师协会(ICE)编写的《标准合同条件》基础上,制定了 FIDIC 合同条件第一版。第一版主要沿用英国的传统做法和法律体系,包括一般条件和特殊条件两部分。1969 年修订的 FIDIC 合同条件第二版,没有修改第一版的内容,只是增加了适用于疏浚工程的特殊条件。1977 年修订的 FIDIC 合同条件第三版,则对第二版作了较大修改,同时还出版了《土木工程合同文件注释》。FIDIC 的土木工程合同委员会(CECC)于 1983 年向执行委员会提交了一份报告,陈述了第三版应予修改的理由,主要是第三版合同条件中的概念和语言过于英国化,而不适应国际建筑市场的发展需要。1987 年 FIDIC 合同条件第四版出版。此后又于 1988 年出版了第四版修订版。第四版出版后,为指导其应用,FIDIC 又于 1989 年出版了一本更加详细的《土木工程施工合同条件应用指南》。1999 年 FIDIC 又出版了新的《施工合同条件》,这是目前正在使用的合同条件版本。

8.1.3　FIDIC 合同条件的构成

FIDIC 合同条件由通用合同条件和专用合同条件两部分构成。

一、FIDIC 通用合同条件

FIDIC 通用合同条件是固定不变的,工程建设项目只要是属于土木工程施工,如工业与民用建筑工程、水电工程、路桥工程、港口工程等建设项目,均可适用。通用条件共分 20 条,内含 163 款。20 条分别是:一般规定,雇主,工程师,承包商,指定的分包商,员工,工程设备、材料和工艺,开工、延误和暂停,竣工检验,雇主接受,缺陷责任,测量和估价,变更和调整,合同价款和支付,由雇主终止,由承包商暂停和终止,风险与职责,保险,不可抗力,索赔、争端和仲裁。在通用条件中还有附录及程序规则。

由于通用条件是可以适用于所有土木工程的,条款也非常具体而明确。但不少条款还需要前后串联、对照才能最终明确其全部含义,或与其专用条件相应序号的条款联系起来,才能构成一条完整的内容。FIDIC 条款属于双方合同,即施工合同的签约双方(业主和承包商)都承担风险,又各自分享一定的权益。因此,其大量的条款明确地规定了在工程实施某一具体问题上双方的权利和职责。

二、FIDIC 专用合同条件

基于不同地区、不同行业的土建类工程施工共性条件而编制的通用条件已是分门别类、内容详尽的合同文件范本。但有这些是不够的,具体到某一工程项目,有些条款应进一步明确,有些条款还必须考虑工程的具体特点和所在地区情况予以必要的变动。FIDIC 专用合同条件就是为了实现这一目的。第一部分的通用条件和第二部分专用条件一起决定了一个具体工程项目各方的权利和义务。

第二部分专用条件的编制原则是,根据具体工程的特点,针对通用条件中的不同条款进行选择、补充或修正,使由这两部分相同序号组成的条款内容更为完备。因此第二部分专用条件并不像第一部分通用条件那样,条款序号依次排列,以及每一序号下都有具体的条款内容,而是视第一部分条款内容是否需要修改、取代或补充而决定相应序号的专用条款是否存在。

8.1.4　FIDIC 合同条件的具体应用

一、FIDIC 合同条件适用的工程类别

FIDIC 合同条件适用于一般的土木工程,其中包括工业与民用建筑工程、水电工程、路桥工程、港口工程等建设项目。

二、FIDIC 合同条件适用的合同性质

FIDIC 合同条件在传统上主要适用于国际工程施工,但同样适用于国内合同。(只要把专用条件稍加修改即可。)

三、应用 FIDIC 合同条件的前提

FIDIC 合同条件注重业主、承包商、工程师三方的关系协调,强调工程师在项目管理中的作用。在土木工程施工中应用 FIDIC 合同条件应具备以下前提。

① 通过竞争性招标确定承包商。

② 委托工程师对工程施工进行管理。

③ 按照固定单价方式编制招标文件。

四、应用 FIDIC 合同条件的工作程序

应用 FIDIC 合同条件,大致需经过以下主要工作程序。

① 确定工程项目,筹措资金。

② 选择工程师,签订监理委托合同。

③ 委托勘察设计单位对工程项目进行勘察设计,也可委托工程师对此进行监理。

④ 通过竞争性招标,确定承包商。

⑤ 业主与承包商签订施工承包合同,作为 FIDIC 合同文件的组成部分。

⑥ 承包商办理合同要求的履约担保、预付款保函、保险等事项,并取得业主的批准。

⑦ 业主支付预付款。在国际工程中,一般情况下,业主都在合同签订后施工前,支付给承包商一定数额的资金(无息),以供承包商进行施工人员的组织、材料设备的购置及进入现场、完成临时工程等准备工作,这笔资金称预付款。预付款的有关事项,如数量、支付时间和方式、支付条件、扣还方式等,应在专用合同条件或投标书附件中规定。预付款一般为合同款的 10% ~ 15%。

⑧ 承包商提交工程师所需的施工组织设计、施工技术方案、施工进度计划和现金流量估算。

⑨ 准备工作就绪后,由工程师下达开工令,业主同时移交工地占有权。

⑩ 承包商根据合同的要求进行施工,而工程师则进行日常的监理工作。这一阶段是承包商与工程师的主要工作阶段,也是 FIDIC 合同条件要规范的主要内容。这在本章中还要做详细介绍。

⑪ 根据承包商的申请,工程师进行竣工检验。若工程合格,颁发接收证书,业主归还部分保留金。

⑫ 承包商提交竣工报表,工程师签发支付证书。

⑬ 在缺陷通知期内,承包商应完成剩余工作并修补缺陷。

⑭ 缺陷通知期满后,经工程师检验,证明承包商已根据合同履行了施工、竣工及修补所有工程缺陷的义务,工程质量达到了工程师满意的程度,则由工程师颁发履约证书,业主应归还履约保证金及剩余保留金。

⑮ 承包商提出最终报表,工程师签发最终支付证书,业主与承包商结清余款。随后,业主与承包商的权利义务关系即告终结。

8.1.5　FIDIC 合同条件下合同文件的组成及优先次序

在 FIDIC 合同条件下,合同文件除合同条件外,还包括其他对业主、承包商都有约束力的文件。合同文件是由合同协议书、中标函、投标函、合同条件、规范、图纸、明细表及在合同协议书或中标函中列明的其他文件组成的。构成合同的这些文件应该是互相说明、互相补充的,但是这些文件有时会产生冲突或含义不清。此时,应由工程师进行解释,其解释应按构成合同文件的内容按以下先后次序进行。

① 合同协议书。
② 中标函。
③ 投标函。
④ 合同条件第二部分(专用条件)。
⑤ 合同条件第一部分(通用条件)。
⑥ 规范。
⑦ 图纸。
⑧ 明细表和构成合同组成部分的其他文件。

一、合同协议书

合同协议书有业主和承包商的签字,有对合同文件组成的约定,是使合同文件对业主和承包商产生约束力的法律形式和手续。

二、中标函

中标函是由业主签署的正式接受承包商投标函的文件,即业主向中标的承包商发出的中标通知书。它的内容很简单,除明确中标的承包商外,还明确项目名称、中标标价、工期、质量等事项。中标函中的中标标价应与中标的承包商投标函中的报价一致(除了必要的澄清和修正错误可能引起标价的变动外),以体现招标的公正性。但在实践中,尤其是私人投资项目,业主在开标后仍然压价的情况也常常发生。

三、投标函

投标函是指承包商的报价函,是由承包商按照业主在招标文件中提供的投标函格式进行填写的、包含在投标书中的、提出为业主承建工程而索取的合同价格。投标函是承包商投标书中的核心部分。

四、合同条件第二部分(专用条件)

这部分即合同条件中的专用条款部分,它的效力高于通用条款部分,有可能对通用条款进行修改。

五、合同条件第一部分(通用条件)

这部分即合同条件中的通用条件,其内容若与专用条件冲突,应以专用条件为准。

六、规范

规范是合同中重要的组成部分。规范是对工程合同范围和技术要求的规定;是对承包商执行质量保证的要求;是对承包商提供的材料质量和工艺标准的明确规定;是对合同期内承包商应提供的样品和须做的试验的详细规定;是对承包商施工期间安全、卫生和环保措施的要求;是对顺序、时间的安排规定等。一般技术规范还包括计量支付方法的规定。

编写规范时可引用某一通用的外国规范,但一定要结合本工程的具体环境和要求来选用,同时还包括按照合同根据具体工程的要求对选用规范的补充和修改内容。

七、图纸

图纸是指合同中规定的工程图纸,也包括在工程实施过程中对图纸进行修改和补充。这些修改、补充的图纸均须经工程师签字后正式下达,才能作为施工及结算的依据。另外,招标时提供的地质钻孔柱状图、探坑展示图等地质、水文图纸也是投标者的参考资料。

图纸是投标者拟定施工方案、确定施工方法以及提出替代方案、计算投标报价等必不可少的资料。这对合同当事人双方都有约束力,因而是合同的重要组成部分。

八、明细表

明细表包括工程量表、数据表、单价分析表和计日工表等。在招标文件中通常包含这些明细表的空白表格,由投标者在投标时填写。如作为招标文件的工程量表,表中招标者已填写工程的每一类目或分项工程的名称、估计数量及单位,但留出单价和合价的空格,这些空格由投标者填写。所以,标价的工程量表是由招标者和投标者共同完成的。投标者填入单价和合价后的工程量表称为标价的工程量表,是投标文件的重要组成部分。

九、构成合同组成部分的其他文件

1. 投标书

投标书是投标者投标时应提交给业主的且构成合同文件的全部文件的总称。它可分为两部分,一是核心部分,即投标函;另一部分为投标者填写完整的各类明细表(如工程量表、计日工表、单价分析表),投标保函等。

其实,在实践中,一套完整的投标文件,不但包括构成合同一部分的上述文件(投标书),而且还有许多其他文件,可以看作辅助部分,这常包括业主要求投标者提供的其他信息,如工程初步进度计划、施工方法总说明、分包计划、施工设备清单、关键职员名单、劳工构成、承包商现场组织机构图、施工营地安排等。应注意的是,并不是所有投标文件都构成合同的一部分,辅助部分不一定构成合同文件。要根据合同的协议书,分清楚哪些是合同的组成部分,哪些是非合同性质的参考性文件。

2. 投标函附录

投标函附录是附在投标函后面并构成投标函一部分的附表,它将合同条件中的核心内容简单列出,并给出在合同条件中相应的条款号。这一附录也属合同文件,其中的大部分内容由业主在招标时已经规定,少部分由承包商填写。

8.2　FIDIC 土木工程施工合同条件

FIDIC 施工合同条件可以大致划分为涉及权利义务的条款、涉及费用管理的条款、涉及工程进度控制的条款、涉及质量控制的条款和涉及法规性的条款五大部分。这种划分只能是大致的,因为有相当多的条款很难准确地将其划入某一部分,可能它同时涉及费用管理、工程进度控制等几个方面的内容。本部分内容是以 1999 年出版的 FIDIC 施工合同条件为依据。对 FIDIC 施工合同条件中主要的内容从条款的功能、作用等方面作的一个初步归纳。

8.2.1 涉及权利与义务的条款

微课
涉及权利
与义务的
条款

FIDIC 土木工程施工合同条件中涉及权利义务的条件主要包括业主的权利与义务、工程师的权利与职责、承包商的权利与义务。

一、业主的权利与义务

业主是指在合同专用条件中指定的当事人及取得此当事人资格的合法继承人（在FIDIC 原文中称为雇主），但除非承包商同意，不指此当事人的任何受让人。业主是建设工程项目的所有人，也是合同的当事人，在合同的履行过程中享有大量的权利并承担相应的义务。

FIDIC 施工合同条件中定义的业主人员包括：工程师、工程师的助理人员、工程师和业主的雇员、工程师和业主通知承包商的为业主方工作的人员。

（一）业主的权利

① 业主有权批准或否决承包商将合同转让。承包商如果要将合同的全部或部分转让给他人，必须经业主同意。因为这种转让行为可能损害业主的权益。

② 业主有权指定分包商。指定分包商是指合同中由业主指定或由业主工程师在工程实施的过程中指定，完成某一项工作内容的施工或材料设备供应工作的承包商。指定分包商虽由业主或业主工程师指定，但他直接与承包商签订分包合同，由承包商负责对他的协调与管理并对之进行支付。如果有正当理由，承包商可以反对接受指定的分包商。

③ 承包商违约时业主有权采取补救措施。

a. 施工期间出现的质量事故，如果承包商无力修复；或者业主工程师考虑工程安全，要求承包商紧急修复，而承包商不愿或不能立即进行修复。此时，业主有权雇用其他人完成修复工作，所支付的费用从承包商处扣回。

b. 承包商未按合同要求进行投保并保持其有效，或者承包商在开工前未向业主提供说明已按合同要求投保并生效的证明。则业主有权办理合同中规定的承包商应当办理而未办理的投保。业主代替承包商办理投保的一切费用均由承包商承担。

c. 承包商未能在指定的时间将有缺陷的材料、工程设备及拆除的工程运出现场。此时业主有权雇用他人承担此类工作，由此产生的一切费用均由承包商承担。

④ 承包商构成合同规定的违约事件时，业主有权终止合同。在发生下述事件后，业主有权向承包商发出终止合同的书面通知，终止对承包商的雇用。

a. 承包商宣告破产、停业清理或解体，或由于其他情况失去偿付能力。

b. 承包商未能按要求及时提交履约保证或按照工程师的通知改正过失。

c. 承包商未经业主同意将整个工程分包或转让。

d. 承包商不愿继续履行合同义务。

e. 承包商无正当理由未按合同规定开工，拖延工期。

f. 承包商不及时拆除、移走、重建不合格的工程设备、材料或工艺缺陷，或实施补救工作。

g. 承包商的各种贿赂行为。

在发出终止合同的书面通知 14 天后终止合同，将承包商逐出现场。业主可以自己完成该工程,或雇用其他承包商完成该工程。业主或其他承包商为了完成该工程,有权使用他们认为合适的原承包商的设备、临时工程和材料。

（二）业主的义务

① 业主应在投标函附录规定的时间内向承包商提供施工现场。业主应随时给予承包商占有现场各部分的范围及占用各部分的顺序。业主提供的施工场地应能够使承包商根据工程进度计划开始并进行施工。如果业主没有在规定的时间内提供施工现场,致使承包商受到损失,包括经济和工期两个方面,承包商应通知工程师,提出经济和工期索赔,而且可以增加合理的利润。

② 业主应在合理的时间内向承包商提供图纸和有关辅助资料。在承包商提交投标书之前,业主应向承包商提供根据有关该项工程的勘察所取得的水文及地表以下包括环境方面的资料。开工后,随着工程进度的进展,业主应随时提供施工图纸。特别是工程变更时,更应避免因图纸提供不及时而影响施工进度。

③ 业主应按合同规定的时间向承包商付款。FIDIC 合同条件对业主向承包商付款有很多具体的规定。在工程师签发首期预付款、期中支付证书、最终支付证书后,业主应按合同规定的期限,向承包商付款。如果业主没有在规定的时间内付款,则业主应按照合同规定的利率,从应付日期起计算利息付给承包商。

④ 业主应在缺陷责任期内负责照管工程现场。颁发接收证书后,在缺陷责任期内的现场照管由业主负责。如果监理工程师为永久工程的某一部分工程颁发了接收证书,则这一部分的照管责任随之转移给业主。

⑤ 业主应协助承包商做好有关工作。业主这方面的协助义务是多方面的。如帮助承包商获得工程所在国的法律文本,申请法律中要求的各项许可、执照和批准等。

二、工程师的任务与权利

工程师是指业主为实现合同规定的目的而指定的工程师,他与业主签订委托协议书,受雇于业主,是业主管理工程的具体执行者。工程师是一个比较特殊的角色,虽然称为工程师（自然人）,但在多数情况下指的是一个咨询公司（法人）。工程师按照业主与承包商签订的合同中授予他的权利,以施工合同为依据,对工程的质量、进度和费用进行控制和监督,以保证工程项目的建设能满足合同的要求。

（一）工程师的权利

1. 工程师在质量管理方面的权利

① 对现场材料及设备有检查和拒收的权利。对工程所需要的材料和设备,工程师随时有权检查。对不合格的材料和设备,工程师有权拒收。

② 有权监督承包商的施工。监督承包商的施工是工程师最主要的工作。一旦发现施工质量不合格,工程师有权指令承包商进行改正或停工。

③ 对已完工程有确认或拒收的权利。任何已完工程由工程师进行验收并确认。对不合格的工程,工程师有权拒收。

④ 有权对工程采取紧急补救措施。一旦发生事故、故障或其他事件,如果工程师认为进行任何补救或其他工作是工程安全的紧急需要,则工程师有权采取紧急补救措施。

⑤ 有权要求解雇承包商的雇员。对于承包商的任何人员,如果工程师认为在履行职责中不能胜任或出现玩忽职守的行为、不遵守合同的规定等,有权要求承包商予以解雇。

⑥ 有权批准分包商。如果承包商准备将工程的一部分分包出去,他必须向工程师提出申请报告。未经工程师批准的分包商不能进入工地进行施工。

2. 工程师在进度管理方面的权利

① 有权批准承包商的进度计划。承包商的施工进度计划必须满足合同规定工期(包括工程师批准的延期)的要求,同时必须经过工程师的批准。

② 有权发出开工令、停工令和复工令。承包商应当在接到工程师发出的开工通知后开工。如果由于种种原因需要停工,工程师有权发布停工令。当工程师认为施工条件已达到合同要求时,可以发出复工令。

③ 有权控制施工进度。如果工程师认为工程或其他任何区段在任何时候的施工进度太慢,不符合竣工期限的要求,则工程师有权要求承包商采取必要的步骤,加快工程进度,使其符合竣工期限的要求。

3. 工程师在费用管理方面的权利

① 有权确定变更价格。任何因为工作性质、工程数量、施工时间的变更而发出的变更指令,其变更的价格由监理工程师确定。工程师确定变更价格时应充分和承包商协商,尽量取得一致性意见。

② 有权批准使用暂定金额。暂定金额只有在工程师的指示下才能动用。

③ 有权批准使用计日工。对于数量少的零散工作,工程师可以用变更的形式指示承包商实施。并按合同中包括的计日工表进行估价和支付。

④ 有权批准向承包商付款。所有按照合同规定应由业主向承包商支付的款项,均需由工程师签发支付证书,业主再据此向承包商付款。工程师还可以通过任何临时支付证书对他所签发的任何原有支付证书进行修正或更改。如果工程师认为有必要,他有权停止对承包商付款。

4. 工程师在合同管理方面的权利

① 有权批准工程延期。如果由于承包商自身以外的原因,导致工期的延长,则工程师应批准工程延期。经工程师批准的延期时间,应视为合同规定竣工时间的一部分。

② 有权发布工程变更令。合同中工程的任何部分的变更,包括性质、数量、时间的变更,必须经工程师的批准,由工程师发出变更指令。

③ 颁发接收证书和履约证书。经工程师检查验收后,工程符合合同的标准,即颁发接收证书和履约证书。

④ 有权解释合同中有关文件。当合同文件的内容、字义出现歧义或含糊时,则应由工程师对此做出解释或校正,并向承包商发布有关解释或校正的指示。

(二)工程师的职责

1. 认真执行合同

这是工程师的根本职责。根据 FIDIC 合同条件的规定,工程师的职责有:合同实施过程中向承包商发布信息和指标;评价承包商的工作建议;保证材料和工艺符合规定;批准已完成工作的测量值及校核,并向业主送交支付证书等工作。

2. 协调施工有关事宜

工程师对工程项目的施工进展负有重要责任,应当与业主、承包商保持良好的工作关系,协调有关施工事宜,及时处理施工中出现的问题,确保施工的顺利进行。

三、承包商的权利与义务

承包商是指其标书已被业主接受的当事人,以及取得该当事人资格的合法继承人,但不指该当事人的任何受让人(除非业主同意)。承包商是合同的当事人,负责工程的施工。

承包商的代表是指受承包商委派的对项目进行组织和实施管理者,在我国被称为承包商的项目经理。承包商的人员包括承包商代表及为承包商在现场工作的一切人员。

(一)承包商的权利

1. 有权得到工程付款

这是承包商最主要的权利。在合同履行过程中,承包商完成了他的义务后,他有权得到业主支付的各类款项。

2. 有权提出索赔

由于不是承包商自身的原因,造成工程费用的增加或工期的延误,承包商有权提出费用索赔和工期索赔。承包商提出索赔,是行使自己的正当权利。

3. 有权拒绝接受指定的分包商

为了保证承包商施工的顺利进行,如果承包商认为指定的分包商不能与他很好合作,承包商有权拒绝接受这个分包商。

4. 有权终止受雇和暂停工作

如果业主违约,承包商有权终止受雇和暂停工作。

① 承包商暂停工作的权利。如果工程师未能按合同规定开具支付证书;或业主在收到承包商的请求后,未能在 42 天内提出资金安排的证据或未能按合同规定及时足额支付。此时,承包商可以在发出通知 21 天后,暂停工作或降低工作速度,并对造成的拖期和额外费用进行索赔;但在发出终止通知之前,一旦收到了有关证书、证明或支付,应尽快恢复工作。

上述暂停或放慢进度不影响承包商按照合同规定对到期未付的部分收取利息及提出终止合同。

② 承包商终止受雇的权利。如果业主在收到承包商暂停工作的通知后的 42 天内,仍未提供合理的资金证明;工程师在收到报表和证明文件后的 56 天内,仍未颁发相应的支付证书;应付款额在规定的支付时间期满后 42 天以内未付;业主基本未履行合同义务;业主未在承包商收到中标函后的 28 天内与其签订合同协议书,或擅自转让了合同;由于非承包商的原因,工程暂停持续了 84 天以上,或停工累计超过 140 天,且影响到了整个工程;或业主在经济上无力执行合同,无力到期偿还债务,或停业清理,或破产等。则承包商可在发出通知 14 天后终止合同(后两种情况下可立即终止)。而业主应尽快退还履约保证,向承包商进行支付并赔偿其由于终止合同遭受的利润损失和其他损失。

③ 停止工作及承包商设备的撤离。业主或承包商提出终止的通知生效后,或由于不可抗力导致合同终止后,承包商应尽快停止一切工作,但仍应进行工程师为保护生命财产和工程安全而指示其进行的工作;移交他已得到付款的承包商文件、工程设备、材料及其他工作;撤离现场上所有其他的货物(为保护安全必要的货物除外),而后离开现场。

(二)承包商的义务

① 承包商应按合同规定的完工期限、质量要求完成合同范围内的各项工程。合同范围内的工程包括合同的工程量清单以内及清单以外的全部工程和工程师要求完成的与其有关的任何工程。合同规定的完工期限则是指合同工期加上由工程师批准的延期时间。承包商

应按期、按质、按量完成合同范围内的各项工程,这是承包商的主要义务。

② 承包商应对现场的安全和照管负责。承包商在施工现场,有义务保护有权进入现场人员的安全及工程的安全,有义务提供对现场照管的各种条件,包括一切照明、防护、围栏及看守,并应避免由其施工方法引起的污染,直到颁发接收证书为止。

③ 承包商应遵照执行工程师发布的指令。对工程师发布的指令,不论是口头的还是书面的,承包商都必须遵照执行。但对于口头指令,承包商应在 7 天内以书面形式要求工程师确认。承包商对有关工程施工的进度、质量、安全、工程变更等内容方面的指示,应当只从工程师及其授予相应权限的工程师代表处获得。

④ 承包商应负责清理现场。在施工现场,承包商应随时进行清理,保证施工井然有序。在颁发接收证书时,承包商应对接收证书所涉及的工程现场进行清理,并使原施工用地恢复原貌,达到工程师满意的状态。

⑤ 承包商应提供履约担保。如果合同要求承包商为其正确履行合同提供担保,则承包商应在收到中标函后 28 天内,按投标书附件中注明的金额和货币种类,按一定的格式开具履约担保,并将此保函提交给业主。

⑥ 承包商应提交进度计划和现金流通量的估算。这样有利于工程师对工程施工进度的监督,有利于业主能够保证在承包商需要时提供资金。

⑦ 承包商应保护工程师提供的坐标点和水准点。承包商除了对由工程师书面给定的原始坐标点和水准点进行准确的放线外,有义务对上述各类的地面桩进行仔细保护。

⑧ 承包商应对工程及材料、设备保险。承包商必须以业主和承包商共同的名义,以全部重置成本对工程连同材料和工程配套设备进行保险。保险期限从现场开始工作起到工程竣工移交为止。如为部分工程或单项工程投保时,保险金额则应为除重置成本外,另加 15% 的附加金额,用以包括拆除和运走工程某些部分废弃物等的附加费用和临时费用。

⑨ 承包商应保障业主免于承受人身或财产的损害。承包商应保障业主免受任何人员的死亡或受伤及任何财产(除工程外)的损失及其产生的索赔。

⑩ 承包商应遵守工程所在地的一切法律和法规。承包商应保证业主免于承担由于违反法律法规的罚款和责任。由于遵守法律、法规而导致费用的增加,由承包商自己承担。

四、分包商的概念

分包商分为两大类:一类是由业主或工程师指定的分包商;另一类是承包商任命的分包商。

业主或工程师指定的分包商称指定分包商。它又分为两种情况,第一种情况是业主在合同中指定的;第二种情况是在工程实施过程中,业主让承包商去雇用某公司作为指定分包商。当业主指令承包商雇用某分包商时,如果承包商提出合理的理由拒绝接受时,业主不能强迫承包商接受。对于承包商接受的指定分包商,指定分包商的工作由承包商作为责任人向业主负责,指定分包商款项由工程师签证承包商支付,然后再由业主支付给承包商,并且要在此基础上增加承包商应从暂定金额中收取的其他费用。

承包商任命分包商也分为两种情况,一是在投标时承包商列明的分包商;二是在合同实施过程中承包商随时任命的分包商。但后一种情况需要经工程师同意。但需注意:承包商不得将整个工程分包出去;承包商应为分包商的一切行为和过失负责;承包商的材料供货商及合同中已经指明的分包商无需经工程师同意,其他分包商则需经过工程师的同意。对承包商而言,分包商工作的好坏,直接影响整个工程的执行。在选择分包商时,要注意其综合能力,具体要考虑报价的合理性、技术力量、财务力量、信誉四个因素。由于分包商与业主没有合同关系,从合同角度来说,分包商无权直接接受业主的监理人员或代表下达的指令,如果因分包商擅自执行业主的指令,总承包商可以不为其后果负责。

微课
涉及费用管理的条款

8.2.2　涉及费用管理的条款

FIDIC 合同条件中涉及费用管理的条款范围很广,有的直接与费用管理有关,有的间接与费用管理有关。概括起来,大致包括有关工程计量的规定、有关价格与支付的规定、有关合同被迫终止时结算与支付的规定、有关工程变更和价格调整时结算与支付的规定、有关索赔支付的规定等方面的内容。

一、有关工程计量的规定

1. 工程量

投标报价中工程量清单上的工程量是在图纸和规范的基础上对该工程的估算工程量,不能作为承包商履行合同过程中应予完成的实际和确切的工程量。

承包商在实施合同中完成的实际工程量要通过测量来核实,以此作为结算工程价款的依据。由于 FIDIC 合同是固定单价合同,承包商报出的单价是不能随意变动的,因此工程价款的支付额是单价与实际工程量的乘积之和。

2. 工程量的计算

为了付款,工程师应根据合同通过计量来核实和确定工程的价值。工程师计量时应通知承包商派人参加,并提供工程师所需的一些详细资料。如果承包商未参加计量,他应承认工程师的计量结果。

在对永久工程进行计量需要记录时,工程师应准备此类记录。承包商应按照要求对记录进行审查,并就此类记录和工程师达成一致时双方共同签名。如果承包商不出席此类记录的审查和承认时,则应认为这些记录是正确无误的。

如果承包商在审查后认为记录是不正确的,则必须在审查后 14 天内向工程师发出通知,说明上述记录中不正确的部分。工程师则应在接到这一通知后复查这些记录,或予以确认或予以修改。

3. 工程计量的方法

工程计量方法应事先在合同中作出约定。如果合同中没有约定,应测量永久工程各项内容的实际净数量,测量的方法应按照工程量表或资料表中的规定。

二、有关合同价格与支付的规定

（一）合同价格

合同价格要通过对实际完工工程量的测量和估价来商定或决定,并且包括因法规变化、物价变化等原因对其进行的调整。承包商应支付根据合同他应付的各类关税和税费,合同价格不因此类费用而调整(但法规变化引起的调整除外)。

开工日期开始后 28 天内,承包商应向工程师提交资料表中每个包干项目的价格分解表,供工程师在支付时参考。

（二）中期付款

承包商应在每个月末按工程师指定的格式向其提交一式六份的报表,详细地说明他认为自己到该月末有权得到的款额同时提交证明文件(包括月进度报表),作为对期中支付证书的申请。此报表应包括如下内容。

① 截至该月末已实施的工程及完成的估算合同价值(包括变更)。

② 由于法规变化和费用涨落应增加和扣减的金额。

③ 作为保留金扣减的金额。

④ 因预付款的支付和偿还应增加和扣减的金额。

⑤ 根据合同规定,应付的作为永久工程的设备和材料的任何应增加和扣减的金额。

⑥ 根据合同或其他规定(包括对索赔的规定),应增加和扣减的金额。

⑦ 以前所有的支付证书中已经证明的扣减款额。

如果合同中包括支付表,规定了合同价格的分期付款数额,则截至该月末已实施的工程及完成的估算合同价值(包括变更)中所述估算合同价值即为支付表中对应的分期付款额,并且不拨付工程设备和材料运抵工地的预支款。如果实际进度落后于支付表中分期支付所依据的进度,则工程师可根据落后的情况决定修正分期支付款。

只有在业主收到并批准了承包商提交的履约保证之后,工程师才能为任何付款开具支付证书,付款才能得到支付;在收到承包商的报表和证明文件后 28 天内,工程师应向业主签发期中支付证书,列出他认为应支付给承包商的金额,并提交详细证明材料。在颁发工程的接收证书之前,若该月应付的净金额(扣除保留金和其他应扣款额之后)少于投标函附录中对支付证书的最低限额的规定,工程师可暂不开具支付证书,而将此金额累计至下月应付金额中;若工程师认为承包商的工作或提供的货物不完全符合合同要求,可以从应付款项中扣留用于修理或替换的费用,直至修理或替换完毕,如果他对某项工作的执行情况不满意时,也有权在证书中删去或减少该项工作的价值,但不得因此而扣发中期支付证书。监理工程师在签发每月支付证书时,有权对以前签发的证书进行修正。支付证书不代表工程师对工程的接受、批准、同意或满意。

中期付款支付时间应在工程师收到报表和证明文件后 56 天内。

(三)暂列金额的使用

1. 暂列金额的定义

暂列金额是指在合同中规定作为暂列金额的一笔款项。中标的合同金额包含暂列金额。根据合同中暂列金额的使用规定,用于工程任何部分的施工或用于提供材料设备或服务。

2. 暂列金额的使用

暂列金额按照工程师的指示可全部或部分地使用,也可根本不予动用。

3. 暂列金额的使用范围

① 承包商按工程师的指令进行的变更部分的估价。

② 包括在合同价格中的,要由承包商从指定分包商或其他单位购买的工程设备、材料或服务。

(四)保留金的支付

1. 保留金

保留金是指每次中期付款时,从承包商应得款项中按投标书附件中规定比例扣除的金额。保留金额一般情况下为合同款的 5%。

2.颁发接收证书时保留金的支付

当颁发整个工程的接收证书时,工程师应开具支付证书,把一半保留金支付给承包商。如果颁发的是分项或部分工程的接收证书时,保留金则应按该分项或部分工程估算的合同价值除以估算的最终合同价格所得比例的40%支付。

3.工程的缺陷通知期满时保留金的支付

当整个工程的缺陷通知期满时,剩余保留金将由工程师开具支付证书支付给承包商。如果有不同的缺陷通知期适用于永久工程的不同区段或部分时,只有当最后一个缺陷通知期满时才认为该工程的缺陷通知期满。

（五）竣工报表及支付

颁发整个工程的接收证书之后84天内,承包商应向工程师呈交一份竣工报表,并应附有按工程师批准的格式所编写的证明文件。竣工报表应详细说明以下几点。

① 到接收证书证明的日期为止,根据合同所完成的所有工作的最终价值。

② 承包商认为应该支付的任何增加的款项。

③ 承包商认为根据合同将支付给他的任何其他款项的估算数额。

（六）最终支付证书

承包商在收到履约证书后56天内,应向工程师提交按照工程师批准的格式编制的最终报表草案并附证明文件一式六份,该草案应该详细说明以下问题。

① 根据合同所完成的所有工作的价值。

② 承包商认为根据合同或其他规定应支付给他的任何其他的款项。

如果工程师不同意或无法核实该草案的任何部分,则承包商应根据工程师的合理要求提交补充的资料,并按照可能商定的意见对草案进行修改。随后,承包商应按已商定的意见编制最终报表并提交给工程师。当最终报表递交之后,承包商根据合同向业主索赔的权利就终止了。

1.结清证明

在提交最终报表时,承包商应给业主一份书面结清证明,进一步证实最终报表的总额,代表了由合同引起的或与合同有关的全部和最后确定应支付给承包商的所有金额,但结清证明只有当最终证书中的款项得到支付和业主退还履约保证书以后才能生效。

2.最终支付证书的颁发

工程师在接到最终报表及书面结清证明后28天内,应向业主发出一份最终付款证书,应说明以下问题。

① 最终应支付的款额。

② 确认业主先前已付的所有金额及业主有权得到的金额,业主还应支付给承包商或承包商还应支付给业主的余额（如有的话）。

（七）承包商对指定分包商的支付

承包商在获得业主按实际完成工程量的付款后,扣除分包合同规定的承包商应得款（如税款、协调管理的费用等）和按比例扣除保留金后,应按时付给指定分包商。如果在颁发支付证书前,承包商既提交不出证明,且又没有合法的理由未支付分包商款项,则业主有权根据工程师的证明直接向该指定的分包商支付承包商未支付的分包商应获得的所有费用（扣除保留金）。然后,业主以冲账方式从业主应付或将付给承包商的任何款项中将其扣除。

三、有关合同被迫终止时结算与支付的规定

（一）由于承包商的违约终止合同时的结算和支付

1. 对合同终止时承包商已完工作的估价

业主终止对承包商的雇用后,工程师应尽快对合同终止日的工程、货物和承包商的文件的价值作出估价,并决定承包商所有应得的款项。

2. 终止后的支付

终止通知生效后,业主有以下权利和义务。

① 要求索赔。

② 在确定施工、竣工和修补工程缺陷的费用、误期损害赔偿费及自己花费的所有其他费用之前,停止对承包商的一切支付。

③ 从工程师估算的合同终止日承包商所有应得款项中扣除因承包商违约对业主造成的损失、损害赔偿费和完成工程所需的额外费用后,余额应支付给承包商。

（二）由于不可抗力而终止合同时的结算和付款

1. 不可抗力的定义

不可抗力是指某种异常事件或情况,但这种事件或情况必须同时满足以下四个条件。

① 一方无法控制。

② 在签订合同前该方无法防范。

③ 情况发生后,该方不能合理避免或克服。

④ 情况的发生不是因另一方的责任造成的。如战争、入侵、叛乱、暴乱、军事政变、内战、地震、飓风、台风、火山爆发等都属于不可抗力的范围。

2. 由于不可抗力而终止合同时的结算和付款

如果因不可抗力而终止合同时,业主除应以合同规定的单价和价格向承包商支付在合同终止前尚未支付的已完工程量的费用外,还应支付以下几种费用。

① 工程量表中涉及的任何施工准备项目,只要这些项目的准备工作或服务已经进行或部分进行,则应支付该项费用或适当比例的金额。

② 为工程需要而定货的各种材料、设备或物资中,已交发给承包商或承包商有法定义务要接收的那一部分订购所需的费用,业主支付此项费用后,上述物资、设备即成为业主财产。

③ 承包商撤离自己设备的迁移费,但这部分费用应该是合理的,应该是撤回基地或费用更低的目的地所需费用。

④ 承包商雇用的所有与工程施工有关的职员、工人,在合同终止时的合理遣返费。

另外,业主也有权要求索还任何有关承包商的设备、材料和工程设备的预付款的未估算余额,以及在合同终止时按合同规定应由承包商偿还的任何其他金额。上述应支付的金额均应由工程师在同业主和承包商适当协商后确定,并应相应地通知承包商,同时将一份副本呈交业主。

（三）因业主违约终止合同时的结算和支付

由于业主违约而终止合同时,业主对承包商的义务除与因不可抗力而终止合同时的付款条件一样外,还应再付给承包商由于该项合同终止而造成的损失赔偿费。

四、有关工程变更和价格调整时结算与支付的规定

（一）工程变更的范围

如果工程师认为有必要对工程的形式、质量或数量作出任何变更，他应有权指示承包商进行下述任何工作。

① 增加或减少合同中所包括的任何工作的数量。

② 删减任何工作（要交他人实施的工作除外）。

③ 改变任何工作的性质、质量。

④ 改变工程任何部分的标高、基线、位置和尺寸。

⑤ 任何永久工程需要的附加工作、工程设备、材料或服务。

⑥ 改变实施工程的施工顺序或时间安排。

承包商应遵守并执行工程师提出的每一项变更，如果承包商无法获得变更所需的货物，应立即通知工程师，工程师应取消、确认、修改指示。

（二）工程变更的估价

1. 使用工程量表中的费率和价格

对变更的工作进行估价，如果工程师认为适当，可以使用工程量表中的费率和价格。

2. 制定新的费率和价格

如果合同中未包括适用于该变更工作的费率或价格，则应在合理的范围内使用合同中的费率和价格作为估价的基础。如做不到这一点，则要求工程师与业主、承包商适当协商后，再由工程师和承包商商定一个合适的费率或价格。当双方意见不一致时，工程师有权确定一个他认为合适的费率或价格。在费率和价格确定之前，工程师应确定临时费率或价格，以便用于中期付款。

五、有关索赔支付的规定

在工程师核实了承包商的索赔报告、同期记录和其他有关资料之后，应根据合同规定决定承包商有权获得延期和附加金额。

经证实的索赔款额应在该月的期中支付证书中给予支付。如果承包商提供的报告不足以证实全部索赔，则已经证实的部分应被支付，不应将索赔款额全部拖到工程结束后再支付。

微课
涉及进度
控制的
条款

8.2.3　涉及进度控制的条款

FIDIC 合同条件中涉及工程进度控制的条款主要包括有关工程进度计划管理的规定、有关工程开工、延误和暂停的规定、有关接收证书和履约证书的规定等方面的内容。

一、有关工程进度计划管理的规定

（一）提交工程进度计划

承包商应在收到工程师的开工日期的通知后 28 天内，以工程师规定的适当格式和详细程度，向工程师递交一份详细的工程进度计划，以取得工程师的同意并计划开展工作。当进度计划与实际进度或承包商履行的义务不符时，或工程师根据合同发出通知时，承包商要修改原进度计划并提交给工程师。

进度计划的内容包括：承包商计划实施工作的次序和各项工作的预期时间；每个指定分包商工作的各个阶段；合同中规定的检查和检验的次序和时间；承包商拟采用的施工方法和

各主要阶段的概括性描述,以及对各个主要阶段现场所需的承包商人员和承包商设备的数量的合理估算和说明。

另外,当承包商预料到工程将受某事件或情况的不利影响时,应及时通知工程师,并按要求说明估计的合同价格的增加额及工程延误天数,并提交变更建议书。

(二)工程师对工程进度计划的管理

1. 审查、批准工程进度计划

工程师在收到承包商提交的工程进度计划后,应根据合同的规定、工程实际情况及其他方面的因素,进行审查。其中如果有不符合合同要求的部分,应在 21 天内通知承包商,承包商应对计划进行修订。否则承包商应立即按进度计划执行。

2. 监督工程进度计划的实施

监督工程进度计划实施的依据是被确认的承包商的工程进度计划。如果工程师发现工程的实际进度不符合工程进度计划,或者进度计划某些内容不符合合同的要求,则承包商应根据工程师的要求提出一份修订的进度计划,修改后的工程进度计划也应重新交工程师确认。由此引起的风险和开支,包括由此导致业主产生的附加费用(如工程师的报酬等),均由承包商承担。

(三)承包商对延误工期所应承担的责任

如果由于承包商自身的原因造成工期延误,而承包商又未能按照工程师的指示改变这一状况,则承包商应承担以下责任。

1. 误期损失赔偿

如果承包商未能按合同规定的竣工日期前完成工程,则承包商应向业主支付误期损害赔偿费。误期损害赔偿费应按投标书附件中注明的每天应付的金额与合同中原定的竣工时间到接收证书中注明的实际竣工日期之间的天数的乘积。但损失赔偿费应限制在投标书附件中注明的限额内。这笔金额是承包商为这种过失所应支付的唯一款项。这些赔偿费不应解除承包商对完成该项工程的义务或合同规定的承包商的任何其他义务和责任。

2. 终止对承包商的雇用

如果承包商严重违约,包括拖延工期又固执地不采取补救措施,业主有权终止对他的雇用。而且还要承担由此而造成的业主的损失费用。

二、有关工程延误的规定

(一)工程延误

由于非承包商的原因造成施工工期的延长,不能按竣工日期竣工,称为工期延误。

(二)工程延误的原因

① 变更或合同范围内某些工程的工作量的实质性的变化。

② 无法预见的公共当局的干扰引起了延误。

③ 异常不利的气候条件。

④ 传染病、法律变更或其他政府行为导致承包商不能获得充足的人员或货物,而且这种短缺是不可预见的。

⑤ 业主、业主人员或业主的其他承包商延误、干扰或阻碍了工程的正常进行。

⑥ 非承包商的原因工程师的暂时停工指示。

得到工程师批准的工程延期,所延长的工期已经属于合同工期的一部分。因而,承包商可以免除由于延长工期而向业主支付误期损失赔偿费的责任。由于工程延期所增加的费用将由业主承担。

（三）工程延误的审批

1. 承包商的通知

承包商应在引起工程延误的事件开始发生后 28 天内通知工程师,随后,承包商应提交要求延期的详细说明。

如果引起工程延期的事件具有持续性的影响,不可能在申请延期的通知书发出后的 28 天内提供最终的详细说明报告。那么承包商应以不超过 28 天的间隔向工程师提交阶段性的详细说明,并在事件影响结束后的 28 天内提交最终详情说明。

2. 工程师作出工程延期的决定

工程师在接到要求延期的通知书后应进行调查核实,在承包商提交详情说明后,应进一步调查核实,对其申述的情况进行研究,并在规定的时间内作出工程竣工时间是否延长的决定。

三、有关接收证书和履约证书的规定

（一）接收证书

1. 工程和分项工程的接收证书

承包商可以在他认为工程达到合同规定的竣工检验标准日期 14 天前,向工程师发出申领接收证书的通知。如果工程分成若干个分项工程时,承包商可类似地对每个分项工程申领接收证书。工程师在收到上述申领通知书 28 天内,或者向承包商颁发一份工程或分项工程接收证书,注明工程或分项工程按照合同要求已基本完工的日期;或者拒绝申请,但要说明理由,并指出在能够颁发接收证书之前承包商需要做的工作。承包商应在再次申领接收证书前,完成上述工作。

如果工程师在 28 天内既没颁发接收证书,又无承包商的拒绝申请,而工程或分项工程实质上符合合同规定,接收证书应视为已在上述规定期限的最后一日签发。

承包商应在收到接收证书之前或之后将地表恢复原状。

2. 对部分工程的接收

这里所说的部分指合同中已规定的区段中的一个部分。只要业主同意工程师就可对永久工程的任何部分颁发接收证书。除非合同中另有规定或合同双方有协议,在工程师颁发包括某部分工程的接收证书之前,业主不得使用该部分。否则,一经使用则可认为业主接收了该部分工程,对该部分要承担照管责任;如果承包商要求,工程师应为此部分颁发接收证书;如果因此给承包商招致了费用,承包商有权索赔这笔费用及合理的利润。

若对工程或某区段中的一部分颁发了接收证书,则该工程或该区段剩余部分的误期损害赔偿费的日费率将按相应比例减小,但最大限额不变。

3. 对竣工检验的干扰

若因为业主的原因妨碍竣工检验已达 14 天以上,则认为在原定竣工检验之日业主已接收了工程或区段,工程师应颁发接收证书。工程师应在 14 天前发出通知,要求承包商在缺陷通知期满前进行竣工检验。若因延误竣工检验导致承包商的损失,则承包商可据此索赔损失的工期、费用和利润。

（二）履约证书

① 缺陷通知期的计算。从接收证书中注明的工程（或区段）的竣工日期开始，工程（或区段）进入缺陷通知期。投标函附录中规定了缺陷通知期的时间。

② 承包商在缺陷通知期内要完成接收证书中指明的扫尾工作，并按业主的指示对工程中出现的各种缺陷进行修正、重建或补救。

③ 修补缺陷的费用。如果这些缺陷的产生是由于承包商负责的设计有问题，或由于工程设备、材料或工艺不符合合同要求，或由于承包商未能完全履行合同义务，则由承包商自担风险和费用。否则按变更处理，由工程师考虑向承包商追加支付。承包商在工程师要求下进行缺陷调查的费用亦按此原则处理。

④ 缺陷通知期的延长。如果在业主接收后，整个工程或工程的主要部分由于缺陷或损坏不能达到原定的使用目的，业主有权通过索赔要求延长工程或区段的缺陷通知期，但延长最多不得超过两年。

⑤ 未能补救缺陷。如果承包商未能在业主规定的期限内完成他应自费修补的缺陷，业主可以：自行或雇用他人修复并由承包商支付费用；或要求适当减少支付给承包商的合同价格；如果该缺陷使得全部工程或部分工程基本损失了盈利功能，则业主可对此不能按期投入使用的部分工程终止合同，向承包商收回为此工程已支付的全部费用及融资费，以及拆除工程、清理现场等费用。

⑥ 进一步的检验。如果工程师认为承包商对缺陷或损坏的修补可能影响工程运行时，可要求按原检验条件重新进行检验。由责任方承担检验的风险和费用及修补工作的费用。

⑦ 履约证书的颁发。在最后一个区段的缺陷通知期期满后的 28 天内，或承包商提供了全部承包商文件并完成和通过了对全部工程（包括修补所有的缺陷）的检验后，工程师应向承包商颁发履约证书，以说明承包商已履行了合同义务并达到了令工程师满意的程度。

注意，只有颁发履约证书才代表对工程的批准和接受。

履约证书颁发后，每一方仍应负责完成届时尚未完成的义务。

（三）现场的清理

在接到履约证书后 28 天内，承包商应清理现场，运走他的设备、剩余材料、垃圾等。否则业主可自行出售或处理留下的物品，并扣下所花费的费用，如有余额应归还承包商。

接收证书并不是工程的最终批准，不解除承包商对工程质量及其他方面的任何责任。只有工程师颁发的履约证书，才是对工程的批准。

微课
涉及质量
控制的
条款

8.2.4 FIDIC 合同条件中涉及质量控制的条款

FIDIC 合同条件中涉及质量控制的条款包括有关承包人员素质的规定、有关合同转包与分包的规定、有关施工现场的材料、工程设备和工艺的规定、有关施工质量及验收的规定等内容。

一、有关承包人员素质的规定

工程的施工最终要由承包人员来完成，因此，承包人员的素质是一切质量控制的基础。工程师有权对承包人员的素质进行控制。

（一）对承包商人员的要求

1. 提供承包商人员的详细报告

承包商应按工程师批准的格式，每月向工程师提交说明现场各类承包商人员数量的详细报告。这能够使工程师对承包商人员的数量和质量有大概的了解，这也是对承包商雇用劳务人员的一种约束。

2. 承包商应提供的人员

承包商向施工现场提供的人员都应是在他们各自行业或职业内，具有相应资质、技能和经验的人员。

3. 承包商管理人员的能力

在工程施工过程中，承包商应安排一定的管理人员对工作的计划、安排、指导、管理、检验和试验提供一切必要的监督。此类管理人员应具备用投标书附录中规定的语言交流的能力，应具备进行施工管理所需的专业知识及防范风险和预防事故的能力。

4. 承包商不合格人员的撤换

工程师有权要求承包商立即从该工程中撤掉由承包商提供的受雇于工程的有下列行为的任何人员（包括承包商代表）：经常行为不当，或工作漫不经心；无能力履行义务或玩忽职守；不遵守合同规定或经常出现有损安全、健康、环境保护的行为。

（二）承包商代表

承包商应在开工日期前任命承包商代表，授予他必需的一切权利，由他全权代表承包商履行合同并接受工程师的指示。承包商代表的任命和撤换要经工程师的同意。承包商代表应用其全部时间去实施合同，他可将权利、职责或责任委任给任何胜任的人员，并可随时撤回，但须事先通知工程师。

二、有关合同转包与分包的规定

（一）合同的转让

如果没有一方的事先同意，另一方不得将合同或者合同的任何部分、合同中的任何利益进行转让。但下列情况除外。

① 任一方在他方完全自主决定的情况下，事先征得他人同意后，可以将合同或者合同的任何部分转让。

② 可以作以银行或金融机构为受款人的担保。

（二）工程的分包

对于分包有如下规定。

① 承包商不得将整个工程分包出去。

② 责任关系。虽然分包出去的部分工程由分包商来实施，但是对分包商、分包商的代理人及其人员的行为或违约要由承包商负全部责任。

③ 对分包的要求如下：

a. 雇用分包商（材料供应商和合同中已注明的分包商除外），必须经工程师事先同意。

b. 承包商要提前 28 天将分包商的开工日期通知工程师。

c. 分包合同中必须规定：如果分包商履行其分包合同义务的期限超过了本合同相应部分的缺陷通知期，承包商应将此分包合同的利益转让给业主。

三、有关施工现场的材料、工程设备和工艺的规定

施工使用的材料、工程设备是确保工程质量的物质基础,工程师必须对此严格控制。

(一)对材料、工程设备和工艺的检查和检验

1. 检查

业主的人员在一切合理时间内,有权进入所有现场和获得天然材料的场所;有权在生产、制造和施工期间,对材料、工艺进行检查,对工程设备及材料的生产制造进度进行检查。承包商应向业主人员提供进行上述工作的一切方便。未经工程师的检查和批准,工程的任何部分不得覆盖、掩蔽或包装。否则,工程师有权要求承包商打开这部分工程供检验并自费恢复原状。

2. 检验

对于合同中有规定的检验(竣工后的检验除外),由承包商提供所需的一切用品和人员。检验的时间和地点由承包商和工程师商定。工程师可以通过变更改变规定的检验的位置和详细内容,或指示承包商进行附加检验。工程师应提前 24 小时通知承包商他将参加检验,如果工程师未能如期前往(工程师另有指示除外),承包商可以自己进行检验,工程师应确认此检验结果。承包商要及时向工程师提交具有证明的检验报告,规定的检验通过后,工程师应向承包商颁发检验证书。如果按照工程师的指示对某项工作进行检验或由于工程师的延误导致承包商遭受了工期、费用及合理的利润损失,承包商可以提出索赔。

(二)对不合格的材料和工程设备的拒收

如果工程师经检查或检验发现任何工程设备、材料或工艺有缺陷或不符合合同的其他规定,可以对其拒收。承包商应立即进行修复。工程师可要求对修复后的工程设备、材料和工艺按相同条款和条件再次进行检验直到其合格为止。

四、有关施工质量及验收的规定

(一)工程师对施工过程的检查

1. 工程师检查的内容

① 承包商应按合同的要求建立质量保证体系,该体系应符合合同的详细规定。工程师应对承包商的质量保证体系进行审查,使其发挥良好的作用。

② 工程师应在施工过程中检查和监督承包商的各项工程活动,包括施工中的材料、设备、工艺、人员等每一个环节。

2. 工程师对覆盖前工程的检查

没有工程师的批准,工程的任何部分均不得覆盖或使之无法查看。承包商应在规定的时间内通知工程师参加工程的此类部分的检查,且不得无故拖延。如果工程师认为检查并无必要,则应通知承包商。

3. 工程师对覆盖后工程的检查

如果承包商没有及时通知工程师,工程师可以要求对已覆盖的工程进行检查。承包商则应按工程师随时发出的指示,移去工程的任何部分的覆盖物,或在其内或贯穿其中开孔,并将该部分恢复原状和使之完好,所需费用有承包商承担。

4. 工程师有权指令暂时停工

由于承包商的违约或者为工程的合理的施工或工程的安全,工程师有权指令暂时停工。承包商应按照工程师指示的时间和方式暂停工程,在暂停工程期间承包商应对工程进行必

要的保护和安全保障。

（二）工程师在颁发接收证书前对工程的检查

1. 地表应恢复原状

在工程师颁发接收证书前，承包商应将场地或地表面恢复原状。在移交证书中未对此作出规定不能解除承包商自费进行恢复原状工作的责任。

2. 颁发接收证书前的检验

工程师在颁发接收证书前，应对工程进行全面检验，接收证书将确认工程已基本竣工。

3. 非承包商的原因造成的妨碍竣工检验的处理

如果由于业主、工程师、业主雇用的其他承包商的原因，使承包商不能进行竣工检验，如果工程符合合同要求，则应认为业主已在本该进行竣工检验的日期接收到了工程。但是，如果工程基本上不符合合同要求，则不能认为工程已被接收。

（三）缺陷通知期的质量控制

在工程的缺陷通知期满之前，工程出现任何缺陷或其他不合格之处，工程师可向承包商下达指示。承包商应该在移交证书注明的竣工日期之后，尽快地完成在当时尚未完成的工作；工程师指示承包商对工程进行修补、重建和补救缺陷时，承包商应在缺陷通知期内或期满后 14 天内实施这些工作。

当承包商未能在合理的时间内执行这些指示时，业主有权雇用他人从事该项工作，并付给报酬。

颁发履约证书后，承包商对尚未履行的义务仍有承担的责任。

微课
涉及法律
法规的
条款

8.2.5 FIDIC 合同条件中涉及法规性的条款

FIDIC 合同条件中涉及法规性的条款主要包括有关争端处理的条款、有关劳务方面的条款、有关合同法律适用的条款、有关通知和定义的条款、可能使用的补充条款等。

一、有关争端处理的条款

争端处理的程序是首先将争端提交争端裁决委员会，由争端裁决委员会作出裁决，如果争端双方同意则执行，否则一方可要求提交仲裁，再经过 56 天的期限争取友好解决，如未能友好解决则开始仲裁。

1. 争端裁决委员会的委任、替换和终止

① 委任。合同双方应在投标书附录规定的日期内任命争端裁决委员会成员。根据投标书附录中的规定，争端裁决委员会由一人或三人组成。若成员为三位，则合同双方应各提名一位成员供对方批准，并共同确定第三位成员作为主席。如果合同中有争端裁决委员会成员的意向性名单，则必须从该名单中进行选择。如果在上述规定的日期内，不论由于任何原因，合同双方未能就争端裁决委员会成员的任命或替换达成一致，即应由专用条件中指定的机构或官方在与双方适当协商后确定争端裁决委员会成员的最后名单。

合同双方与争端裁决委员会成员的协议应编入附在通用条件后的争端裁决协议书中。由合同双方共同商定对争端裁决委员会成员的支付条件，并各支付酬金的一半。

合同双方可以共同将某事项提交给争端裁决委员会以征得其意见，任一方都不得就任何事宜向争端裁决委员会单独征求建议。

② 替换。除非合同双方另有协议,只要争端裁决委员会某一成员拒绝履行其职责或由于死亡、伤残、辞职或其委任终止而不能尽其职责,合同双方即可任命合格的人选替代争端裁决委员会的任何成员。如果发生了上述情况,而没有可替换的人员,委任替换人员的方式与上述任命或商定被替换人员的方式相同。

③ 终止。任何成员的委任只有在合同双方都同意的情况下才能终止。除非双方另有协议,在结账清单即将生效时,争端裁决委员会成员的任期即告期满。

2. 获得争端裁决委员会的决定

① 如果合同双方由于合同、工程的实施或与之相关的任何事宜产生了争端,包括对工程师的任何证书的签发、决定、指示、意见或估价产生了争端,任何一方可以以书面形式将争端提交争端裁决委员会裁定,同时将副本送交另一方和工程师。

② 争端裁决委员会应在收到书面报告后 84 天内对争端作出决定,并说明理由。

③ 如果合同双方中任一方对争端裁决委员会作出的决定不满,他应在收到该决定的通知后的 28 天内向对方发出表示不满的通知,并说明理由,表明他准备提请仲裁;如果争端裁决委员会未能在 84 天内对争端作出决定,则合同双方中任一方都可在上述 84 天期满后的 28 天内向对方发出要求仲裁的通知。

如果争端裁决委员会将其决定通知了合同双方,而合同双方在收到此通知后 28 天内都未就此决定向对方提出上述表示不满的通知,则该决定成为对双方都有约束力的最终决定。

只要合同尚未终止,承包商就有义务按照合同继续实施工程。未通过友好解决或仲裁改变争端裁决委员会作出的决定之前,合同双方应执行争端裁决委员会作出的决定。

3. 友好解决

在一方发出表示不满的通知后,必须经过 56 天之后才能开始仲裁。这段时间是留给合同双方友好解决争端的。

4. 仲裁

如果一方发出表示不满的通知 56 天后,争端未能通过友好方式解决,那么此类争端应提交国际仲裁机构作最终裁决。除非合同双方另有协议,仲裁应按照国际商会的仲裁规则进行,并按照此规则指定三位仲裁人。

仲裁人应有充分的权利公开、审查和修改工程师的任何证书、决定、指示、意见或估价,以及争端裁决委员会对争端事宜作出的任何决定。仲裁过程中,合同双方都可提交新的证据和论据。

工程师可被传为证人并可提交证据,争端裁决委员会的决定可作为一项证据。工程竣工之前和竣工之后,均可开始仲裁。在工程进行过程中,合同双方、工程师及争端裁决委员会均应正常履行各自的义务。

5. 未能遵守争端裁决委员会的决定

当争端裁决委员会对争端作出决定之后,如果一方既未在 28 天内提出表示不满的通知,尔后又不遵守此决定,则另一方可不经友好解决阶段直接将此不执行决定的行为提请仲裁。

6. 委任期满

如果双方产生争端时已不存在争端裁决委员会,则该争端应直接通过仲裁最终解决。

二、有关劳务方面的条款

1. 劳务人员的工资及劳动条件的标准

承包商应遵守所有适用于其雇员的相关劳动法,向他们合理支付并保障他们享有法律规定的所有权利。另外,承包商应要求其全体雇员遵守所有与承包工作(包括安全工作)有关的法律和规章。承包商所付的工资标准及提供的劳动条件应不低于从事工作的地区同类工商业现行标准。承包商应为其人员提供和维护所有必需的食宿及福利设施。承包商应采取合理预防措施(如配备医务人员、急救设施、病房等)以维护其雇员的健康和安全,并在现场指派安全员负责维持安全秩序及预防事故发生。一旦发生事故,承包商应及时向工程师报告。

2. 劳务人员的工作时间

在投标函附录中规定的正常工作时间以外及当地公认的休息日,不得在现场进行任何工作。除非合同另有规定,或得到了工程师的批准,或是为了抢救生命财产或工程安全。

3. 劳务人员的遣返

对于为合同目的或与合同有关事宜招收或雇用的所有人员,承包商应负责将他们送回招收地或其户籍所在地。对以合适的方式将要返回的人员,在他们离开工地之前,承包商应给予供养。如果这些人员是非工程所在国的国民并且是从该国之外招收的,则在他们离开该国之前,承包商应给予供养。

三、有关合同法律适用的条款

1. 合同应当明确适用的法律

由于 FIDIC 合同条件在国际工程承包中被广泛采用,而一项国际承包工程要涉及两个或两个以上国家的单位和人员。一般情况下,合同中各方当事人应享受的权利和应承担的义务在合同中都会有十分明确、肯定的表述。但是,在实际履行中,合同的各方当事人仍然会对某些权利义务条款的具体含义有不同的理解。因此,必须在合同中明确,合同适用哪个国家的法律,明确一旦发生纠纷,究竟应按照那个国家的法律来确定合同当事人的权利义务。

有的国家规定对一些特定的国际工程承包合同必须适用本国法律(工程所在国法律)。在这种情况下,合同当事人没有选择合同适用法律的权利。即使在这类合同中订有适用非工程所在国法律的条款,也是无效的。但是,即使在这种情况下,最好在合同中还是明确写上适用哪个国家的法律,其目的在于提示合同当事人严格遵守该国的法律。

2. 合同适用法律的选择

在国际工程承包合同中,一般情况下,当事人可以根据自己的意愿,自行商定、任意选择合同所适用的法律,即合同的意思自治原则。如果有的国家对意思自治原则有一定的限制,则当事人只能在法律允许的范围内选择合同所适用的法律。由于各国的政治制度、经济制度、民族习惯等方面存在很大的差异,必然决定了各国的法律制度也有很大的不同。合同适用不同国家的法律,用以确定同一个合同中的同一项权利义务关系,可能会产生截然不同的结果,对各方当事人的利害得失带来严重的影响。

四、有关通知的条款

1. 致承包商的通知

根据合同条款由业主或工程师发给承包商的所有证明、通知、指示均应通过邮件、电报、电传或传真发至(或留在)承包商主要营业地点或承包商为此目的指定的其他该类地址。

2. 致业主和工程师的通知

根据合同条款发给业主或工程师的任何通知均应通过邮件、电报、电传或传真发至(或留在)合同专用条件中指定的各有关地址。

3. 地址的变更

合同双方的任何一方均可在事先通知另一方,将指定地址改变为工程施工所在国内的另一地址,并将一份副本送交工程师,工程师也可事先通知合同双方这样做。

本章小结

本章主要是针对国际工程承包中通常采用的 FIDIC 合同条件,阐述了其发展过程,合同文件的构成,FIDIC 合同条件的应用范围及前提条件,应用 FIDIC 合同条件的工作程序等。根据 1999 年第一版的 FIDIC 合同条件,把主要条款归纳整理为涉及权利义务的条款、涉及费用管理的条款、涉及工程进度控制的条款、涉及质量控制的条款和涉及法规性的条款五大部分。使我们在学习中便于与国内的合同条款进行比较。

思考题

1. 简述 FIDIC 合同文件的组成。
2. 应用 FIDIC 合同条件的前提是什么?
3. 简述承包商的权利和义务。
4. 简述工程师的权利和职责。
5. 简述业主的权利和义务。
6. 简述 FIDIC 合同条件中工程计量的有关规定。
7. 简述 FIDIC 合同条件中保留金的支付规定。
8. 最终支付证书说明的内容有哪些?
9. 因不可抗力而终止合同时应如何结算和付款?
10. 承包商对延误工期应承担哪些责任?
11. FIDIC 合同条件对承包商人员有哪些要求?
12. FIDIC 合同条件对争端处理是如何规定的?

9

建设工程施工索赔

学习要求:

本章讨论的是索赔的一些基本概念、处理程序、计算及其解决的方法。要求了解索赔的概念,索赔计算的一般方法,业主反索赔的意义及内容;熟悉索赔的产生原因,索赔的作用,索赔的分类,索赔证据的分类及收集;掌握索赔的程序,索赔解决的方法,监理工程师对索赔的管理。

9.1 建设工程施工索赔概述

对于一个完善的市场,工程索赔是一件正常的现象。在国际建筑市场上,工程索赔是承包商保护自身权益、弥补工程损失、提高经济效益的重要和有效手段。但在我国,由于建设工程索赔处于起步阶段,合同各方忌讳索赔、索赔意识不强、处理程序不清的现象普遍存在。随着市场经济的不断发展、法律的不断完善及国际竞争的需要,建设工程施工中的索赔与反索赔问题,已经引起工程管理者们的高度重视。

9.1.1 索赔的概念

索赔是指在合同的实施过程中,根据法律法规、合同规定及惯例,合同一方对非由于自己的过错,而是合同对方造成的,且实际发生了损失,向对方提出给予补偿或赔偿的要求。施工索赔是双方面的,既包括承包商向业主的索赔,也包括业主向承包商的索赔。索赔属于经济补偿行为,而不是惩罚;索赔是双方合作的方式,而不是对立。

在承包工程中,最常见、最有代表性、处理比较困难的是承包商向业主的索赔,所以人们通常将它作为索赔管理的重点和主要对象。只要不是承包商自身责任,而由于业主违约,未履行合同责任,或其他原因如外界干扰造成工期延长和成本增加,都有可能提出索赔。

9.1.2 索赔的原因

索赔常常起因于非承包商的责任引起的干扰事件。 在现代承包工程中,特别在国际承包工程中,索赔经常发生,而且索赔额很大。实际工程中常见的索赔原因如表 9-1 所示。

微课
索赔的
原因

表 9-1　实际工程中常见的索赔原因

索 赔 原 因	常见的干扰事件
业主违约	1. 没有按合同规定提供设计资料、图纸,未及时下达指令,答复请示,使工程延期; 2. 没按合同规定的时期交付施工现场、道路,提供水电; 3. 应由业主提供的材料和设备,使工程不能及时开工或造成工程中断; 4. 未按合同规定按时支付工程款; 5. 业主处于破产境地或不能再继续履行合同或业主要求采取加速措施,业主希望提前交付工程等; 6. 业主要求承包商完成合同规定以外的义务或工作
合 同 文 件 缺陷	1. 合同缺陷,不周的合同条款和不足之处:如合同条文不全、不具体、措辞不当、说明不清楚、有二义性、错误,合同条文间有矛盾; 2. 由于合同文件复杂,分析困难,双方的立场、角度不同,造成对合同权利和义务的范围、界限的划定理解不一致,合同双方对合同理解的差异造成工程实施中行为的失调,造成工程管理失误; 3. 各承包单位责任界面划分不明确,造成管理上的失误,殃及其他合作者,影响整个工程实施
设计、地质资料不准或错误	1. 现场条件与设计图纸不符合,给定的基准点、基准线、标高错误,造成工程报废、返工、窝工; 2. 设计图纸与工程量清单不符或纯粹的工程量错误; 3. 地质条件的变化:工程地质与合同规定不一致,出现异常情况,如未标明管线、古墓或其他文物等
计划不周或不当的指令	1. 各承包单位技术和经济关系错综复杂,互相影响; 2. 下达错误的指令,提供错误的信息; 3. 业主或监理工程师指令增加、减少工程量,增加新的附加工程,提高设计、施工材料的标准,不适当决定及苛刻检查; 4. 非承包商原因,业主或监理工程师指令中止工程施工; 5. 在工程施工或保修期间,由于非承包商原因造成未完成或已完工程的损坏; 6. 业主要求修改施工方案,打乱施工次序; 7. 非承包商责任的工程拖延
不利的自然灾害和不可抗力因素	1. 特别反常的气候条件或自然灾害,如超标准洪水、地下水,地震; 2. 经济封锁、战争、动乱、空中飞行物坠落; 3. 建筑市场和建材市场的变化,材料价格和工资大幅度上涨; 4. 国家法令的修改、城市建设部门和环境保护部门对工程新的建议、要求或干涉; 5. 货币贬值,外汇汇率变化; 6. 其他非业主责任造成的爆炸、火灾等形成对工程实施的内外部干扰

干扰事件是承包商的索赔机会。索赔管理人员是否能及时、全面地发现潜在的索赔机会,是否具有较强的索赔意识,是否善于研究合同文件和实际工程事件,索赔要求是否符合合同的规定等是成功索赔的基础。在实际工程中,相同的干扰事件,有时会导致不同的、甚至完全相悖的解决结果。为了使索赔成功,就必须对干扰事件的影响进行分析,其目的在于定量地确定干扰事件对各施工过程、各项费用,各项活动的持续时间及对总工期的影响,进而准确地计算索赔值。

9.1.3 索赔的作用

索赔的主要作用有以下几点。

① 保障合同的正确实施,维护市场正常秩序。合同一经签订,合同双方即产生权益和义务关系。这种权益受法律保护,这种义务受法律制约。索赔是合同法律效力的具体体现,并且是由合同的性质决定。如果没有索赔和关于索赔的法律规定,则合同形同虚设,对双方都难以形成约束,这样合同的实施得不到保证,就不会有正常的社会经济秩序。索赔能对违约者起警诫作用,使他考虑到违约的后果,以尽力避免违约事件发生;索赔有利于促进合同双方加强内部管理,有助于双方提高管理素质。

② 索赔是落实和调整合同双方经济责权利关系的有效手段,索赔是最终的工程造价合理确定的基础。有权利,有利益,同时就应承担相应的经济责任。谁未履行责任,构成违约行为,造成对方损失,侵害对方权利,则应接受相应的合同处罚,予以赔偿。离开索赔,合同责任就不能体现,合同双方的责权利关系就不平衡。

③ 索赔是合同和法律赋予施工合同当事人的权利。对承包商来说,索赔是一种保护自己、维护自己正当权益、避免损失、增加利润的手段。如果承包商不能进行有效的索赔,不精通索赔业务,往往会使损失得不到合理的、及时的补偿,从而不能进行正常的生产经营,甚至会破产。

④ 索赔有助于我国建筑业从业人员更快地熟悉国际惯例,掌握索赔和处理索赔的方法与技巧,有助于对外开放和对外工程承包的开展。由于索赔的根本目的在于保护自身利益,追回损失(报价低也是一种损失),避免亏本,因此,索赔事件的处理必须坚持客观性、合法性、合理性的原则。不能为追逐利润,滥用索赔,或违反商业道德,采用不正当手段甚至非法手段搞索赔;不能多估冒算,漫天要价;不能以索赔作为取得利润的基本手段;尤其不应预先寄希望于索赔,例如在投标中有意压低报价,获得工程,指望通过索赔弥补损失。

微课
索赔的
分类

9.1.4 索赔的分类

在承包工程中,索赔从不同的角度,按不同的方法和标准,有许多种分类的方法,常见的索赔分类如表9-2所示。

表9-2 索赔分类

类 别	分 类	内 容
按索赔的要求分类	工期索赔(要求延长合同工期)	施工合同中都有工期拖延的罚款条款。如果工程拖延是由承包商管理不善造成的,则他必须接受合同规定的处罚。而对非承包商引起的工期拖延,承包商可以通过索赔,要求延长合同工期,免去对他的合同处罚
	费用索赔(要求经济赔偿)	由于非承包商自身责任造成工程成本增加,承包商可以根据合同规定提出费用赔偿要求
按干扰事件的性质分类	工期拖延索赔	业主未能按合同规定提供施工条件,如未及时交付图纸、技术资料、场地、道路等;非承包商原因业主指令停止工程实施;其他不可抗力因素作用等原因

续表

类　别	分　类	内　容
按干扰事件的性质分类	不可预见的外部障碍或条件索赔	承包商在现场遇到一个有经验的承包商通常不能预见的外界障碍或条件,例如,地质与预计的(业主提供的资料)不同,出现未预见的岩石、淤泥或地下水等
	工程变更索赔	由于业主或工程师指令修改设计、增加或减少工程量,增加或删除部分工程,修改实施计划,变更施工次序等,造成工期延长和费用增加
	工程终止索赔	由于某种原因,如不可抗力因素影响,业主违约,使工程被迫在竣工前停止实施,使承包商蒙受经济损失
	其他索赔	如货币贬值,汇率变化,物价、工资上涨,政策法令变化,业主推迟支付工程款等原因引起的索赔
按索赔的起因划分	业主违约	包括业主和监理工程师没有履行合同责任,不按合同支付工程款;没有正确地行使合同赋予的权利,工程管理失误等
	合同错误	如合同条文不全、错误、矛盾、有二义性,设计图纸、技术规范错误
	合同变更	如双方签订新的变更协议、备忘录、修正案,业主下达工程变更指令
	工程环境变化	包括法律、市场物价、货币兑换率、自然条件的变化等
	不可抗力因素	如恶劣的气候条件、地震、洪水、战争、禁运等
	单项索赔	是针对某一干扰事件提出的。索赔的处理是在合同实施过程中,干扰事件发生时或发生后立即进行,在合同规定的索赔有效期内向监理工程师提交索赔意向书和索赔报告,由工程师审核后交业主,再由业主作答复
	总索赔(又叫一揽子索赔或综合索赔)	国际工程中经常采用的索赔处理和解决方法。一般在工程竣工前,承包商将工程过程中未解决的单项索赔集中起来,提出一份总索赔报告。合同双方在工程交付前或交付后进行最终谈判,以一揽子方案解决索赔问题

9.2　施工索赔的处理

9.2.1　索赔工作程序

一般的,索赔工作分为两个阶段,即内部处理阶段和解决阶段。

一、索赔的内部处理阶段

在干扰事件发生后,承包商必须抓住机会,迅速作出反应。对干扰事件进行调查,分析干扰事件的原因和责任,收集数据,计算索赔值,起草索赔报告。这一阶段包括事态调查(即寻找索赔机会)、干扰事件原因分析、索赔根据(即索赔理由)、损失调查(即干扰事件的影响

267

分析）、收集证据和起草索赔报告。

内部处理阶段的工作主要由合同管理人员或索赔小组完成。整个工作必须在合同规定的有效期内完成。内部处理阶段的工作成效和工作质量对整个索赔至关重要，是承包商项目管理水平的综合体现。

索赔报告是内部处理阶段的最终成果。索赔报告的要求如下：

① 事件真实，证据充分、有效。

② 对原因责任分析应清楚、准确。

③ 索赔要求应有合同文件支持，索赔理由充足。

④ 索赔报告应简洁，条理清楚，各种结论、定义准确，有逻辑性。

⑤ 索赔证据和索赔值的计算应详细和精确。

⑥ 用词要婉转。

二、索赔的解决阶段

承包商在合同规定的时间内向监理工程师和业主提交索赔报告（如果干扰事件持续时间长，则承包商应按监理工程师要求的合理时间间隔，提交中间或阶段索赔报告，并于干扰事件影响结束后的规定的时间内提交最终索赔报告）后，即进入索赔解决。双方通过谈判、调解或仲裁，最终就争执的解决办法达成一致。

三、索赔的工作程序

索赔的工作程序如图 9-1 所示。

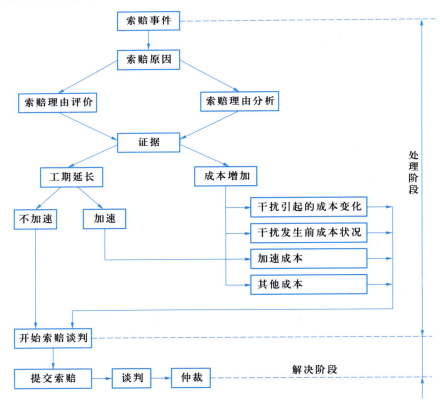

图 9-1　索赔的工作程序

四、索赔报告的一般格式

索赔报告的一般格式如表 9-3 所示。

表 9-3　索赔报告的一般格式

负责人：_____

编号：_____　　　　　　　　　　　　　　　　　　　　日期：_____

索 赔 报 告	
题目	
索赔事件	
索赔理由	
影响	
结论	

五、费用索赔申请表

费用索赔申请表如表 9-4 所示。

表 9-4　费用索赔申请表

工程名称：_____　　　　　　　　　　　　　　　　　　编号：

致：_____　　　　（监理单位）

根据施工合同条款_____条的规定，由于_____的原因，我方要求索赔金额（大写）_____，请予批准。

索赔的详细理由及经过：

索赔金额的计算：

附：证明材料

承包单位：_____

项目经理：_____

日　　期：_____

六、工程临时延期申请表

工程临时延期申请表如表 9-5 所示。

表 9-5   工程临时延期申请表

工程名称：   编号：

致：_____   （监理单位）

根据施工合同条款_____条的规定，由于_____的原因，我方申请工程延期，请予批准。

附件：

1. 工程延期的依据及工期计算

合同竣工日期：

申请延长竣工日期：

2. 证明材料

承包单位：_____

项目经理：_____

日   期：_____

微课
索赔证据

9.2.2   索赔证据

索赔证据是在合同签订和合同实施过程中产生的用来支持其索赔成立或和索赔有关的证明文件和资料。主要有合同资料、日常的工程资料和合同双方信息沟通资料等。索赔证据作为索赔文件的一部分，关系到索赔的成败。证据不足或没有证据，索赔不能成立。证据又是对方反索赔攻击的重点之一。

一般有效的索赔证据具有以下特征：

① 及时性。干扰事件已发生，又意识到需要索赔，就应在有效的时间内收集证据并提出索赔意向。如果拖延太久，将增加索赔工作难度。

② 真实性。索赔证据必须是在实际工程过程中产生，完全反映实际情况，能经得住对方的推敲。

③ 全面性。所提供的证据应能说明事件的全过程。索赔报告中所涉及的干扰事件、索赔理由、影响、索赔值等都应有相应的证据，不能零乱或支离破碎，否则业主将退回索赔报告，要求重新补充证据。

④ 关联性。索赔的证据应当与索赔事件有必然联系，并能够互相说明，符合逻辑，不能互相矛盾。

⑤ 有效性。索赔证据必须有法律证明效力，特别是在双方意见分歧、争执不下时，更要注意这一点。具有法律证明效力的证据应是当时的书面文件。合同变更协议应由双方签署，或以会谈纪要的形式确定。

索赔证据是关系索赔成败的重要文件之一。在合同实施过程中，资料很多，面很广。索赔管理人员需要考虑监理工程师、业主、调解人和仲裁人需要哪些证据，哪些证据最能说明问题，最有说服力。如果拿不出索赔证据或证据不充分，索赔要求往往难以成功或被大打折扣；或者拿出的证据漏洞百出，前后自相矛盾，经不起对方的推敲和置疑，不仅不能促进索赔要求的成功，反而会被对方作为反索赔的证据，使承包商在索赔问题上处于极为不利的地位。因此，收集有效的证据是搞好索赔管理中不可忽视的一部分。在工程过程中常见的索赔证据如表9-6所示。

表 9-6   索赔证据的分类

分　　类	内　　容
合同文件、设计文件、计划	招标文件、合同文本及附件,其他的各种签约(备忘录、修正案等);业主认可的工程实施计划,各种工程图纸(包括图纸修改指令),技术规范等;承包商的报价文件,各种工程预算和其他作为报价依据的资料,如环境调查资料、标前会议和澄清会议资料等
来往信件、会谈纪要	如业主的变更指令、来往信件、通知、对承包商问题的答复信及会谈纪要经各方签署作出决议或决定
施工进度计划和实际施工进度记录	总进度计划;开工后业主的工程师批准的详细的进度计划、每月进度修改计划、实际施工进度记录、月进度报表等;工程的施工顺序、各工序的持续时间;劳动力、管理人员、施工机械设备、现场设施的安排计划和实际情况;材料的采购订货、运输、使用计划和实际情况等
施工现场的工程文件	施工记录、施工备忘录、施工日报、工长或检查员的工作日记、监理工程师填写的施工记录和各种签证等;劳动力数量与分布、设备数量与使用情况、进度、质量、特殊情况及处理;各种工程统计资料,如周报、旬报、月报;本期中及至本期末的工程实际和计划进度对比、实际和计划成本对比和质量分析报告、合同履行情况评价;工地的交接记录(应注明交接日期,场地平整情况,水、电、路情况等);图纸和各种资料交接记录;工程中送停电、送停水、道路开通和封闭的记录和证明;建筑材料和设备的采购、订货、运输、进场、使用方面的记录、凭证和报表等
工程照片	表示工程进度的照片、隐蔽工程覆盖前的照片、业主责任造成返工和工程损坏的照片等
气候报告	如恶劣的天气
验收报告、鉴定报告	工程水文地质勘探报告、土质分析报告;文物和化石的发现记录;地基承载力试验报告、隐蔽工程验收报告;材料试验报告、材料设备开箱验收报告;工程验收报告等
市场行情资料	市场价格,官方的物价指数、工资指数,中央银行的外汇比率等公布材料;税收制度变化如工资税增加,利率变化,收费标准提高
会计核算资料	工资单、工资报表、工程款账单,各种收付款原始凭证,如银行付款延误;总分类账、管理费用报表,计工单,工程成本报表等

9.3   索赔的计算

• 9.3.1   工期索赔的计算

工期索赔的计算最科学的是网络分析法(关键线路法),应用较多的是比例计算法。工期索赔要注意实际记录,干扰事件影响之间常常会有重叠。

一、网络分析法

通过分析干扰事件发生前后的网络计划,对比两种工期计算结果来计算索赔值。它是

微课
工期索赔的计算

一种科学的、合理的分析方法,适用于各种干扰事件的工期索赔。关键线路上工程活动持续时间的拖延,必然造成总工期的拖延,可提出工期索赔,而非关键线路上工程活动持续时间的拖延,如果不影响总工期,则不能提出工期索赔。网络分析法是比较科学的、合理的分析计算方法。

二、比例分析法

网络分析方法必须有计算机的网络分析程序,否则分析极为困难,甚至不可能。在实际工程中,干扰事件常常仅影响某些单项工程、单位工程或分部分项工程的工期,要分析它们对总工期的影响,可以采用更为简单的比例分析方法,即以某个技术经济指标作为比较基础,计算出工期索赔值。

1. 以合同价所占比例计算

① 由于干扰事件导致的工期索赔,总工期索赔值按下式计算:

总工期索赔=(受干扰部分的工程合同价/整个工程合同总价)×该部分工程受干扰工期拖延量

案例1:

在某工程施工中,业主推迟办公楼工程、基础设计图纸的批准,使该单项工程延期10周。该单项工程合同价为80万美元,而整个工程合同总价为400万美元。则承包商提出总工期索赔为:ΔT=(80万美元/400万美元)×10周=2周

② 由于附加工程或新增工程导致的工期索赔,总工期索赔值按下式计算:

总工期索赔=(附加工程量或新增工程量价格/原合同总价)×原合同总工期

案例2:

某工程合同总价380万元,总工期15个月。现业主指令增加附加工程的价格为76万元,则承包商提出总工期索赔为:

$$\Delta T=(76万元/380万元)×15月=3月$$

2. 按单项工程工期拖延的平均值计算

案例3:

某工程有A、B、C、D、E五个单项工程。合同规定由业主提供水泥。在实际施工中,业主没能按合同规定的日期供应水泥,造成工程停工待料。根据现场工程资料和合同双方的通信等证明,由于业主水泥提供不及时对工程施工造成如下影响:

① A单项工程500 m³ 混凝土基础推迟21天。

② B单项工程850 m³ 混凝土基础推迟7天。

③ C单项工程225 m³ 混凝土基础推迟10天。

④ D单项工程480 m³ 混凝土基础推迟10天。

⑤ E单项工程120 m³ 混凝土基础推迟27天。

承包商在一揽子索赔中,对业主材料供应不及时造成工期延长提出索赔如下:

总延长天数:21天+7天+10天+10天+27天=75天

平均延长天数:75天/5=15天

工期索赔值:15天+5天=20天(加5天为考虑它们的不均匀性对总工期的影响)。

比例分析方法计算简单、方便,不需作复杂的网络分析,使用较多。这种分析方法对业主变更工程施工次序,业主指令采取加速措施,业主指令删减工程量或部分工程等不适用。对工程变更,特别是工程量增加所引起的工期索赔,不宜采用比例计算法。工期索赔一般是

由施工现场的实际记录决定的。

9.3.2 费用索赔的计算

微课
费用索赔
的计算

一、费用索赔的原则

费用索赔是整个合同索赔的重点和最终目标。工期索赔在很大程度上也是为了费用索赔。因此,费用索赔的计算方法必须能够为业主、工程师、调解人或仲裁人接受,必须按照如下几个计算原则进行。

① 赔偿实际损失的原则。实际损失包括直接损失和间接损失。

② 合同原则。费用索赔计算方法必须符合合同的规定,在索赔值的计算中扣除承包商自己责任造成的损失和工程承包合同规定的承包商应承担的风险和索赔有效期,并符合合同规定的计算基础、计算方法。

③ 符合规定的或通用的会计核算原则及工程惯例。采用符合人们习惯的、合理、科学的计算方法,并能让业主、监理工程师、调解人、仲裁人接受。

二、费用索赔的种类

(1) 工期拖延的费用索赔。对由于业主责任造成的工期拖延,承包商在提出工期索赔的同时,还可以提出与工期有关的费用索赔。它包括人工费的损失(如现场工人的停工、窝工、低生产效率的损失)、材料费(如承包商订购的材料推迟交货,材料价格上涨)、机械费(台班费和租金)、工地管理费、由于物价上涨引起的费用调整索赔、总部管理费的索赔,以及非关键线路活动拖延的费用索赔。

(2) 工程变更的费用索赔。它包括工程量变更、附加工程、工程质量的变化、工程变更超过限额的处理。在索赔事件中,工程变更的比例很大,而且变更的形式较多。工程变更的费用索赔常常不仅仅涉及变更本身,而且还要考虑由于变更产生的影响,例如,所涉及的工期的顺延,由于变更所引起的停工、窝工、返工、低效率损失等。

(3) 加速施工的费用索赔。它包括人工费、材料费、机械费、管理费等。

(4) 其他情况的费用索赔。如工程中断、合同终止、特殊服务、材料和劳务价格上涨的索赔,拖欠工程款索赔,分包商索赔,由于设计变更及设计错误造成返工,工程未经验收,业主提前使用或擅自动用未经验收的工程等。

三、费用索赔的计算方法

1. 总费用法

总费用法是把固定总价合同转化为成本加酬金合同,以承包商的额外成本为基点加上管理费和利润等附加费作为索赔值。

例如,某工程原合同报价如下:

工地总成本:(直接费+工地管理费)	3 800 000 元
公司管理费:(总成本×10%)	380 000 元
利润:(总成本+公司管理费)×7%	292 600 元
合同价:	4 472 600 元

在实际工程中,由于非承包商原因造成实际工地总成本增加至 4 200 000 元。现用总费用法计算索赔值如下:

总成本增加量:(4 200 000−3 800 000)　400 000 元

总部管理费：(总成本增量×10%)	40 000 元
利润：(仍为7%)	30 800 元
利息支付：(按实际时间和利率计算)	4 000 元
索赔值：	474 800 元

2．分项法

分项法是按每个(或每类)干扰事件，以及这事件所影响的各个费用项目分别计算索赔值的方法。它比总费用法复杂，但比较合理、科学，应用较广。通常在实际工程中费用索赔计算都采用分项法。

分项法计算索赔值，通常分为以下三步：

① 分析每个或每类干扰事件所影响的费用项目。这些费用项目通常应与合同报价中的费用项目一致。

② 确定各费用项目索赔值的计算基础和计算方法，计算每个费用项目受干扰事件影响后的实际成本或费用值，并与合同报价中的费用值对比，即可得到该项费用的索赔值。

实际成本的计算，不但包括直接成本，而且包括附加成本，例如：工地管理费分摊；由于完成工程量不足而没有获得企业管理费；人员在现场延长停滞时间所产生的附加费，如假期、差旅费、工地住宿补贴、平均工资的上涨；由于推迟支付而造成的财务损失；保险费和保函费用增加等。

③ 将各费用项目的计算值列表汇总，得到总费用索赔值。

9.4 索赔的解决

索赔管理不仅是工程项目管理的一部分，而且也是承包商经营管理的一部分。不能积极有效地进行索赔，承包商会蒙受经济损失；进行索赔，或多或少地会影响合同双方的合作关系。而索赔过多过滥，会损害承包商的信誉，影响承包商的长远利益。索赔的解决应遵循客观性原则、合法性原则和合理性原则。

9.4.1 索赔的解决方法

争执的解决有各种途径，包括和解、调解、仲裁和诉讼。这完全由合同双方决定。索赔的解决方法一般受争执的额度、事态的发展情况、双方的索赔要求、实际的期望值、期望的满足程度、双方在处理索赔问题上的策略(灵活性)等因素影响。

一、和解

和解即双方私了。合同双方在互谅的基础上，按照合同规定自行协商，通过摆事实讲道理，弄清责任，共同商讨，互作让步，使争执得到解决。

和解是解决任何争执首先采用的最基本的，也是最常见的、最有效的方法。其特点是：简单，时间短，针对性强，能避免问题的扩大化和复杂化，避免当事人把大量的精力、人力、物力放在诉讼活动中，有利于双方的团结合作协作，便于协议的执行。由承包商向监理工程师递交索赔报告，对业主提出的反驳、不认可或双方存在的分歧，可以通过谈判的方式弄清干扰事件的实情，按合同条文辨明是非，确定各自责任，经过友好磋商、互作让步，最终解决索赔问题。这种解决办法通常对双方都有利，为将来进一步友好合作创造条件。

和解必须坚持合法、自愿、平等和互谅互让的原则进行。在和解过程中，即要认真分清责任,分清争执产生的真正原因,又要互相谅解,以诚相待;既要坚持原则,杜绝假公济私,又要注意把握和解的技巧,争取及时解决,以免争执的扩大化。

二、调解

调解是指在合同争执发生后,在第三人的参加和主持下,对双方当事人进行说服、协调和疏导工作,使双方当事人互相谅解并按照法律的规定及合同的有关约定达成解决合同争执的协议。

如果合同双方经过协商谈判不能就索赔的解决达成一致,则可以邀请中间人进行调解。调解人可以是监理工程师、工程专家、法律专家,或双方信任和认可的人,也可以是由合同管理机关、工商管理部门、业务主管部门等作为调解人,还可以通过仲裁或司法进行调解(在仲裁或诉讼过程中,首先提出调解,双方就合同争执进行平等协商,自愿达成调解协议)。

调解在自愿的基础上进行,其结果无法律约束力。调解必须按公正、合理、合法的原则进行。

当事人不愿和解、调解或者和解、调解不成的,双方可以用下面的方式解决争议。

三、仲裁或诉讼

① 合同双方达成仲裁协议的,向约定的仲裁委员会申请仲裁。在我国,仲裁实行一裁终局制度。裁决作出后,当事人若就同一争执再申请仲裁,或向人民法院起诉,则不再予以受理。

② 向有管辖权的人民法院起诉。

动画
索赔的解决程序

9.4.2　索赔的解决程序

首先承包商提出索赔,将索赔报告提交业主委托的监理工程师,经监理工程师检查、审核,再交业主审查。如果业主和监理工程师不提出疑问或反驳意见,也不要求补充或核实证明材料和数据,或在规定的期限内不作答复,则表示业主和监理工程师认可,索赔成功;如果业主(监理工程师)不认可,全部地或部分地否定索赔报告,不承认承包商的索赔要求,则产生了索赔争执。

按照我国《建设工程施工合同》(示范文本)(GF—2013—0201)的规定,发生索赔事件后承包人可按下列程序以书面形式向发包人索赔。

① 索赔事件发生后28天内,向监理人发出索赔意向通知。

② 发出索赔意向通知后28天内,向监理人提出延长工期和(或)补偿经济损失的索赔报告及有关资料。

③ 监理人在收到承包人送交的索赔报告和有关资料后,于28天内给予答复,或要求承包人进一步补充索赔理由和证据。

④ 监理人在收到承包人送交的索赔报告和有关资料后28天内未予答复或未对承包人作进一步要求,视为该项索赔已经认可。

⑤ 当该索赔事件持续进行时,承包人应当阶段性向工程师发出索赔意向,在索赔事件终了后28天内,向监理人送交索赔的有关资料和最终索赔报告。索赔答复程序与上述的③、④规定相同。

FIDIC合同条件规定的索赔程序如图9-2所示。

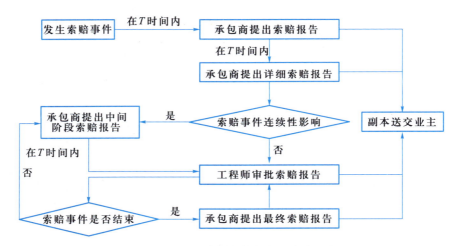

图 9-2　FIDIC 合同条件规定的索赔程序
注：T 指 28 天或工程师指定的时间。

微课
监理工程师对索赔的管理

9.5　业主（监理工程师）对索赔的管理及反索赔

9.5.1　监理工程师对索赔的管理

一、监理工程师的索赔管理任务

索赔管理是监理工程师工作中的主要任务之一，即通过有力的合同管理防止干扰事件的发生，也即防止了索赔事件的发生根源。其基本目标是：从工程的整体效益角度出发，尽量减少索赔事件的发生，降低损失，公平合理地解决索赔问题。

具体来说，监理工程师的索赔管理任务包括以下几点。

① 预测导致索赔的原因和可能性。

② 通过有效的合同管理减少干扰事件的发生。

③ 公正地处理索赔事件。

二、监理工程师索赔管理的主要工作

监理工程师在索赔管理中的主要任务是针对由业主或监理工程师原因引起的索赔，如业主未按时提供施工图纸，未解决征地拆迁、支付工程款，施工过程中出现的工程变更、工程暂停等，其具体可以采取以下措施：

① 在项目开始前，按程序办事，做好充分的准备工作。避免由于业主方项目准备不充分，违反招标程序，在资金不到位、设计未完成、征地、拆迁等问题未解决的情况下匆忙开工而导致承包商的停工、窝工及机械设备的闲置等损失，而被承包商索赔。

② 起草周密完备的招标文件。招标文件是承包商投标报价的依据。如果招标文件中有不完善的地方，就可能会造成干扰事件的发生。所以，监理工程师在起草招标文件时，应当保证资料齐全准确，合同条件的内容完备详细，合同条款和技术文件正确清晰，各方权利、责任和风险划分公平合理。

③ 为承包商确定合同状态提供帮助。承包商在获取招标文件后，监理工程师应当积极加强与承包商之间的沟通，让承包商充分了解工程环境、业主要求，以编制合理、可靠的投标文件，对承包商提出的疑问及时予以详细的解答，对招标文件中出现的问题、错误及时发出

指令予以纠正,以消灭今后工作中的索赔事件的隐患。

④ 恰当地选择承发包模式和划分标段。

⑤ 完善承包合同条款。在不违反公平原则的条件下,可以通过附加条款对合同某些条款进行补充。

⑥ 加强合同管理和质量管理,减少承包商之间的施工干扰,保证承包合同正常履行;正确理解合同,正确行使自己的权利,减少合同纠纷;加强对干扰事件的控制;公平、合理地处理索赔。监理工程师在施工中应强化质量跟踪,预防、避免或减少由于抽样检查或工程复查引起的索赔。做好监理记录,发现索赔问题及时处理。

⑦ 不断提高自身业务素质,减少工作过程中的错误指示,增强工作责任心,提高管理工作水平。

对由非业主(或监理工程师)原因引起的索赔,如一个有经验的承包商无法预见的外界障碍、不可抗力等不以人的意志为转移引起的索赔,一般情况下监理工程师或业主主要抓善后处理、补偿和赔偿等工作。

9.5.2　监理工程师对索赔的审查

一、加强对承包商索赔报告的审查

1. 审查承包商索赔的有效性

业主或监理工程师首先应当检查承包商是否按照合同规定,在规定的期限内提交索赔意向通知,是否在规定的期限内提交正式的索赔报告。如果承包商未能在规定的期限内递交索赔文件,业主或监理工程师有权对承包商的索赔加以拒绝。

2. 审查承包商提交的索赔证据

业主或监理工程师对索赔报告的审查,首先是判断承包商的索赔要求是否有理有据。所谓有理,是指索赔要求与合同条款或有关法律法规相吻合,受到的损失承包商自己是否应承担一定的责任。有据,是指提供的证据能够使索赔要求成立。承包商必须提供足够的证据材料(包括施工方面和财务方面),才能使索赔具有说服力。如果承包商提供的证据不充分,监理工程师有权要求其进一步提交证据材料,甚至驳回索赔要求。

3. 审查工期顺延请求

首先,监理工程师要针对每一项导致工期延误的干扰事件进行认真分析,明确划分进度拖延责任。

只有非承包商责任的原因引起的施工延误,工期才能够顺延。对双方均有责任的延误,必须认真分析各自应承担的责任,以及各方干扰对工期造成的影响,分清责任比例,保证索赔客观合理。

4. 审查费用索赔请求

与审查工期索赔请求一样,监理工程师应当正确划分责任原因。除此之外,还要审查承包商提出的索赔费用项目构成是否合理,索赔取费是否准确,费用索赔值计算是否科学。

二、反驳承包商不合理索赔

监理工程师在对索赔报告进行详细审查后,对承包商依据不清或者证据不充分的索赔报告,要求承包商进一步予以澄清;同时,对不合理的索赔,或者索赔报告中的不合理部分进行反驳,加以拒绝。

这就需要监理工程师随时掌握工程实施动态,保存好与工程实施有关的全部文件资料,特别是应当有自己独立收集的工程监理资料,从而对承包商的索赔要求作出正确评估,拒绝其不合理的索赔,确定其合理部分,使得承包商得到合理补偿。

三、督促业主认可承包商的合理索赔

对于经过审核认为合理的索赔,监理工程师应作出索赔处理意见,提交给业主,并对业主作出详细说明,在保证业主不增加不合理的额外支付的前提下,说服业主批准经监理工程师审核的承包商的索赔报告,并在工程进度款中及时加以支付,以显示其在监理工作中的公正性。

四、协调双方的关系

根据监理工程师的处理意见,业主审查、批准承包商的索赔报告。但业主也可能会否定或者部分否定承包商的索赔要求,从而产生争执。此时,监理工程师应当做好双方矛盾的协调工作,耐心向业主陈述自己处理承包商索赔要求的原则及其依据,同时要求承包商作出进一步的解释和补充有关证据。三方就索赔的解决进行磋商,对能够达成一致意见的,承包商可以在工程进度款中获得支付;对存在较大分歧,且双方均不肯作出让步的,可以按照合同约定的争执的处理办法解决,监理工程师应当作为项目参加者,提供真实客观的证据材料,以保证争执能够得到及时公正的解决。

9.5.3 业主反索赔

业主反索赔是指业主向承包商所提出的索赔,由于承包商不履行或不完全履行约定的义务,或是由于承包商的行为使业主受到损失时,业主为了维护自己的利益,向承包商提出的索赔。业主对承包商的反索赔还包括对承包商提出的索赔要求进行分析、评审和修正,否定其不合理的要求,接受其合理的要求。

索赔管理的任务包括追索损失和防止损失。追索损失主要通过索赔手段进行,而防止损失主要靠反索赔进行。合同实施过程中,合同双方都在进行合同管理,都在寻找索赔机会。一旦干扰事件发生,都在企图推卸自己的合同责任,都在企图进行索赔。不能进行有效的反索赔,同样要蒙受损失,所以反索赔与索赔有同等重要的地位。

一、反索赔的意义

反索赔对合同双方有同等重要的意义,主要表现在以下几方面。

① 反索赔可以减少和防止损失的发生,它直接关系到工程经济效益的高低。如果不能进行有效的反索赔,不能推卸自己对干扰事件的合同责任,则必须满足对方的索赔要求,支付赔偿费用,致使自己蒙受损失。

② 不能进行有效的反索赔,处于被动挨打的局面,会影响工程管理人员的士气,进而影响整个工程的施工和管理。

③ 索赔和反索赔是不可分离的。不能进行有效的反索赔,同样也不能进行有效的索赔。

二、反索赔的内容和措施

反索赔的内容包括防止对方索赔和反击对方索赔。防止对方索赔,首先要防止自己违约,要按合同办事。当干扰事件一经发生,就应着手研究,收集证据,一方面作索赔处理,另一方面又准备反击对方的索赔。反击对方索赔就是要找出对方索赔事件的薄弱点,收集证据进行反击。

最常见的反击对方索赔的措施有以下两个。

① 用索赔对抗索赔,使最终解决双方都作让步,互不支付。

② 反驳对方的索赔报告,找出理由和证据,证明对方的索赔报告不符合事实情况、不符合合同规定、没有根据、计算不准确,以推卸或减轻自己的赔偿责任,使自己不受或少受损失。

在实际工程中,这两种措施都很重要,常常同时使用。索赔和反索赔同时进行,即索赔报告中既有索赔,也有反索赔;反索赔报告中既有反索赔,也有索赔。攻守手段并用会达到很好的索赔效果。

反索赔的基本原则必须以事实为根据,以合同为准绳,实事求是地认可合理的索赔要求,反驳、拒绝不合理的索赔要求,按合同法原则公平合理地解决索赔问题。

三、业主对承包商履约中的违约责任进行索赔

根据《建设工程施工合同》(示范文本)(GF—2013—0201)的规定,因承包方原因不能按照协议书约定的竣工日期或监理工程师同意顺延的工期竣工,或因承包方原因工程质量达不到协议书约定的质量标准,或因承包方不履行合同义务或不按合同约定履行义务的情况,承包方均应承担违约责任,赔偿因其违约给业主造成的损失。施工过程中业主反索赔的主要内容如下。

(1)施工责任反索赔

当承包商的施工质量不符合施工技术规程的要求,或在保修期未满以前未完成应该负责修补的工程时,业主有权向承包商追究责任。如果承包商未在规定的时限内完成修补工作,业主有权雇佣他人来完成工作,发生的费用由承包商负担。

(2)工期延误反索赔

在工程项目的施工过程中,由于承包商的原因,使竣工日期拖后,影响到业主对该工程的利用,给业主带来经济损失时,业主有权对承包商进行索赔,即由承包商支付延期竣工违约金。业主在确定违约金的费率时,一般要考虑以下因素。

① 业主盈利损失。

② 由于工期延长而引起的贷款利息增加。

③ 工程拖期带来的附加监理费。

④ 由于本工程拖期竣工不能使用,租用其他建筑物时的租赁费。

至于违约金的计算方法,在每个合同文件中均有具体规定。一般按每延误一天赔偿一定的款额计算,累计赔偿额一般不超过合同总额的10%。

(3)对超额利润的索赔

如果工程量增加很多(超过有效合同价的15%),使承包商预期的收入增大,因工程量增加承包商并不增加任何固定成本,合同价应由双方讨论调整,收回部分超额利润。由于法规的变化导致承包商在工程实施中降低了成本,产生了超额利润,应重新调整合同价格,收回部分超额利润。

(4)对指定分包商的付款索赔

在工程承包商未能提供已向指定分包商付款的合理证明时,业主可以直接按照监理工程师的证明书,将承包商未付给指定分包商的所有款项(扣除保留金)付给该分包商,并从应付给承包商的任何款项中如数扣回。

(5)承包商不履行保险费用的索赔

如果承包商未能按合同条款指定的项目投保,并保证保险有效,业主可以投保并保证保

险有效,业主所支付的必要的保险费可在应付给承包商的款项中扣回。

（6）业主合理终止合同或承包商不正当地放弃工程的索赔

如果业主合理地终止承包商的承包,或者承包商不合理地放弃工程,则业主有权从承包商手中收回由新的承包商完成工程所需的工程款与原合同未付部分的差额。

（7）其他索赔

由于工伤事故给业主方人员和第三方人员造成的人身或财产损失的索赔,以及承包商运送建筑材料及施工机械设备时损坏了公路、桥梁或隧洞,道桥管理部门提出的索赔等。

四、业主对承包商所提出的索赔要求进行评审、反驳与修正

反索赔的另一项工作就是对承包商提出的索赔要求进行评审、反驳与修正。审定过程中要全面参阅合同文件中的所有有关合同条款,客观评价、实事求是、慎重对待。对承包商的索赔要求不符合合同文件规定的,即被认为没有索赔权,而使该项索赔要求落空。但要防止有意地轻率否定的倾向,避免合同争端升级。

业主对承包商提出的索赔要求进行评审、反驳与修正时应注意以下几点。

① 索赔是否具有合同依据,索赔报告中引用索赔理由是否充分。凡是工程项目合同文件中有明文规定的索赔事项,承包商均有索赔权,即有权得到合理的费用补偿或工期延长;否则,业主可以拒绝这项索赔要求。如果论证索赔权漏洞较多,缺乏说服力。在这种情况下,业主和监理工程师可以否决该项索赔要求。

② 索赔事项的发生是否为承包商的责任,是否属于承包商的风险范畴。凡是属于承包商方面原因造成的索赔事项,业主都应予以反驳拒绝,采取反索赔措施;凡是属于双方都有一定责任的情况,要分清谁是主要责任者,或按各方责任的后果,确定承担责任的比例。在工程承包合同中,业主和承包商都承担着风险,甚至承包商的风险更大些。对于属承包商合同风险的内容,如一般性的天旱或多雨,一定范围内的物价上涨等,业主一般不会接受索赔要求。

③ 在索赔事项初发时,承包商是否采取了有效的控制措施,防止事态扩大,尽力挽回损失。如有事实证明承包商在当时未采取任何措施,业主可拒绝承包商要求的损失补偿。

④ 认真核定索赔款额,肯定其合理的索赔要求,反驳或修正不合理的索赔要求。业主和监理工程师要对承包商提出的索赔报告进行详细审核,对索赔款的各个组成部分逐项审核、查对单据和证明文件,通过检查,使索赔款额更加可靠和准确。

五、反索赔的程序

反索赔的程序如图 9-3 所示。

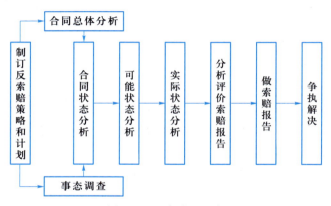

图 9-3　反索赔的程序

9.6 索赔案例

案例1：

P 公司通过投标承包一项污水管道安装工程。铺设路线中有一处需要从一条交通干线的路堤下穿过。在交通干线上有一条旧的砖砌污水管，设计的新污水管要从旧管道下面穿过，要求在路堤以下部分先做好导洞，但招标单位明确告知没有任何有关旧管道的走向和位置的准确资料，要求承包商报价时考虑这一因素。

施工时，当承包商从路堤下掘进导洞时，顶部出现塌方，很快发现旧的污水管距导洞的顶部非常近，并出现开裂，导洞内注满水。P 公司遂通知监理工程师赴现场处理，监理工程师赴现场后当即口头指示承包商切断水流，暂时将水流排入附近 100 m 远的污水管检查井中，并抽水修复塌方。

修复工程完毕，承包商向其保险公司索赔，但遭到保险公司的拒绝。理由是发生事故时，承包商未曾通知保险公司。而且保险公司认定事故是因设计错误引起的，因为新污水管离旧污水管太近。如果不存在旧污水管，则不会出现事故。因此，保险公司认定应由设计人承担或者由业主或监理工程师来承担责任，因为监理工程师未能准确地确定污水管的位置。总之，保险公司认定该事故不属于第三者责任险的责任范围。

于是 P 公司遂向监理工程师提出了上述数额的索赔报告。其索赔的动因如下。

① 设计错误造成塌方。

② 工程师下达的指令构成变更令，修复塌方属于额外工作。

该索赔报告又遭到监理工程师的拒绝，理由如下。

① 工程师下达的命令不属于工程变更令，承包商为抢救而付出的工作是为了弥补自己的过失，属于其合同义务。

② 新管道的设计位置在旧管道之下 2 m，承包商有足够的空间放置足以支撑地面压力的导洞支撑。

③ 招标单位在招标时已经告知没有关于旧管道走向及位置的详细资料，承包商在报价时已经考虑到这一因素。

双方经过协商无效，遂诉诸仲裁，结果承包商败诉。

【评析】

根据本案例反映的情况，承包商无疑是受害者，是牺牲品。按客观情况，他完全有权获得补偿或赔偿。但问题出在承包商自己身上。我们既不能责怪保险公司无情，也不能指责业主方面无赖。只能怪承包商自己无主见，在处理事故时没有考虑将来的索赔问题，致使责任方互踢皮球，推卸责任。

如果在事故发生时，承包商认定该事故属于第三者责任险的责任范围，他应立即通知保险公司赴现场察看，在保险索赔报告中强调保险事故，不提工程设计或监理工程师下达指示问题，堵住保险公司推卸责任的后路，则保险索赔很可能成功。

或者，如果 P 公司认定向业主索赔，则在事故修复后立即要求工程师出面确认其关于抢救的口头指示，或者在事故发生前即致函监理工程师指出可能会发生的风险，事故发生后要求监理工程师下达指令切断水流。这样该抢救修复工作指令即有可能被视为变更指令，从而成为索赔依据。

第三种办法是致函工程师,指出该事故系有经验的承包商无法预见的,尽管招标时业主方面已告知没有任何有关旧管道的走向和位置的准确资料,但投标时承包商无法获取地下埋藏物的资料,也没有义务获取之。承包人只能根据地面和基土情况作出判断。从这方面着手同样可以获得索赔的成功。

总之,承包商在事故发生时就应该想到将来应向谁索赔,认定索赔对象,早作准备,不应等到最后盲目索要,以致被责任方推来推去,最后白白作出重大牺牲。

案例 2:

C 公司在某国承包一条公路项目。合同总额为 981 万美元,工期 24 个月。监理工程师来自英国的一家权威咨询公司。合同以 FIDIC 条款 1977 年第三版为基础。

合同实施期间,恰逢该国与邻国发生争端,邻国单方面关闭边境,停止向该国提供燃油。由于该国地处内陆,无法通过其他途径获得燃油,致使该工程停工 9 个多月。C 公司根据合同管理条款,充分利用一切可能的手段,据理索赔。经过一年多的艰难交涉,最后索赔成功。索赔金额达 429 万美元,占原始合同额的 44%,索赔工期 29 个月。

C 公司采取的做法归纳起来有以下 11 个方面。

① 充分利用合同条款确立索赔的理论依据。

C 公司援引合同条款:"在工程施工过程中,如果遇到一个有经验的承包商在报价和编制标书时无法合理预见到的外界和人为障碍,承包商可以根据 FIDIC 条款的第 52(5)款向业主提出索赔,或者要求咨询工程师按第 40(1)款发出暂时停工令,追加额外费用。"C 公司致函业主指出:燃油危机系有经验的承包商所无法预见的人为障碍。因为合同缔结前,没有任何迹象表明两国之间潜伏争端进而导致关闭边境的因素。咨询公司和业主对此均无异议。

不仅如此,C 公司还援引合同的第 13(1)款:"承包商应严格按合同施工直至竣工,以达到咨询工程师的满意为标准,除非在法律上和实际上无法做到。"根据这一条款及 FIDIC 第 66 条,C 公司致函业主指出:燃油危机系发生于签约之后的重大风险事件,致使合同履行中途受阻。因为没有燃油,承包商无法施工。这一事件构成了"实际上做不到"的例外情况,因此要求业主按雇主风险处理。

② 利用客观事实赋予的终止合同的权利促成巨额索赔。由于燃油危机致使合同实施成为不可能。这种情况下,承包商有权要求终止合同,并向业主索取损失赔偿。C 公司深知业主不愿以雇主风险为由终止合同,因而有意提出终止合同的要求。在业主不同意终止合同的情况下,C 公司再提出索赔要求,而且索要数目超出一般正常情况的标准。业主无奈,只好同意 C 公司的要求。这里 C 公司充分运用了知己知彼的原则,先让对方认识到事情的严重后果,而后再提出对方再也无法拒绝的要求,做到了有理有利有节,给对方留有选择的余地,避免出现不可收拾的僵局。

③ 利用风险扩大收益。工程承包本是一项风险事业。但风险在许多情况下是可以利用的。所谓投机风险就属于这种情况。C 公司对燃油危机风险经过认真分析,认定所面临的风险是可以为其所用。因此,C 公司致函甲方指出:业主国与邻国的紧张关系及邻国封锁边境已构成敌对行为的事实,使合同实施的必备条件不复存在,阻碍了承包商的正常履约。这是谁也不可否认的客观事实,适用 FIDIC 条款第 12、52(5)、65(5)所述情况。业主和咨询工程师都无法否认。这样,经济索赔就有了理论基础。

④ 积极创造索赔条件。不少承包商在碰到类似情况时常常消极等待对方解决困难,或者是发牢骚、提抗议,很少想到如何利用这些不利因素改变不利环境。C 公司所持的态度则不然。他们积极主动地为索赔创造条件。

燃油危机发生后,他们立即多次致函咨询工程师要求其下达停工令,以此作为经济索赔及下步工作的法律依据。C 公司致函指出:由于现场的客观形势导致无法施工,这种情况下,如果咨询公司不下达停工令,势必造成所有人员、设备和材料等耗在工地,而且不可预见费用还将继续发生,这样将不可避免地加大业主的损失,其后果只能是进一步加大业主的赔偿金额。为了项目本身和业主、承包商双方的利益,咨询公司应当及时下达停工令。

C 公司的致函无懈可击,咨询工程师只好下达了停工令。这样,C 公司就为以后的索赔确立了合法的动因。

⑤ 依据 FIDIC 条件,严格计算停工时间进而要求删除难度大效益低的部分工程,一旦停工期超过 90 天,C 公司立即致函咨询公司指出停工期已超过合同允许的正常停工期(90天)。如果现场仍不具备复工条件,承包商有权要求支付赔偿。显然,在燃油危机未得到解决的情况下,复工是不可能的。因此,咨询公司没有理由要求承包商复工。按照 FIDIC 条款第 69 条,当停工超过 118 天时,承包公司有权要求业主支付违约赔偿。C 公司在停工后第119 天即致函业主要求按业主违约终止合同,业主当然不会同意。于是 C 公司即提出对原合同工程进行部分删除,要求删除那些难度大效益低的工程部分,仅保留利润丰厚的工程部分。业主当然拒绝这一要求。

当业主在处境被动又拒绝承包商的合理要求时,承包商自然获得了提出进一步要求的机会。于是 C 公司指出:鉴于原合同工程停工期超过 118 天,原合同报价应视为无效。如果业主仍然要求承包商继续实施原合同工程,承包商便有权要求调整有关单价。而且这种要求合情合理,任何人也无由拒绝。

⑥ 迫使咨询公司确认事实。C 公司及时地运用 FIDIC 条款赋予承包商的合法权利,十分注重保护自己的利益。

FIDIC 条款第 51(2)款明文规定:若遇咨询工程师对所发生的事件不给予书面确认,承包商可以在 7 天之内致函咨询工程师书面确认之。如果工程师在 14 天之内对这一确认不做书面反驳,则承包商的书面确认即被认为是咨询工程师的指令。

燃油危机发生后,工程实际上业已停工,但咨询工程师拖而不发停工令。C 公司遂主动致函咨询公司指出工程因无燃油而实际已经全面停工。咨询公司鉴于停工已是客观事实,对 C 公司的致函未予反驳。14 天后,承包商的致函自然被视为已得到咨询工程师的确认,索赔自然具备了基础。

⑦ 据理要求延长工期。根据合同的一般条款,咨询工程师确认延长工期,承包商即享有获得补偿延期管理费的合法权益。如果业主或咨询工程师无理拒绝延期,承包商有权为此索赔赶工费。

由于合同执行期间发生了各种可导致承包商要求延长工期的客观事件如燃油危机、罢工、骚乱及业主征地延误等,C 公司在发生每例上述事件的时刻都及时致函咨询工程师,指出所发生的事件对工程实施所产生的阻碍作用,并根据各种不同事件分别要求给予延长工期。不过,C 公司在致函要求延长工期时并不马上要求给予经济赔偿,因而很快获得咨询公司的同意。C 公司总共获准延长工期 29 个月。

延长工期索赔成功自然为费用索赔奠定了基础。

⑧ 坚持做好施工日志,及时提交索赔详细清单和依据。索赔能否成功不仅取决于动因是否合法,更离不开依据。C 公司在履约期间,每天都坚持做好施工日志,并随时交咨询工程师认可和签字。这样,每日发生的事件均记录在案。不仅如此,C 公司还每月都整理并提交索赔报告,所列事件均有据可依,避免了一次算总账给人造成刺激,也没有给人以借机敲诈的印象。咨询工程师和业主都觉得 C 公司所提索赔合乎情理。虽然很不情愿支付赔偿,但最终还是一一答应了。

⑨ 坚持要求业主支付拖期付款利息。根据双方签订的合同,业主向承包商的付款期限定为 60 天。C 公司在收取进度款时总是强调交付期。每当业主付款误期,C 公司立即致函指出该项付款延误的时日,列出根据合同规定应支付承包商的拖期付款的利息数目,并列入每次的索赔报告中。

由于合同中明文规定了业主的付款期限,而拖期付款又是不可否认的事实,虽然每次拖延的天数并不太多,但由于工期长,付款次数多,因此累计拖期利息便相当可观,对于这一事实,业主和工程师均不否认。

⑩ 利用对方弱点,充分发挥自己的优势。在合同洽谈阶段,C 公司坚持采用较公正的国际通用的联合国国际贸易仲裁规则 UNCITRAL。当合同双方为索赔款发生分歧时,、C 公司明确告知业主不接受监理工程师裁决的款额,提出付诸国际仲裁,同时请好国际名律师准备出庭。由于业主理亏,担心提交仲裁败诉,提出希望与 C 公司友好协商解决争端。与此同时,C 公司又借助外交手段,请求其使馆有关官员出面活动,从而使对方接受了其索赔款额,且保持了良好的合作关系,没有因索赔而伤了感情。

⑪ 对咨询公司柔中有刚。咨询公司在工程承包合同的履行期间举足轻重。虽然合同中业主对咨询公司的权利有种种限制,但咨询公司毕竟是受业主聘用,在多数情况下是维护业主利益的。C 公司深知这一点,在同咨询工程师打交道过程中特别注意同其搞好关系。但是在原则问题上,特别是维护自身的利益方面,他们毫不退让。C 公司很清楚,FIDIC 条款中明文规定咨询公司要行为公正。如果咨询公司因行为不公正,办事不公道而与承包商闹翻,传扬出去对咨询公司的信誉影响甚大。因此,C 公司抓住其弱点,在原则问题上态度坚决,毫不迁就,但又不把关系搞僵。通过长时间的反复交涉,终于说服了咨询公司,进而使业主接受其全部索赔要求,取得了索赔的重大成功。

【评析】

这是一个很成功的索赔案例,很值得承包商借鉴。其成功经验可归纳为以下六点。

① 承包商具有丰富的国际工程承包经验,熟悉国际惯例和 FIDIC 条款,精通国际工程承包的惯常做法及对有关问题的处理原则。

② 承包商的经营意识强。从合同的缔结直至履行完毕,承包商始终追求扩大经济效益这一根本目的,一切活动都为了实现这一根本目标。他们不是等到事情发生了再来想办法,更不是等到工程结束再向甲方索要,而是在事件发生前就考虑应采取的措施,走在时间前面,积极主动地研究利用和控制风险的办法。

③ 善于利用风险,摆脱困境,变被动为主动,利用风险谋取效益。他们针对客观存在的风险事实,及时采取对策,主动要求咨询公司下达停工令,一步一步地取得索赔依据。

④ 法律观念强。时时处处以法律为依据,善于从合同条款中寻找可为己利用的依据。

签约时,他们特别注意合同条款与现实情况的对照,做到进攻有后劲,退却有防线,言出有据,索要有力。

⑤ 善于处理合同当事人之间的关系,有理有利有节。对业主和咨询公司很注意方法,柔中有刚,既不一味迁就,也不无休止地索要,办事始终留有余地。

⑥ 善于以己之长克人之短,抓住对方的弱点,发挥自己的优势。他们针对业主理亏心虚,提出诉诸仲裁,先从气势上压倒对方;同时又充分利用两国友好关系这一大的背景,利用适当的外交手段做配合,使业主既接受其要求,又能在上级主管部门面前好交代。

作为一个承包商,能否巧妙地渡过危机、利用风险,应变能力强不强,十分重要。如果 C 公司不具备上述优势,就只能成为风险的牺牲品。

案例 3：

某工程系一条道路和跨越公路的人行天桥,合同总价为 400 万美元,工期为 20 个月。施工中由于图纸错误,监理工程师通知一部分工程暂停,待图纸修改后再继续施工;后来又由于原有高压输电线须等待电业部门迁线后才能施工,因此也有延误。另外还由于增加 12 万美元的额外工程使工期延长。承包商对此三项延误提出工期和费用索赔。

承包商的计算结果如下。

① 因图纸错误致使 3 台设备停工 1.5 个月,造成以下损失。

汽车吊:	45 美元/台班×2 台班/日×37 工作日＝3 330 美元
大型空压机:	30 美元/台班×2 台班/日×37 工作日＝2 220 美元
辅助设备:	10 美元/台班×2 台班/日×37 工作日＝740 美元
小计:	6 290 美元
现场管理费:	6 290 美元×12%＝754.80 美元
总部管理费:	6 290 美元×7%＝440.30 美元
利润损失:	6 290 美元×5%＝314.50 美元
合计:	7 799.60 美元

② 高压输电线迁移延误 2 个月,造成以下损失。

a. 现场管理费:

(总标价/计划工期月数)×12%×2＝(4 000 000/20)×12%×2 美元＝48 000 美元

b. 总部管理费:

(总标价/计划工期月数)×7%×2＝(4 000 000/20)×7%×2 美元＝28 000 美元

c. 利润损失

(总标价/计划工期月数)×5%×2＝(4 000 000/20)×5%×2 美元＝20 000 美元

本项损失合计:　　　　　96 000 美元

③ 增加额外工程致使工期延长 1.5 个月,要求补偿如下费用。

a. 现场管理费:

(总标价/计划工期月数)×12%×1.5＝(4 000 000/20)×12%×1.5 美元＝36 000 美元

b. 总部管理费:

(总标价/计划工期月数)×7%×1.5＝(4 000 000/20)×7%×1.5 美元＝21 000 美元

c. 利润:

(总标价/计划工期月数)×5%×1.5＝(4 000 000/20)×5%×1.5 美元＝15 000 美元

本项合计：　　　　　72 000 美元

索赔总额：7 799.60 美元+96 000 美元+72 000 美元=175 799.60 美元

经过监理工程师和计量员检查和讨论，原则同意这三项索赔，但在计算方法上有分歧。监理工程师的计算如下。

① 图纸错误致使设备停工，不能按台班费计算，只能按租赁费或折旧率计价，故只同意给予 5 200 美元。

② 高压线迁移延误 2 个月造成损失补偿如下。

a. 现场管理费补偿：

扣除利润、总部管理费及现场管理费×现场管理费率×延误的工期月数

=4 000 000÷1.05÷1.07÷1.12×12%÷20×2 美元=38 146 美元

b. 总部管理费和利润。监理工程师以合同工期没有因此而延误为由，拒绝增补这两笔款项。

c. 额外工程管理费。监理工程师认为：增加的工程已按工程量表中的单价付款，按投标书的计价方法，这个单价已经包括现场管理费、利润和总部管理费。因此，工程师不同意另外补偿展延工期的全部费用。

工程师认为：虽然额外工程增加所需的实际时间是 1.5 个月，但所增加的工程量较原始合同工程量及相应工期相比，应为 0.6 个月，即增加的工程量仅占原始合同工程量3%，就是说按工程量表中单价付款时，该 0.6 个月的管理费和利润等均已计入合同单价中，额外工程虽然给了 1.5 个月，但应扣除按单价付款中包括的 0.6 个月的管理费和利润，因此额外工程的管理费和利润增加部分应按 1.5-0.6=0.9 个月计算，故：

现场管理费补偿：

(4 000 000÷1.05÷1.07÷1.12×0.12÷20)×0.9 美元=17 165.75 美元

总部管理费：

现场管理费补偿×总部管理费率=17 165.75×0.07 美元=1 201.6 美元

利润：(现场管理费+总部管理费)×利润率=(17 165.75+1 201.6)×0.05 美元=918.4 美元

本项索赔合计：17 165.75 美元+1 201.6 美元+918.4 美元=19 285.75 美元

以上三项索赔费总计：5 200 美元+38 146 美元+19 285.75 美元=62 631.75 美元

承包商与监理工程师各自计算的索赔费用相差：

175 799.60 美元-62 631.75 美元=113 167.85 美元

【评析】

承包商和监理工程师采取不同的索赔计价方法当然是可以理解的。客观地说两者的计价方法都欠公正。

① 因图纸错误致使三台设备停工 1.5 个月。承包商按台班费计算固然欠公正，但监理工程师按设备租赁价或折旧价计算也不合理。因为设备停工，设备操作员也就无事可做(即使承包商能妥善地安排操作员干其他工作，但对业主索赔时同样应强调无事可为)，因此除了按设备租赁费应给予补偿 1.5 个月外，还应索取操作员失业 1.5 个月的损失费。

② 高压线迁移造成 2 个月的延误补偿。这笔费用中有关现场管理费的计算，工程师采取的方法是正确的，但对总部管理费及利润不予补偿是毫无道理的。假如承包商不采取特

殊措施赶回工期,而是按原计划进度,工程自然要因此而延长 2 个月。这种情况下,业主补偿承包商总部管理费和利润损失乃是天经地义的。至于承包商挖掘潜力,采取特殊措施避免了工期延误,这应归功于承包商。工程师不予支付这笔补偿金毫无道理。

③ 额外工程费用补偿。关于这笔费用的计算,工程师采用的方法是正确的。

承包商和监理工程师对于索赔计价所采取的方法不一致是正常现象。在承包商方面,自然是能多索要绝不少要;而在工程师方面,则是能压减尽量压减。使两者达成共识的基础是有据可依和公平合理。因此承包商要高度重视依据,力争公平合理。

本章小结

本章讨论了索赔的一些基本概念,索赔处理程序、索赔计算及其解决方法及程序。在整个项目管理中索赔管理是高层次的综合的管理工作。索赔处理包括索赔机会寻找、索赔证据、索赔事件的影响和索赔的工期计算、费用计算;索赔的解决是承包商经营策略的一部分;监理工程师对索赔的管理及业主反索赔是保证合同实施、保护自己合法权利的有效途径。为了加深理解,本章还提供了 3 个典型案例。

思考题

1. 简述索赔的概念、作用和原则。
2. "索赔与工程承包合同同时存在"这句话对不对? 试加以说明。
3. 简述工程索赔的分类。
4. 索赔证据有哪些基本要求?
5. 为什么协商解决争执是合同双方最基本的,也是最常见的、最有效的方法?
6. 为什么说索赔和反索赔是不可分离的?
7. 某工程采用标准的建设工程施工合同文本。在施工中,施工场地提供给承包商比合同时间晚 50 天。试问:
（1）承包商可进行哪几项索赔,其理由是什么?
（2）承包商能够索赔哪些费用项目?
8. 索赔争执的解决方法有哪些? 试加以说明。
9. 对于案例 1、案例 2,站在不同的角度(业主代表、监理工程师、承包商),您如何进行索赔和索赔管理。
10. 作为一名承包商,对案例 1 中发生的情况该如何处理?

附录

中华人民共和国招标投标法

（1999 年 8 月 30 日第九届全国人民代表大会
常务委员会第十一次会议通过,2017 年 12 月 28 日修正版）

目　　录

第一章　总　　则

第一条　为了规范招标投标活动,保护国家利益、社会公共利益和招标投标活动当事人的合法权益,提高经济效益,保证项目质量,制定本法。

第二条　在中华人民共和国境内进行招标投标活动,适用本法。

第三条　在中华人民共和国境内进行下列工程建设项目包括项目的勘察、设计、施工、监理以及与工程建设有关的重要设备、材料等的采购,必须进行招标:

（一）大型基础设施、公用事业等关系社会公共利益、公众安全的项目;

（二）全部或者部分使用国有资金投资或者国家融资的项目;

（三）使用国际组织或者外国政府贷款、援助资金的项目。

前款所列项目的具体范围和规模标准,由国务院发展计划部门会同国务院有关部门制订,报国务院批准。

法律或者国务院对必须进行招标的其他项目的范围有规定的,依照其规定。

第四条　任何单位和个人不得将依法必须进行招标的项目化整为零或者以其他任何方式规避招标。

第五条　招标投标活动应当遵循公开、公平、公正和诚实信用的原则。

第六条　依法必须进行招标的项目,其招标投标活动不受地区或者部门的限制。任何单位和个人不得违法限制或者排斥本地区、本系统以外的法人或者其他组织参加投标,不得以任何方式非法干涉招标投标活动。

第七条 招标投标活动及其当事人应当接受依法实施的监督。

有关行政监督部门依法对招标投标活动实施监督,依法查处招标投标活动中的违法行为。

对招标投标活动的行政监督及有关部门的具体职权划分,由国务院规定。

第二章 招 标

第八条 招标人是依照本法规定提出招标项目、进行招标的法人或者其他组织。

第九条 招标项目按照国家有关规定需要履行项目审批手续的,应当先履行审批手续,取得批准。

招标人应当有进行招标项目的相应资金或者资金来源已经落实,并应当在招标文件中如实载明。

第十条 招标分为公开招标和邀请招标。

公开招标,是指招标人以招标公告的方式邀请不特定的法人或者其他组织投标。

邀请招标,是指招标人以投标邀请书的方式邀请特定的法人或者其他组织投标。

第十一条 国务院发展计划部门确定的国家重点项目和省、自治区、直辖市人民政府确定的地方重点项目不适宜公开招标的,经国务院发展计划部门或者省、自治区、直辖市人民政府批准,可以进行邀请招标。

第十二条 招标人有权自行选择招标代理机构,委托其办理招标事宜。任何单位和个人不得以任何方式为招标人指定招标代理机构。

招标人具有编制招标文件和组织评标能力的,可以自行办理招标事宜。任何单位和个人不得强制其委托招标代理机构办理招标事宜。

依法必须进行招标的项目,招标人自行办理招标事宜的,应当向有关行政监督部门备案。

第十三条 招标代理机构是依法设立、从事招标代理业务并提供相关服务的社会中介组织。

招标代理机构应当具备下列条件:

(一)有从事招标代理业务的营业场所和相应资金;

(二)有能够编制招标文件和组织评标的相应专业力量;

第十四条 招标代理机构与行政机关和其他国家机关不得存在隶属关系或者其他利益关系。

第十五条 招标代理机构应当在招标人委托的范围内办理招标事宜,并遵守本法关于招标人的规定。

第十六条 招标人采用公开招标方式的,应当发布招标公告。依法必须进行招标的项目的招标公告,应当通过国家指定的报刊、信息网络或者其他媒介发布。

招标公告应当载明招标人的名称和地址、招标项目的性质、数量、实施地点和时间以及获取招标文件的办法等事项。

第十七条 招标人采用邀请招标方式的,应当向三个以上具备承担招标项目的能力、资信良好的特定的法人或者其他组织发出投标邀请书。

投标邀请书应当载明本法第十六条第二款规定的事项。

第十八条　招标人可以根据招标项目本身的要求,在招标公告或者投标邀请书中,要求潜在投标人提供有关资质证明文件和业绩情况,并对潜在投标人进行资格审查;国家对投标人的资格条件有规定的,依照其规定。

招标人不得以不合理的条件限制或者排斥潜在投标人,不得对潜在投标人实行歧视待遇。

第十九条　招标人应当根据招标项目的特点和需要编制招标文件。招标文件应当包括招标项目的技术要求、对投标人资格审查的标准、投标报价要求和评标标准等所有实质性要求和条件以及拟签订合同的主要条款。

国家对招标项目的技术、标准有规定的,招标人应当按照其规定在招标文件中提出相应要求。

招标项目需要划分标段、确定工期的,招标人应当合理划分标段、确定工期,并在招标文件中载明。

第二十条　招标文件不得要求或者标明特定的生产供应者以及含有倾向或者排斥潜在投标人的其他内容。

第二十一条　招标人根据招标项目的具体情况,可以组织潜在投标人踏勘项目现场。

第二十二条　招标人不得向他人透露已获取招标文件的潜在投标人的名称、数量以及可能影响公平竞争的有关招标投标的其他情况。

招标人设有标底的,标底必须保密。

第二十三条　招标人对已发出的招标文件进行必要的澄清或者修改的,应当在招标文件要求提交投标文件截止时间至少十五日前,以书面形式通知所有招标文件收受人。该澄清或者修改的内容为招标文件的组成部分。

第二十四条　招标人应当确定投标人编制投标文件所需要的合理时间;但是,依法必须进行招标的项目,自招标文件开始发出之日起至投标提交投标文件截止之日止,最短不得少于二十日。

第三章　投　　标

第二十五条　投标人是响应招标、参加投标竞争的法人或者其他组织。

依法招标的科研项目允许个人参加投标的,投标的个人适用本法有关投标人的规定。

第二十六条　投标人应当具备承担招标项目的能力;国家有关规定对投标人资格条件或者招标文件对投标人资格条件有规定的,投标人应当具备规定的资格条件。

第二十七条　投标人应当按照招标文件的要求编制投标文件。投标文件应当对招标文件提出的实质性要求和条件作出响应。

招标项目属于建设施工的,投标文件的内容应当包括拟派出的项目负责人与主要技术人员的简历、业绩和拟用于完成招标项目的机械设备等。

第二十八条　投标人应当在招标文件要求提交投标文件的截止时间前,将投标文件送达投标地点。招标人收到投标文件后,应当签收保存,不得开启。投标人少于三个的,招标人应当依照本法重新招标。

在招标文件要求提交投标文件的截止时间后送达的投标文件,招标人应当拒收。

第二十九条　投标人在招标文件要求提交投标文件的截止时间前,可以补充、修改或者撤回已提交的投标文件,并书面通知招标人。补充、修改的内容为投标文件的组成部分。

第三十条　投标人根据招标文件载明的项目实际情况,拟在中标后将中标项目的部分非主体、非关键性工作进行分包的,应当在投标文件中载明。

第三十一条　两个以上法人或者其他组织可以组成一个联合体,以一个投标人的身份共同投标。

联合体各方均应当具备承担招标项目的相应能力;国家有关规定或者招标文件对投标人资格条件有规定的,联合体各方均应当具备规定的相应资格条件。由同一专业的单位组成的联合体,按照资质等级较低的单位确定资质等级。

联合体各方应当签订共同投标协议,明确约定各方拟承担的工作和责任,并将共同投标协议连同投标文件一并提交招标人。联合体中标的,联合体各方应当共同与招标人签订合同,就中标项目向招标人承担连带责任。

招标人不得强制投标人组成联合体共同投标,不得限制投标人之间的竞争。

第三十二条　投标人不得相互串通投标报价,不得排挤其他投标人的公平竞争,损害招标人或者其他投标人的合法权益。

投标人不得与招标人串通投标,损害国家利益、社会公共利益或者他人的合法权益。

禁止投标人以向招标人或者评标委员会成员行贿的手段谋取中标。

第三十三条　投标人不得以低于成本的报价竞标,也不得以他人名义投标或者以其他方式弄虚作假,骗取中标。

第四章　开标、评标和中标

第三十四条　开标应当在招标文件确定的提交投标文件截止时间的同一时间公开进行;开标地点应当为招标文件中预先确定的地点。

第三十五条　开标由招标人主持,邀请所有投标人参加。

第三十六条　开标时,由投标人或者其推选的代表检查投标文件的密封情况,也可以由招标人委托的公证机构检查并公证;经确认无误后,由工作人员当众拆封,宣读投标人名称、投标价格和投标文件的其他主要内容。

招标人在招标文件要求提交投标文件的截止时间前收到的所有投标文件,开标时都应当当众予以拆封、宣读。

开标过程应当记录,并存档备查。

第三十七条　评标由招标人依法组建的评标委员会负责。

依法必须进行招标的项目,其评标委员会由招标人的代表和有关技术、经济等方面的专家组成,成员人数为五人以上单数,其中技术、经济等方面的专家不得少于成员总数的三分之二。

前款专家应当从事相关领域工作满八年并具有高级职称或者具有同等专业水平,由招标人从国务院有关部门或者省、自治区、直辖市人民政府有关部门提供的专家名册或者招标代理机构的专家库内的相关专业的专家名单中确定;一般招标项目可以采取随机抽取方式,特殊招标项目可以由招标人直接确定。

与投标人有利害关系的人不得进入相关项目的评标委员会;已经进入的应当更换。

评标委员会成员的名单在中标结果确定前应当保密。

第三十八条　招标人应当采取必要的措施,保证评标在严格保密的情况下进行。

　　任何单位和个人不得非法干预、影响评标的过程和结果。

　　第三十九条　评标委员会可以要求投标人对投标文件中含义不明确的内容作必要的澄清或者说明,但是澄清或者说明不得超出投标文件的范围或者改变投标文件的实质性内容。

　　第四十条　评标委员会应当按照招标文件确定的评标标准和方法,对投标文件进行评审和比较;设有标底的,应当参考标底。评标委员会完成评标后,应当向招标人提出书面评标报告,并推荐合格的中标候选人。

　　招标人根据评标委员会提出的书面评标报告和推荐的中标候选人确定中标人。招标人也可以授权评标委员会直接确定中标人。

　　国务院对特定招标项目的评标有特别规定的,从其规定。

　　第四十一条　中标人的投标应当符合下列条件:

　　(一)能够最大限度地满足招标文件中规定的各项综合评价标准;

　　(二)能够满足招标文件的实质性要求,并且经评审的投标价格最低;但是投标价格低于成本的除外。

　　第四十二条　评标委员会经评审,认为所有投标都不符合招标文件要求的,可以否决所有投标。

　　依法必须进行招标的项目的所有投标被否决的,招标人应当依照本法重新招标。

　　第四十三条　在确定中标人前,招标人不得与投标人就投标价格、投标方案等实质性内容进行谈判。

　　第四十四条　评标委员会成员应当客观、公正地履行职务,遵守职业道德,对所提出的评审意见承担个人责任。

　　评标委员会成员不得私下接触投标人,不得收受投标人的财物或者其他好处。

　　评标委员会成员和参与评标的有关工作人员不得透露对投标文件的评审和比较、中标候选人的推荐情况以及与评标有关的其他情况。

　　第四十五条　中标人确定后,招标人应当向中标人发出中标通知书,并同时将中标结果通知所有未中标的投标人。

　　中标通知书对招标人和中标人具有法律效力。中标通知书发出后,招标人改变中标结果的,或者中标人放弃中标项目的,应当依法承担法律责任。

　　第四十六条　招标人和中标人应当自中标通知书发出之日起三十日内,按照招标文件和中标人的投标文件订立书面合同。招标人和中标人不得再行订立背离合同实质性内容的其他协议。

　　招标文件要求中标人提交履约保证金的,中标人应当提交。

　　第四十七条　依法必须进行招标的项目,招标人应当自确定中标人之日起十五日内,向有关行政监督部门提交招标投标情况的书面报告。

　　第四十八条　中标人应当按照合同约定履行义务,完成中标项目。中标人不得向他人转让中标项目,也不得将中标项目肢解后分别向他人转让。

　　中标人按照合同约定或者经招标人同意,可以将中标项目的部分非主体、非关键性工作分包给他人完成。接受分包的人应当具备相应的资格条件,并不得再次分包。

　　中标人应当就分包项目向招标人负责,接受分包的人就分包项目承担连带责任。

第五章　法　律　责　任

　　第四十九条　违反本法规定,必须进行招标的项目而不招标的,将必须进行招标的项目化整为零或者以其他任何方式规避招标的,责令限期改正,可以处项目合同金额千分之五以上千分之十以下的罚款;对全部或者部分使用国有资金的项目,可以暂停项目执行或者暂停资金拨付;对单位直接负责的主管人员和其他直接责任人员依法给予处分。

　　第五十条　招标代理机构违反本法规定,泄露应当保密的与招标投标活动有关的情况和资料的,或者与招标人、投标人串通损害国家利益、社会公共利益或者他人合法权益的,处五万元以上二十五万元以下的罚款,对单位直接负责的主管人员和其他直接责任人员处单位罚款数额百分之五以上百分之十以下的罚款;有违法所得的,并处没收违法所得;情节严重的,禁止其一年至两年内由代理依法必须进行招标的项并予以公告,直至由工商行政管理机关吊销营业执照。构成犯罪的,依法追究刑事责任。给他人造成损失的,依法承担赔偿责任。

　　前款所列行为影响中标结果的,中标无效。

　　第五十一条　招标人以不合理的条件限制或者排斥潜在投标人的,对潜在投标人实行歧视待遇的,强制要求投标人组成联合体共同投标的,或者限制投标人之间竞争的,责令改正,可以处一万元以上五万元以下的罚款。

　　第五十二条　依法必须进行招标的项目的招标人向他人透露已获取招标文件的潜在投标人的名称、数量或者可能影响公平竞争的有关招标投标的其他情况的,或者泄露标底的,给予警告,可以并处一万元以上十万元以下的罚款;对单位直接负责的主管人员和其他直接责任人员依法给予处分;构成犯罪的,依法追究刑事责任。

　　前款所列行为影响中标结果的,中标无效。

　　第五十三条　投标人相互串通投标或者与招标人串通投标的,投标人以向招标人或者评标委员会成员行贿的手段谋取中标的,中标无效,处中标项目金额千分之五以上千分之十以下的罚款,对单位直接负责的主管人员和其他直接责任人员处单位罚款数额百分之五以上百分之十以下的罚款;有违法所得的,并处没收违法所得;情节严重的,取消其一年至二年内参加依法必须进行招标的项目的投标资格并予以公告,直至由工商行政管理机关吊销营业执照;构成犯罪的,依法追究刑事责任。给他人造成损失的,依法承担赔偿责任。

　　第五十四条　投标人以他人名义投标或者以其他方式弄虚作假,骗取中标的,中标无效,给招标人造成损失的,依法承担赔偿责任;构成犯罪的,依法追究刑事责任。

　　依法必须进行招标的项目的投标人有前款所列行为尚未构成犯罪的,处中标项目金额千分之五以上千分之十以下的罚款,对单位直接负责的主管人员和其他直接责任人员处单位罚款数额百分之五以上百分之十以下的罚款;有违法所得的,并处没收违法所得;情节严重的,取消其一年至三年内参加依法必须进行招标的项目的投标资格并予以公告,直至由工商行政管理机关吊销营业执照。

　　第五十五条　依法必须进行招标的项目,招标人违反本法规定,与投标人就投标价格、投标方案等实质性内容进行谈判的,给予警告,对单位直接负责的主管人员和其他直接责任人员依法给予处分。

　　前款所列行为影响中标结果的,中标无效。

第五十六条　评标委员会成员收受投标人的财物或者其他好处的,评标委员会成员或者参加评标的有关工作人员向他人透露对投标文件的评审和比较、中标候选人的推荐以及与评标有关的其他情况的,给予警告,没收收受的财物,可以并处三千元以上五万元以下的罚款,对有所列违法行为的评标委员会成员取消担任评标委员会成员的资格,不得再参加任何依法必须进行招标的项目的评标;构成犯罪的,依法追究刑事责任。

第五十七条　招标人在评标委员会依法推荐的中标候选人以外确定中标人的,依法必须进行招标的项目在所有投标被评标委员会否决后自行确定中标人的,中标无效。责令改正,可以处中标项目金额千分之五以上千分之十以下的罚款;对单位直接负责的主管人员和其他直接责任人员依法给予处分。

第五十八条　中标人将中标项目转让给他人的,将中标项目肢解后分别转让给他人的,违反本法规定将中标项目的部分主体、关键性工作分包给他人的,或者分包人再次分包的,转让、分包无效,处转让、分包项目金额千分之五以上千分之十以下的罚款;有违法所得的,并处没收违法所得;可以责令停业整顿;情节严重的,由工商行政管理机关吊销营业执照。

第五十九条　招标人与中标人不按照招标文件和中标人的投标文件订立合同的,或者招标人、中标人订立背离合同实质性内容的协议的,责令改正;可以处中标项目金额千分之五以上千分之十以下的罚款。

第六十条　标人不履行与招标人订立的合同的,履约保证金不予退还,给招标人造成的损失超过履约保证金数额的,还应当对超过部分予以赔偿;没有提交履约保证金的,应当对招标人的损失承担赔偿责任。

中标人不按照与招标人订立的合同履行义务,情节严重的,取消其二年至五年内参加依法必须进行招标的项目的投标资格并予以公告,直至由工商行政管理机关吊销营业执照。

因不可抗力不能履行合同的,不适用前两款规定。

第六十一条　本章规定的行政处罚,由国务院规定的有关行政监督部门决定。本法已对实施行政处罚的机关作出规定的除外。

第六十二条　任何单位违反本法规定,限制或者排斥本地区、本系统以外的法人或者其他组织参加投标的,为招标人指定招标代理机构的,强制招标人委托招标代理机构办理招标事宜的,或者以其他方式干涉招标投标活动的,责令改正;对单位直接负责的主管人员和其他直接责任人员依法给予警告、记过、记大过的处分,情节较重的,依法给予降级、撤职、开除的处分。

个人利用职权进行前款违法行为的,依照前款规定追究责任。

第六十三条　对招标投标活动依法负有行政监督职责的国家机关工作人员徇私舞弊、滥用职权或者玩忽职守,构成犯罪的,依法追究刑事责任;不构成犯罪的,依法给予行政处分。

第六十四条　依法必须进行招标的项目违反本法规定,中标无效的,应当依照本法规定的中标条件从其余投标人中重新确定中标人或者依照本法重新进行招标。

第六章　附　则

第六十五条　投标人和其他利害关系人认为招标投标活动不符合本法有关规定的,有权向招标人提出异议或者依法向有关行政监督部门投诉。

第六十六条　涉及国家安全、国家秘密、抢险救灾或者属于利用扶贫资金实行以工代赈、需要使用农民工等特殊情况,不适宜进行招标的项目,按照国家有关规定可以不进行招标。

第六十七条　使用国际组织或者外国政府贷款、援助资金的项目进行招标,贷款方、资金提供方对招标投标的具体条件和程序有不同规定的,可以适用其规定。但违背中华人民共和国的社会公共利益的除外。

第六十八条　本法自 2000 年 1 月 1 日起施行。

参 考 文 献

[1] 何伯森.国际工程承包[M].北京:中国建筑工业出版社,2000.

[2] 汤礼智.国际工程承包总论[M].北京:中国建筑工业出版社,1997.

[3] 国际咨询工程师联合会中国工程咨询协会.FIDIC 招标程序[M].北京:中国计划出版社,1998.

[4] 国家计委政策法规司,国务院法制办财政金融法制司.中华人民共和国招标投标法释义[M].北京:中国计划出版社,1999.

[5] 李显冬.《中华人民共和国招标投标法实施条例》条文理解与案例适用[M].北京:中国法制出版社,2013.

[6] 卞耀武.中华人民共和国招标投标法实用问答[M].北京:中国建材工业出版社,1999.

[7] 张毅.工程建设承包与发包[M].上海:同济大学出版社,2001.

[8] 成虎.建筑工程合同管理与索赔[M].南京:东南大学出版社,2000.

[9] 佘立中.建设工程合同管理[M].广州:华南理工大学出版社,2002.

[10] 张海贵.现代建筑施工项目管理[M].北京:金盾出版社,2001.

[11] 卢谦.建设工程招标投标与合同管理[M].北京:中国水利水电出版社,2001.

[12] 中华人民共和国住房和城乡建设部,国家工商行政管理总局.GF—2017—0201 建设工程施工合同(示范文本)[S].北京:中国建筑工业出版社,2017.

[13] 中华人民共和国住房和城乡建设部,国家工商行政管理总局.GF—2012—0202 建设工程监理合同(示范文本)[S].北京:中国建筑工业出版社,2012.

[14] 雷胜强.工程承包与劳务合作案例剖析[M].北京:中国建筑工业出版社,2000.

[15] 全国建筑施工企业项目经理培训教材编写委员会.工程招投标与合同管理[M].北京:中国建筑工业出版社,2000.

[16] 中华人民共和国住房和城乡建设部.建筑业企业资质管理文件汇编[M].2 版.北京:中国建筑工业出版社,2018.

[17] 建设工程施工合同示范文本应用指南编委会.建设工程施工合同示范文本应用指南[M].北京:中国建筑工业出版社,2013.

[18] 房屋建筑和市政工程标准施工招标文件编制组.房屋建筑和市政工程标准施工招标文件(2010 年版)[S].北京:中国建筑工业出版社,2010.

[19] 房屋建筑和市政工程标准施工招标资格预审文件编制组.房屋建筑和市政工程标准施工招标资格预审文件(2010 年版)[S].北京:中国建筑工业出版社,2010.

[20] 中华人民共和国住房和城乡建设部,中华人民共和国国家质量监督检验检疫总局.GB

　　50500—2013　建设工程工程量清单计价规范[S].北京:中国计划出版社,2013.

[21] 祁慧增.工程量清单计价招投标案例[M].郑州:黄河水利出版社,2007.

[22] 刘尔烈.国际工程投标报价[M].北京:化学工业出版社,2006.

[23] 张水波,何伯森.FIDIC 新版合同条件导读与解析[M].北京:中国建筑工业出版社,2003.

[24] 夏明进.工程建设承包与发包实务手册[M].北京:中国电力出版社,2006.